Landauer Beiträge zur mathematikdidaktischen Forschung

Reihe herausgegeben von
Jürgen Roth ⓘ, Landau, Deutschland
Stephanie Schuler, Landau, Deutschland

In der Reihe werden exzellente Forschungsarbeiten zur Didaktik der Mathematik an der Universität Koblenz-Landau publiziert. Sie umfassen das breite Spektrum der Forschungsarbeiten in der Didaktik der Mathematik am Standort Landau, das in der einen Dimension von empirischer Grundlagenforschung bis hin zur fachdidaktischen Entwicklungsforschung und in der anderen Dimension von der Unterrichtsforschung bis hin zur Hochschuldidaktischen Forschung reicht. Dabei wird das Lehren und Lernen von Mathematik vom Kindergarten über alle Schulstufen und Schulformen bis zur Hochschule und zur Lehrerbildung beleuchtet. In jedem Fall wird konzeptionelle Arbeit mit qualitativen und/oder quantitativen empirischen Studien verbunden. In der Reihe erscheinen neben Qualifikationsarbeiten auch Publikationen aus weiteren Landauer Forschungsprojekten.

Weitere Bände in der Reihe http://www.springer.com/series/15787

Kerstin Sitter

Geometrische Körper an inner- und außerschulischen Lernorten

Der Einfluss des Protokollierens auf eine sichere Begriffsbildung

Mit einem Geleitwort von Prof. Dr. Renate Rasch

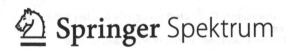

Kerstin Sitter
Landau, Deutschland

Universität Koblenz-Landau, Campus Landau, 2019

Diese Arbeit ist zugleich eine Dissertation mit dem Originaltitel „Geometrische Körper an inner- und außerschulischen Lernorten und der Einfluss des Protokollierens auf eine sichere Begriffsbildung" am Fachbereich 7: Natur- und Umweltwissenschaften der Universität Koblenz-Landau.

Landauer Beiträge zur mathematikdidaktischen Forschung
ISBN 978-3-658-27998-1   ISBN 978-3-658-27999-8   (eBook)
https://doi.org/10.1007/978-3-658-27999-8

Die Deutsche Nationalbibliothek verzeichnet diese Publikation in der Deutschen National-bibliografie; detaillierte bibliografische Daten sind im Internet über http://dnb.d-nb.de abrufbar.

Springer Spektrum ist ein Imprint der eingetragenen Gesellschaft Springer Fachmedien Wiesbaden GmbH und ist ein Teil von Springer Nature.
Die Anschrift der Gesellschaft ist: Abraham-Lincoln-Str. 46, 65189 Wiesbaden, Germany

Geleitwort

In der vorliegenden Publikation stellt Kerstin Sitter eine Untersuchung zur Geometrie in der Grundschule vor. Anregungen und Ausgangsüberlegungen für die Arbeit wurden durch die Zusammenarbeit mit einer fachübergreifenden Forschergruppe an der Universität Koblenz-Landau, Campus Landau gewonnen. Ursprüngliches Ziel der Arbeitsgruppe war es, Ansätze für forschendes Lernen im naturwissenschaftlichen Unterricht und im Mathematikunterricht zu entwickeln. Es mussten geeignete fachbezogene Inhalte festgelegt, Konzeptionen erarbeitet und mögliche Messinstrumente durchdacht werden. Um Ergebnisse fachübergreifend erfassen zu können, wurde als Form der selbstständigen Verschriftlichung von Arbeitsergebnissen durch die Schülerinnen und Schüler das Protokollieren gewählt. Auf der Grundlage eines kurzen Videos zu dem Inhalt, der im Fokus des jeweiligen Faches stand, sollten die Fähigkeiten im Protokollieren und damit im Zusammenhang stehende Leistungsbereiche gemessen werden.

Für Kerstin Sitter lag es nahe, den inhaltlichen Schwerpunkt ihres bisherigen wissenschaftlichen Arbeitens, den Geometrieunterricht in der Grundschule, weiter zu verfolgen. Es entstand die Idee, geometrische Körper an außerschulischen Lernorten forschend entdecken zu lassen. Dieses Thema war entsprechend der Lehrplanvorgaben insbesondere für das vierte Schuljahr geeignet. Obwohl davon ausgegangen werden kann, dass die Behandlung geometrischer Körper für Erkundungen an außerschulischen Lernorten besonders geeignet ist, konnte die Autorin nur wenige Anhaltspunkte in der Literatur finden und betrat somit didaktisches Neuland. Nach Konzepten für nachhaltiges Lernen musste gesucht und diese für die eigene Untersuchung adaptiert werden. In früheren Studien konnten Lernerfolge in der Sekundarstufe durch die Einbeziehung des Outdoorbereichs nachgewiesen werden. Allerdings fehlte die Nachhaltigkeit des erworbenen Wissens.

Geometrische Körper gehören angesichts ihrer Komplexität nicht unbedingt zu den leicht verständlichen Inhalten des Geometrieunterrichts. Insbesondere durch die Dreidimensionalität muss von den Lernenden vielfach räumliches Vorstellungsvermögen eingebracht werden. Hinzu kommt, dass Zusammenhänge zwischen geometrischen Körpern und Körpergruppen für Grundschulkinder nicht so ohne weiteres einsehbar sind. Die Autorin kann zeigen, dass es durchaus möglich ist, das Verständnis für Begriffshierarchien bei geometrischen Körpern auch schon in der Grundschule anzubahnen. Um Zusammenhänge zwischen den Körperformen zu verstehen, sollten beispielsweise spätestens im vierten Schuljahr die Oberbegriffe Säulen bzw. Prismen in den Geometrieunterricht eingebunden werden.

Durch den gezielten Einsatz elementarer Grundhandlungen, dem Identifizieren und Realisieren sowie der Sprachhandlungen Beschreiben und Begründen gelingt es der Autorin eine nachhaltige Begriffsbildung zu erreichen, wie die Untersuchungsergebnisse eindrucksvoll belegen. Als Anhaltspunkt und Richtschnur wird das Niveaustufen-Modell von Pierre und Dina van Hiele genutzt. Auf dieser Basis gelingt es, Beschreibungs- und Begründungs-Niveaus festzulegen.

Die besonderen Vorteile des Entdeckens geometrischer Körper und ihrer Eigenschaften an außerschulischen Lernorten werden überzeugend herausgearbeitet. Vereinfachende Abbildungen in den Schulbüchern führen häufig dazu, dass Abstraktionsprozesse unterbleiben. Grundlage für Entdeckungen in der Umwelt sind dann ausschließlich Idealkörper. Die Autorin kann
durch ihre Untersuchung belegen, dass durch das bewusste Aufnehmen von Bauwerken und
räumlichen Anordnungen in der Umgebung der Kinder auf Besonderheiten, Abweichungen
von Prototypen und funktionale Zusammenhänge zielgerichtet aufmerksam gemacht werden
kann.

Durch die Aktivitäten an den außerschulischen Lernorten kann an das Protokollieren besonders einsichtig herangeführt werden. Um die Entdeckungen im Freien an den Gebäuden und
Bauwerken festzuhalten, machte es für die Lernenden Sinn, Protokolle zu erstellen. Durch Körperskizzen und entsprechende Beschriftungen wurde das Erlebte ins Klassenzimmer getragen
und dort weiter ausgearbeitet und besprochen. Aus den Aktivitäten am außerschulischen
Lernort ergibt sich auch ein Zugang zum Zeichnen räumlicher Darstellungen bzw. geometrischer Körper. Kerstin Sitter gelang es, die Kinder zu motivieren, Fähigkeiten im räumlichen
Zeichnen anzustreben und ihre Skizzen nach den Vorbildern im von der Autorin entworfenen
Körperlexikon zu vervollkommnen.

Kerstin Sitter konzipierte die Untersuchung im Prä-Post-Follow-up-Test–Design mit zwei Ex-
perimental- und einer Kontrollgruppe. Mit dem Prätest konnten gleiche Ausgangsbedingungen der drei Gruppen nachgewiesen werden. Zur Feststellung der geometrischen Leistungsentwicklung wurde von der Autorin ein Geometrietest entwickelt. Mit einem Video-Item
wurde die Entwicklung der Protokollierfähigkeit erfasst. Die Konzipierung der Untersuchung
erforderte immer wieder wissenschaftliche Eigeninitiative, da trotz des Studiums zahlreicher
Quellen, für eine derartige Untersuchung im Bereich Geometrie nur wenig Erprobtes genutzt
werden konnte. Neben den durch Zählprozesse erfassbaren Ergebnissen, wurde es mehrfach
notwendig auf der Grundlage der Schülerdokumente mit aufwändigen Inhaltsanalysen zu arbeiten, die durch Rater abgesichert wurden. Die Überlegenheit der Experimentalgruppe, die
die Gelegenheit erhielt, außerschulische Lernorte in Verbindung mit dem Protokollieren zum
Entdecken geometrischer Körper zu nutzen, konnte durch die Ergebnisse der Untersuchung
überzeugend belegt werden.

Ausgehend von der von der Autorin konzipierten und durchgeführten Untersuchung im Geometrieunterricht der Grundschule entstand eine spannende, äußerst interessante, lesens-
werte Publikation.

                                                    Renate Rasch, Landau & Erfurt im Mai 2019

Zusammenfassung

Im Zentrum der vorliegenden Arbeit steht der Einbezug der außerschulischen Lernumgebung in den Geometrieunterricht der Grundschule. Auf der Basis eines Prä-Post-Test-Kontrollgruppendesigns wurde untersucht, ob und inwiefern die Nutzung und Einbeziehung außerschulischer Lernorte in Verbindung mit dem Protokollieren den Lernerfolg von Viertklässlern bei der Bearbeitung geometrischer Inhalte zu Körpern beeinflussen kann. Eine weitere Schwerpunktsetzung wurde auf die Erfassung und Analyse von Protokollierfähigkeiten gelegt.

Den Ergebnissen zufolge hatte der Einbezug der außerschulischen Lernumgebung in Verbindung mit dem Protokollieren einen positiven Effekt auf die Geometrieleistungen der Viertklässler. Nicht nur, wie vielfach im Zusammenhang mit außerschulischen Lernorten nachgewiesen, kurzfristig positive Effekte wurden erzielt, das Wissen und Können zu Körpern konnte auch langfristig aufrechterhalten werden. Als besonders wirksam und effektiv konnte dabei das gewählte Unterrichtskonzept, das eine adäquate Vernetzung schulischen und außerschulischen Lernens vorsah und von Anfang an ein bedeutungsvolles, beziehungshaltiges Begriffslernen zu Körpern ermöglichte, gedeutet werden. Auch in Bezug auf die Entwicklung der Protokollierfähigkeit zeigte sich über den Interventionszeitraum hinweg eine positive Leistungssteigerung. Durch gezielte Protokollieranlässe ließen sich Fähigkeiten im Protokollieren nachhaltig steigern. Prompts, die als zusätzliche lernförderliche Maßnahmen im Protokollierprozess eingesetzt wurden, hatten bei den Viertklässlern hingegen keinen eindeutig positiven Einfluss. Zum Teil wurden sogar eher hemmende Effekte hinsichtlich der Entwicklung der Protokollierfähigkeit sowie Geometrieleistungen deutlich.

Inhaltsverzeichnis

Tabellenverzeichnis

Abbildungsverzeichnis

Einleitung

Das Einbinden außerschulischer Lernorte in den Unterricht sowie deren Evaluation hat in den letzten Jahren stark zugenommen. Der Reiz des besonderen Ortes übt eine große Faszination auf Kinder aus. Die Echtheit und Lebensnähe macht das Lernen für die Schülerinnen und Schüler subjektiv bedeutsam (Kohler, 2011, S. 168). Primärerfahrungen können gewonnen und Begriffen von Anfang an Sinn verliehen werden. Eine vertiefende Auseinandersetzung mit unterschiedlichen Inhalten wird angeregt, wodurch das fachliche Lernen sowie die fachlichen Kompetenzen ergänzt und angereichert, aber auch umgeformt und unter neuen Perspektiven für das schulische Lernen relativiert werden können (Jürgens, 2018, S. 7). In Bezug auf die Wirksamkeit außerschulischer Lernprozesse hinsichtlich affektiver sowie kognitiver Persönlichkeitsmerkmale belegen bisherige Studien allerdings eher kurz- bis mittelfristig positive Effekte (Klaes, 2008b). Die Nachhaltigkeit außerschulischer Lernorte hängt in erheblichem Maße von den Rahmenbedingungen und Gestaltungsaspekten ab. Von grundlegender Bedeutung sind insbesondere ein konkreter Lehrplanbezug sowie eine adäquate Vernetzung schulischen und außerschulischen Lernens. Der Forschungsstand bezüglich mathematischer bzw. geometrischer Themen gilt dabei als vergleichsweise gering (Baar & Schönknecht, 2018, S. 168, Fägerstam & Samuelsson, 2012, S. 10). Zudem beschränken sich die Studien meist auf Schülerinnen und Schüler der Sekundarstufe. Welchen Einfluss der außerschulische Lernort auf den Lernerfolg jüngerer Schülerinnen und Schüler hat, bleibt offen. In diese Forschungslücke ist die vorliegende Untersuchung einzuordnen. Schwerpunkt der Interventionsstudie ist die Entwicklung von geometrischem Wissen und Können zu Körpern an außerschulischen Lernorten.

Inhalte zu geometrischen Körpern sind besonders eng mit einem Umweltbezug verbunden. Ob beim Spielen, auf dem Schulweg, in der Stadt oder in der Natur um uns herum, geometrische Körper lassen sich an zahlreichen außerschulischen Lernorten entdecken. Studien zeigen, dass das Wissen und Können zu Körpern oftmals gering ist und mit Unsicherheiten einhergeht. Ebene und räumliche Figuren werden bis zum Ende der Grundschulzeit häufig vertauscht, spezifische Kenntnisse fehlen. Die Defizite beziehen sich aber nicht nur auf das Faktenwissen. Beziehungen zwischen Figuren und ihren Eigenschaften werden selbst nach vier Jahren Geometrie oft kaum bis gar nicht von den Lernenden wahrgenommen (vgl. z. B. R. Rasch, 2011; R. Rasch & Sitter, 2016, S. 118 ff.). Im Zusammenhang mit der authentischen Lebenswirklichkeit der Kinder wird erwartet, dass eine nachhaltige Leistungssteigerung bei Viertklässlern erzielt werden kann. Ein sinnvolles, beziehungshaltiges sowie für die Lernenden subjektiv bedeutsames Begriffslernen soll ermöglicht werden (vgl. R. Rasch & Sitter, 2016; Winter, 1983b).

Als wichtiges Bindeglied zwischen außerschulischem und schulischem Lernen sowie als Werkzeug für einen nachhaltigen Erkenntnisgewinn werden in der vorliegenden Untersuchung Protokolle eingesetzt. In Anlehnung an Dörfler (2003, S. 82 f.) und andere kann davon ausgegangen werden, dass die Lernenden durch das Protokollieren zu tieferen Erkenntnissen kommen, auf die im späteren Unterricht immer wieder zurückgegriffen werden kann. Zudem wird angenommen, dass gezielte Protokollierhilfen die Lernenden im Protokollierprozess zusätzlich unterstützen können.

© Springer Fachmedien Wiesbaden GmbH, ein Teil von Springer Nature 2019
K. Sitter, *Geometrische Körper an inner- und außerschulischen Lernorten*,
Landauer Beiträge zur mathematikdidaktischen Forschung,
https://doi.org/10.1007/978-3-658-27999-8_1

Basierend auf einem Prä-Post-Test-Kontrollgruppendesign soll untersucht werden, zu welchen Effekten die Nutzung und Einbeziehung außerschulischer Lernorte bei der Bearbeitung geometrischer Körper in Verbindung mit dem Protokollieren im Geometrieunterricht der Grundschule führt.

Folgende Fragestellungen sind hierbei von zentraler Bedeutung:

1. Welchen Einfluss hat der Einbezug der außerschulischen Lernumgebung in Verbindung mit dem Protokollieren auf die Geometrieleistungen von Viertklässlern?
2. Welchen Einfluss hat der Einbezug der außerschulischen Lernumgebung in Verbindung mit dem Protokollieren auf die Entwicklung der Protokollierfähigkeit von Viertklässlern?
3. Welchen Einfluss hat der Einsatz von Protokollierhilfen auf die Entwicklung der Protokollierfähigkeit von Viertklässlern?
4. Welchen Einfluss hat der Einsatz von Protokollierhilfen auf die Geometrieleistungen von Viertklässlern?
5. Welchen Einfluss hat die Qualität der Protokolle auf die Geometrieleistungen von Viertklässlern? Gibt es einen Zusammenhang zwischen Protokollierfähigkeit und Geometrieleistungen?

Um diese Fragen zu beantworten, sind zunächst theoretische Grundlagen erforderlich. Sie werden im ersten Teil der Arbeit, die aus insgesamt zwei Teilen besteht, dargestellt. Grundlagen zum Geometrielernen werden in Kapitel 1 geschaffen. Aktuelle Erkenntnisse zum Geometrieunterricht werden aufgezeigt und heutige Inhalte und Anforderungen an die Geometrie in der Grundschule vorgestellt. Eine Darstellung wichtiger Aspekte für das geometrische Lernen zu Körpern wie die Bildung von Begriffen, das Zeichnen räumlicher Figuren sowie das räumliche Vorstellungsvermögen schließt sich an. Im Zentrum von Kapitel 2 steht das außerschulische Lernen. Der Begriff wird näher eingegrenzt, Chancen und Herausforderungen, die mit dem außerschulischen Lernen verbunden sind, erläutert, wichtige didaktisch-methodische Planungsüberlegungen vorgestellt sowie Erkenntnisse aus Forschungen zu außerschulischen Lernorten aufgezeigt. Der Einsatz von Protokollen als Werkzeug für einen nachhaltigen Erkenntnisgewinn im Rahmen selbstständigkeitsorientierter außerschulischer Lernprozesse wird in Kapitel 3 thematisiert. Neben der Klärung des Begriffs Protokoll werden die Bedeutung des Protokollierens für den Lernprozess sowie mögliche Protokollierhilfen beleuchtet.

Im zweiten Teil der Arbeit wird die empirische Untersuchung dargestellt. Ausgehend von den theoretischen Grundlagen werden in Kapitel 4 die Forschungsfragen und Hypothesen dargelegt. Auf methodische Überlegungen und Entscheidungen wird in Kapitel 5 eingegangen. Das Unterrichtskonzept und das Untersuchungsdesign werden vorgestellt, die Messinstrumente und die Durchführung der Untersuchung veranschaulicht. Eine Charakterisierung der Stichprobe sowie ein Abschnitt der zur Auswertung verwendeten statistischen Methoden werden anschließend dargestellt. Im Kapitel 6 werden die Ergebnisse der vorliegenden Untersuchung präsentiert und in Kapitel 7 in Bezug auf die formulierten Hypothesen bewertet und diskutiert.

I Theoretischer Teil

Die vorliegende Arbeit besteht aus zwei Hauptbereichen, einem theoretischen und einem empirischen Teil. Im Erstgenannten wird in die theoretischen Grundlagen der Arbeit eingeführt. Die Geometrie und ihr Stellenwert in der Grundschule werden näher beleuchtet, die Ansprüche und Grundlagen für einen adäquaten Geometrieunterricht in Bezug zur inhaltlichen Schwerpunktsetzung, die Entwicklung geometrischen Wissens und Könnens zu Körpern, erarbeitet (Kapitel 1). Ein Kapitel zum außerschulischen Lernen schließt sich an (Kapitel 2), bevor der Einsatz von Protokollen als Werkzeug für einen nachhaltigen Erkenntnisgewinn betrachtet wird (Kapitel 3).

1 Geometrie in der Grundschule

Geometrische Themen haben inzwischen einen festen Platz im Mathematikunterricht der Grundschule. Spätestens seit der Implementierung der bundesweit geltenden Bildungsstandards KMK (2005) wird der Auseinandersetzung mit geometrischen Inhalten vom 1. Schuljahr an besondere Aufmerksamkeit und Bedeutung zugesprochen (Franke & Reinhold, 2016, S. xi & 5 ff.). Geometrie ist, wie Freudenthal (1973, S. 380) schon vor 46 Jahren feststellte, „eine der großen Gelegenheiten, die Wirklichkeit mathematisieren zu lernen. Es ist eine Gelegenheit, Entdeckungen zu machen! Gewiss, man kann auch das Zahlenreich erforschen, man kann rechnend denken lernen, aber Entdeckungen, die man mit Augen und Händen macht, sind überzeugender!" Je mehr geometrisches Wissen die Kinder im Unterricht aktiv erwerben, desto bewusster können sie die Geometrie in der dreidimensionalen Welt um uns herum wahrnehmen und ihren praktischen Nutzen im Alltag erkennen (R. Rasch, in Druck).

Warum der Geometrieunterricht in der Grundschule trotz vielfältiger Bemühungen in den letzten Jahren nach wie vor nicht in der anzustrebenden Art und Weise etabliert ist und welche Konsequenzen sich daraus ergeben, wird in Abschnitt 1.1 näher erörtert. Dabei werden neben fachdidaktischen Einschätzungen von Anfang an ausgewählte empirische Studien sowie Erkenntnisse einer eigenen Befragung miteinbezogen. Sie sollen einen aktuellen Einblick in die tatsächliche Unterrichtspraxis liefern und aufzeigen, was bei der Vermittlung geometrischer Inhalte in der Grundschule bereits gut gelingt, an welches Wissen und Können angeknüpft werden kann und wo gegebenenfalls aber auch Handlungsbedarf besteht. Einen Einblick in die gegenwärtigen Inhalte und Anforderungen an die Geometrie in der Grundschule gibt Abschnitt 1.2. In Abschnitt 1.3 werden die lerntheoretischen Grundlagen für die Bearbeitung geometrischer Körper erarbeitet, die für einen nachhaltigen Erkenntnisgewinn notwendig sind.

1.1 Zur Situation des Geometrieunterrichts in der Grundschule

Lange Zeit galt der Geometrieunterricht in der Grundschule als ein Nebenschauplatz, als „Stiefkind" des Mathematikunterrichts. Heute zweifelt niemand mehr an der Notwendigkeit, geometrische Inhalte bereits ab Klasse 1 zu unterrichten (Franke, 2007, S. 5). Die Situation des Geometrieunterrichts in der Grundschule hat sich in den letzten Jahren spürbar verbessert. Durch die Einführung der Bildungsstandards KMK (2005) und ihre Implementierung in den Rahmenplänen einzelner Bundesländer wurde der Stellenwert der Geometrie in der Grundschulpraxis deutlich erhöht. Gleichrangig neben anderen Inhaltsbereichen kommt die Bedeutung der Geometrie heute insbesondere im inhaltsbezogenen Kompetenzbereich „Raum und Form" deutlich zum Tragen (vgl. hierzu auch Abschnitt 1.2.1). Geometrische Inhalte wurden in der Vergangenheit zudem in zahlreichen Veröffentlichungen und Tagungen immer wieder betont und durch Ansätze in aktuellen Unterrichtswerken zahlreicher Schulbuchverlage an Lehrerinnen und Lehrer herangetragen. Die Lehrwerke und Zusatzmaterialien enthalten heute umfangreiche Aufgabenangebote sowie Vorschläge für geometrische Aktivitäten. (vgl. z. B.

© Springer Fachmedien Wiesbaden GmbH, ein Teil von Springer Nature 2019
K. Sitter, *Geometrische Körper an inner- und außerschulischen Lernorten*,
Landauer Beiträge zur mathematikdidaktischen Forschung,
https://doi.org/10.1007/978-3-658-27999-8_2

Bezold, 2009a, S. 5; Eichler, 2005, S. 2; Franke, 2007, S. 5 ff.; Franke & Reinhold, 2016, S. xi & 4; Kleinschmidt, 2008, S. 4; Krauthausen & Scherer, 2015, S. 55)

Die Umsetzung in der Schulpraxis erfolgt jedoch nach wie vor sehr differenziert. Neben zahlreichen positiven Beispielen gibt es auch heute noch Grundschulen, in denen die kontinuierliche Behandlung geometrischer Inhalte im Unterricht nicht selbstverständlich ist und dem vermeintlich wachsenden Zeitdruck in der Unterrichtspraxis oft als Erstes zum Opfer fällt (Clements & Sarama, 2011, S. 133; Franke, 2007, S. 9; Franke & Reinhold, 2016, S. 4; Krauthausen & Scherer, 2015, S. 55; Sinclair & Bruce, 2015, S. 319; Wollring, 1998, S. 127). Die räumliche Geometrie kommt dabei besonders kurz (Wollring, 1998, S. 129; Wollring, 2006, S. 8).

Besuden (1988) oder auch Radatz und Rickmeyer (1991, S. 4) führten in diesem Zusammenhang Ende der 1980er bzw. Anfang der 1990er Jahre unterschiedlichste Gründe auf, die in der fachdidaktischen Literatur auch in den letzten Jahren immer wieder aufgegriffen und diskutiert wurden und deren Einflussgröße inzwischen auch empirisch nachgegangen wurde.

Die aus fachdidaktischer Sicht identifizierten Ursachen für die Vernachlässigung geometrischer Inhalte in der Praxis sollen im Folgenden erörtert werden (Abschnitt 1.1.1). Studien, die die aktuelle Situation der Geometrie in der Grundschulpraxis aus empirischer Sicht beleuchten, werden in Abschnitt 1.1.2 aufgeführt.

1.1.1 Fachdidaktische Einschätzungen

Aus fachdidaktischer Sicht wenden sich zahlreiche Autoren den Ursachen zu, die zu einer Vernachlässigung geometrischer Inhalte in der Grundschulpraxis führen (vgl. hierzu z. B. Bauersfeld, 1993; Besuden, 1988; Franke, 2007, S. 9 f.; Franke & Reinhold, 2016, S. 4 f.; Krauthausen & Scherer, 2015, S. 55 f.; Radatz & Rickmeyer, 1991, S. 4; Radatz, Schipper, Ebeling & Dröge, 1996; R. Rasch 2011, S. 652; R. Rasch, 2012b, S. 669 f.; Schipper, Dröge & Ebeling, 2000).

Eine mögliche Ursache könnte bereits in der *Ausbildung* für den Mathematikunterricht in der Primarstufe liegen (Wollring, 2012, S. 33). Mathematik gehörte in der Vergangenheit nicht in allen Bundesländern zum Pflichtfach in der Lehrerausbildung. Abgesehen davon wurde dem Inhaltsbereich „Raum und Form" (inklusive seiner Didaktik) früher weniger Aufmerksamkeit geschenkt als heute. Das Resultat der praktisch fehlenden mathematik- bzw. ganz konkret geometriebezogenen Lehrerausbildung für die Primarstufe sind fachliche wie fachdidaktische Unsicherheiten. Viele Lehrende schrecken vor der Behandlung geometrischer Inhalte im Unterricht deshalb zurück.

Hinzu kommt, dass der *Arithmetik* gerade im Anfangsunterricht ein wichtigerer Stellenwert als der Geometrie eingeräumt wird (Franke & Reinhold, 2016, S. 4). Mögliche Vernetzungsaspekte werden von der Lehrkraft eher nicht gesehen und genutzt. Vielmehr werden geometrische Inhalte vernachlässigt.

Der Geometrieunterricht erfolgt außerdem weniger zielgerichtet und weniger systematisch als andere Bereiche des Mathematikunterrichts in der Grundschule. Die Inhalte in *Lehrbü-*

chern sind weniger miteinander vernetzt, die Ziele nicht so klar. So lernen die Schülerinnen und Schüler beispielsweise etwas über Symmetrie einer Figur, ohne dabei meist die speziellen Eigenschaften dieser Figuren miteinzubeziehen (R. Rasch & Sitter, 2016, S. 14). „Ohne tragfähige Grundlagen und einen systematischen Aufbau bleiben Bauwerke wackelig – das gilt im übertragenen Sinne auch für Kompetenzen etwa im Bereich Geometrie" (Jansen, 2011, S. 6; vgl. hierzu auch Abschnitt 1.1.2.3). Eine zugrunde liegende Systematik, die den Wissenserwerb stützt und die Lehrkräfte bei der Planung und Gestaltung des Geometrieunterrichts adäquat unterstützt, fehlt, weshalb zum Teil sogar ganz auf die Behandlung geometrischer Inhalte in der Unterrichtspraxis verzichtet wird (Franke, 2007, S. 9; Franke & Reinhold, 2016, S. 4; Krauthausen & Scherer, 2015, S. 57; R. Rasch 2011, S. 652; R. Rasch, 2012b, S. 669 f., R. Rasch & Sitter, 2016, S. 14).

Um geometrische Kompetenzen angemessen fördern zu können, reicht es nicht aus, sich auf die im Schulbuch zu bearbeitenden Aufgaben zu beschränken. Ein vielfältigeres Materialangebot, eigene Ideen sowie inhaltsbezogene, klassenstufenübergreifende didaktische Konzepte, die Wissen so aufbereiten, dass es von Anfang an beziehungshaltig erworben werden kann, sind notwendig. Obwohl es inzwischen zahlreiche positive ansprechende Unterrichtsbeispiele gibt, auf die die Lehrkräfte zurückgreifen können, ist ein erhöhter *Vorbereitungsaufwand* erforderlich (Franke & Reinhold, 2016, S. 5). Nicht jede Lehrkraft ist bereit diesen aufzubringen.

Ein weiterer Grund der Vernachlässigung geometrischer Inhalte wird in der Leistungsbeurteilung vermutet. Die Ergebnisse geometrischer Aktivitäten sind schwer überprüfbar und zensierbar. Sie spiegeln sich nicht sofort in einem Wissenszuwachs wider. (vgl. Franke & Reinhold, 2016, S. 5; Radatz & Rickmeyer, 1991, S. 4; Radatz u.a., 1996, S. 114; Schipper u.a., 2000, S. 139 f.)

Oftmals werden geometrische Themen zudem eher aufgrund ihres Unterhaltungswertes als wegen ihrer mathematischen Bedeutung im Unterricht behandelt, wodurch ein „unreflektierter Aktionismus" betrieben wird (Franke & Reinhold, 2016, S. 5).

1.1.2 Empirische Studien

Wie es tatsächlich in der Unterrichtspraxis aussieht und inwiefern die unter fachdidaktischen Gesichtspunkten aufgeführten Vernachlässigungsgründe auch heute noch ihre Gültigkeit haben bzw. empirisch nachweisbar sind, soll nachfolgend dargestellt werden.

Neben einem Einblick in Studien, die die aktuelle Situation der Geometrie in der Grundschulpraxis aus Lehrersicht beleuchten (Abschnitt 1.1.2.1), werden in zwei weiteren Abschnitten Erkenntnisse bezüglich der Wirksamkeit heutiger Lehrerausbildung für die Primarstufe (Abschnitt 1.1.2.2) sowie hinsichtlich der Effektivität des gegenwärtigen Geometrieunterrichts auf die Schülerleistungen (Abschnitt 1.1.2.3) betrachtet.

1.1.2.1 Studien aus Lehrersicht

Einen ersten interessanten Einblick liefert eine von Backe-Neuwald (2000) durchgeführte Studie. Mittels Fragebogenmethode erfasste sie 1995/1996 bei 108 Lehrerinnen und Lehrern sowie 20 Lehramtsanwärterinnen und Lehramtsanwärtern Meinungen und Erfahrungen zur gegenwärtigen unterrichtlichen Praxis des Geometrieunterrichts, die sich durch weitere Untersuchungsergebnisse (u. a. auch durch eine eigene, in Anlehnung an Backe-Neuwald im Juli 2014 mit 23 Lehrkräften aus den Landkreisen Landau, Südliche Weinstraße und Germersheim durchgeführte Befragung[1]) ergänzen lassen.

Die Ergebnisse Backe-Neuwalds (2000) spiegeln auf den ersten Blick ein positives Bild wider. Die *Assoziationen und Bilder,* die die befragten Lehrkräfte *zum Geometrieunterricht* 1995/1996 hatten, waren überwiegend positiv. Im Vergleich zum restlichen Mathematikunterricht biete der Geometrieunterricht vermehrt Gelegenheit „zum selbständigen Entdecken, Erforschen und Experimentieren", „zum Arbeiten mit konkreten Materialien", er sei „stärker handlungsorientiert", die Unterrichtsatmosphäre „locker", „freier" und „sehr angenehm" und die Kinder besonders motiviert, so die Lehrkräfte (Backe-Neuwald, 2000, S. 34 ff.). Ergebnisse der eigenen Untersuchung bestätigen dieses Bild. Die Mehrheit der 2014 befragten Lehrerinnen und Lehrer aus dem Raum Landau unterrichtet gerne Geometrie und empfindet die Behandlung geometrischer Inhalte im Grundschulunterricht als wichtig. Der Geometrieunterricht ist im Rahmenplan verankert und deshalb wie die anderen Teilbereiche der Mathematik zu werten, so die Meinung der Lehrkräfte (vgl. Anhang B).

Beim Vergleich mit dem restlichen Mathematikunterricht kamen zahlreiche *Vorzüge des Geometrieunterrichts* zur Sprache. Um diesen genauer nachzugehen, erhielten die Befragten bei Backe-Neuwald (2000, S. 41) eine Liste mit 18 Vorzügen verbunden mit der Bitte, die für sie drei bedeutsamsten Vorzüge zu kennzeichnen. Diese Liste (siehe Anhang A), die die in der fachdidaktischen Literatur am häufigsten genannten Vorzüge abbilden (vgl. hierzu z. B. Franke & Reinhold, 2016, S. 2 ff.), wurde auch den 23 befragten Lehrerinnen und Lehrer aus den Landkreisen Landau, Südliche Weinstraße und Germersheim im Juli 2014 vorgelegt. 2014 lagen die für die befragten Lehrerinnen und Lehrer vier bedeutsamsten Vorzüge in der Förderung und Forderung des räumlichen Vorstellungsvermögens (Vorzug 10), der Möglichkeit, die Kinder selbstständig Entdeckungen machen zu lassen (Vorzug 3), der Ermöglichung von Erfolgserlebnissen bei Kindern, die sonst in Mathematik eher schwach sind (Vorzug 11) sowie im Spaß (Vorzug 1). Die Erschließung der Wirklichkeit (Vorzug 17) fand bei den Befragten geringe Zustimmung (vgl. Anhang B). Bei Backe-Neuwald (2000, S. 42) gehörte die Umwelterschließung neben den Vorzügen 3 und 10 zu den wichtigsten Vorzügen.

Was den *Anteil geometrischer Inhalte am gesamten Mathematikunterricht* betrifft, so lag dieser bei den bei Backe-Neuwald 1995/1996 befragten Lehrkräfte bei 7,5 bis 10 Prozent (Backe-Neuwald, 2000, S. 66). 2014 lag der Geometrieanteil, ausgehend von einem Richtwert von rund fünf Wochenstunden Mathematik (vgl. z. B. Grundschulverordnung-GsVO Berlin vom 19.

---

[1]   Ziel der 2014 durchgeführten Studie war es, die Ergebnisse Backe-Neuwalds (2000) hinsichtlich ihrer Aktualität zu prüfen. Die Studie wurde bisher noch nicht veröffentlicht. Für einen detaillierten Einblick in den Fragebogen, die untersuchte Probandengruppe sowie die Ergebnisse wird auf die Anhänge A und B verwiesen.

Januar 2005[2], Verwaltungsvorschrift RLP des Ministeriums für Bildung, Frauen und Jugend vom 14. Juli 2004[3]) bei der Mehrheit der Befragten (73,9 Prozent) bei rund 10 Prozent und weniger. Wenn man die Unterrichtszeit ausgehend von fünf Wochenstunden bei 40 Schulwochen hochrechnet, bedeutet dies, dass in den Jahrgangsstufen 1 bis 4 pro Schuljahr durchschnittlich etwa 200 Unterrichtsstunden für Mathematik vorgesehen sind. Davon für den Geometrieunterricht letztlich genutzt, wurden von mehr als der Hälfte der 2014 Befragten (60,9 Prozent) jedoch weniger als 20 Stunden pro Schuljahr, also weniger als vierzehntägig eine Unterrichtsstunde (vgl. Anhang B).

Den tatsächlichen Anteil des Geometrieunterrichts am Mathematikunterricht ermittelte auch Wiese (2016). Im Rahmen ihrer Untersuchung, in deren Mittelpunkt geometrische Aufgaben und die in den seit 2004 national verbindlichen Bildungsstandards im Fach Mathematik für den Primarbereich formulierten Anforderungsbereiche stehen, bat sie 16 Lehrkräfte des vierten Schuljahres ihren Geometrieunterricht über den Zeitraum eines kompletten Schuljahres (2011/2012) zu protokollieren. Was sie dabei feststellte ist ein prozentualer Anteil geometrischer Inhalte am Mathematikunterricht von durchschnittlich 8 Prozent (Wiese, 2016, S. 105).

Bezieht man den durch Wiese (2016, S. 81 f.) anhand der Gewichtung der mathematischen Teilbereiche der Bildungsstandards als Erwartung festgelegten prozentualen Anteil an geometrischen Inhalten von 20 bis 30 Prozent oder auch P. H. Maiers (1999, S. 234) bzw. Roick, Gölitz und Hasselhorns (2004, S. 14) auf der Basis von Lehrplänen ermittelte Richtwerte von 18 bzw. 20 Prozent ein, so wird Geometrie unter quantitativen Gesichtspunkten anteilsmäßig immer noch zu wenig unterrichtet.

Eine weitere Erkenntnis, die Backe-Neuwald im Rahmen ihrer Befragung gewinnen konnte, stellt die Tatsache dar, dass sich vor allem *Inhalte*, die laut Lehrplan für das erste und zweite Schuljahr vorgesehen sind, großer Beliebtheit *im Unterricht* erfreuen. Thematisiert wurden zudem vordergründig Inhalte und Aktivitäten, die sich den Bereichen Figuren und Lagebeziehungen zuordnen lassen (Backe-Neuwald, 2000, S. 22). Themen für das dritte und vierte Schuljahr, wie die Bereiche Körper oder Rauminhalt, wurden hingegen eher vernachlässigt. Auch in P. H. Maiers Lehrplan-Analyse (1999, S. 234) zeigte sich eine Dominanz von Inhalten der ebenen Geometrie gegenüber Inhalten der räumlichen Geometrie. Mit einem Anteil von nur rund einem Drittel der geometrischen Inhalte ist die dreidimensionale Geometrie im Grundschulunterricht deutlich unterrepräsentiert, so P. H. Maier. 2014 wurde dieser Aspekt nicht überprüft.

Einen diese Ergebnisse ergänzenden Einblick zu *geometrischen Inhalten in* ausgewählten *Schulbüchern* liefert wiederum Wiese (2016). Im Rahmen ihrer Untersuchung analysierte sie unter anderem auch zehn zufällig ausgewählte Schulbücher für das vierte Schuljahr auf ihren Anteil geometrischer Inhalte und deren kognitiven Anforderungen. Demnach liegt der prozentuale Anteil der Seiten mit geometrischen Inhalten (gemessen an der Seitenzahl des gesamten

---

2   Verfügbar unter http://gesetze.berlin.de/jportal/?quelle=jlink&query=GrSchulV+BE&psml=bsbe-prod.psml&max=true&aiz=true#jlr-GrSchulVBErahmen [04.01.2019]
3   Verfügbar unter http://grundschule.bildung-rp.de/fileadmin/user_upload/grundschule.bildung-rp.de/Downloads/Amtliches/Amtliches_neu/Unterrichtsorganisation_Grundschule_III.pdf [04.01.2019]

Lehrwerks) bei 9 bis 20 Prozent (Wiese, 2016, S. 100 f.). Die insgesamt 229 den zehn Schulbüchern entnommenen geometrischen Aufgaben verteilten sich dabei wie folgt auf die in den Bildungsstandards zur Leitidee „Raum und Form" formulierten inhaltsbezogenen Kompetenzbereiche: 17 Prozent „Sich im Raum orientieren", 44 Prozent „Geometrische Figuren", 14 Prozent „Geometrische Abbildungen", 25 Prozent „Flächen- und Rauminhalt" (Wiese, 2016, S. 102). Bezüglich der Verteilung der geometrischen Aufgaben aus den Schulbüchern auf die drei in den Bildungsstandards ausgewiesenen *Anforderungsbereiche* (vgl. KMK, 2005, S. 13) stellte Wiese (2016, S. 115 f.) weiterhin fest, dass über alle vier inhaltsbezogenen Kompetenzbereiche hinweg die Aufgaben zu 63 Prozent vor allem Anforderungsbereich II (Zusammenhänge herstellen) betreffen. 25 Prozent der den Schulbüchern entnommenen geometrischen Aufgaben wurden Anforderungsbereich I (Reproduzieren) zugeordnet, lediglich 12 Prozent Anforderungsbereich III (Verallgemeinern und Reflektieren). Den inhaltsbezogenen Kompetenzbereich „Geometrische Figuren erkennen, benennen und darstellen" betreffend, fielen die Zahlen noch schlechter aus. Lediglich 5 der 101 identifizierten Aufgaben für diesen Kompetenzbereich erforderten komplexere Tätigkeiten (Anforderungsbereich III) (Wiese, 2016, S. 116).

Bei den bei Wiese durch die Lehrkräfte letztlich im Unterricht eingesetzten 653 Aufgaben, die aus verschiedenen Schulbüchern, aber auch Werkstätten stammten bzw. selbst konzipiert wurden (Wiese, 2016, S. 103) zeigte sich hinsichtlich der Zuordnung auf die vier inhaltsbezogenen Kompetenzbereiche zur Leitidee „Raum und Form" eine ähnliche Verteilung wie bei den geometrischen Aufgaben aus den Schulbüchern (Wiese, 2016, S. 106). Beim Vergleich der in den geometrischen Aufgaben enthaltenen kognitiven Anforderungen der Schulbücher und des Unterrichts fiel allerdings auf, dass die Lehrkräfte „die zu einem geringen Anteil in den analysierten Schulbüchern enthaltenen Aufgaben mit der Anforderung des Verallgemeinerns und Reflektierens (12%) tendenziell zu einem noch geringeren Anteil (4%) auswählten" (Wiese, 2016, S. 143). Aufgaben, die Anforderungsbereich I zugeordnet wurden und sich auf reproduzierende Tätigkeiten beziehen, wurden von den Lehrkräften im Unterricht hingegen in größerer Zahl (54 Prozent) ausgewählt (Wiese, 2016, S. 117). Von den insgesamt 354 Aufgaben mit Anforderungsbereich I wurden von den Lehrkräften alleine 224 im inhaltsbezogenen Kompetenzbereich „Geometrische Figuren erkennen, benennen und darstellen" gestellt (Wiese, 2016, S. 118). Lediglich drei der eingesetzten Aufgaben in diesem Bereich forderten wiederum zu kognitiv anspruchsvolleren Tätigkeiten (Anforderungsbereich III) heraus.

Bezüglich *Hilfen*, die *Schul- und Lehrerhandbuch* bei der Vorbereitung auf den Geometrieunterricht bzw. bei seiner Durchführung bieten, bleibt festzuhalten, dass diese ähnlich wie bei Backe-Neuwald (2000, S. 26 ff.) 2014 zumeist als „hilfreich, aber nicht ausreichend" oder „anregend, aber nicht hinreichend" eingeschätzt wurden. Ein vielfältigeres Materialangebot sowie eigene Ideen sind nach wie vor notwendig. Um weitere Anregungen für die unterrichtliche Praxis zu erhalten, nutzten die 2014 befragten Lehrkräfte weitere Quellen. Zu den am häufigsten genannten Quellen außer dem Schulbuch zählten Bücher (auch andere Unterrichtswerke und Fachbücher) (65,2 Prozent), Ideen aus der Ausbildungszeit (Studium/Referendariat) (56,5 Prozent), Zeitschriften (52,2 Prozent) und aktuelle Anlässe bzw. spontane Fragen der Kinder

(52,2 Prozent). Ideen aus Fortbildungen im Bereich Geometrie wurden von 39,1 Prozent der Befragten wahrgenommen (vgl. Anhang B).

Widersprüchlich zum anfangs skizzierten Bild des Geometrieunterrichts aus Lehrersicht ist weiterhin die immer noch breite Zustimmung der 2014 Befragten von 60,9 Prozent (1995/1996 bei Backe-Neuwald (2000, S. 63 ff.) knapp 80 Prozent), dass der Geometrieunterricht in der Grundschule trotz seiner vielfältigen Vorzüge vernachlässigt wird. Die *Hauptursachen der Vernachlässigung* (vgl. Anhang A) liegen wie bereits 1995/1996 bei Backe-Neuwald (2000, S. 50) auch 2014 zum Beispiel in der Dominanz arithmetischer Inhalte und dem damit verbundenem Zeitproblem (Grund 5) sowie im hohen Vorbereitungsaufwand (Grund 1, 2 & 3) und den fehlenden Hilfen dafür (Grund 6). Auch das nicht ausreichend Unterstützung gewährende Schulbuch trägt seinen Teil zur Vernachlässigung des Geometrieunterrichts bei (Grund 11). Dass die Ziele des Geometrieunterrichts nicht so wichtig sind (Grund 9) bzw. dass Geometrieunterricht erst in der Sekundarstufe I beginnt (Grund 10), gab im Vergleich zu den Ergebnissen Backe-Neuwalds 2014 keiner der Befragten an (vgl. Anhang B). Eine unzureichende Vorbildung (Grund 7) bzw. Unsicherheiten beim Unterrichten geometrischer Inhalte (Grund 8) gaben nur wenige (5 bzw. 2) Befragte, darunter 71,4 Prozent fachfremd unterrichtende Lehrkräfte, als Ursache an. Was allerdings auffällt, ist die Tatsache, dass 28,6 Prozent die diese Gründe nannten, erst weniger als fünf Jahre im Schuldienst waren. Bei weiteren 28,6 Prozent lag die Ausbildung auch noch nicht allzu lange zurück (maximal 13 Jahre).

Schlussendlich kann also auch aus den Studien aus Lehrersicht kein zufriedenstellendes Bild des gegenwärtigen Geometrieunterrichts abgleitet werden. Die Aussagen sind, wie es Backe-Neuwald (2000, S. 63 ff.) in den 1990er Jahren schon festgestellt hat, auch heute noch zum Teil widersprüchlich: Auf der einen Seite die vielfältigen Vorzüge sowie positiven Assoziationen und Bilder des Geometrieunterrichts, auf der anderen Seite die Vernachlässigung geometrischer Inhalte, die fehlenden Anregungen und Hilfen und zum Teil die noch immer vorhandenen Unsicherheiten, scheinbar resultierend aus der fehlenden bzw. mangelhaften Mathematiklehrerausbildung und -weiterbildung. Dem zuletzt genannten Punkt soll im Folgenden noch einmal genauer nachgegangen werden.

1.1.2.2 Studien zur Mathematiklehrerausbildung und Lehrerprofessionalität

Einen aktuellen Einblick in Bezug auf die Mathematiklehrerausbildung und Lehrerprofessionalität bietet unter anderem die 2008 durchgeführte *„Teacher Education and Development Study:* Learning to Teach Mathematics (kurz: *TEDS-M)"*, eine internationale Vergleichsstudie der „International Association for the Evaluation of Educational Achievement (IEA)" zur Wirksamkeit der Lehrerausbildung im Fach Mathematik für die Primarstufe und die Sekundarstufe I (Blömeke, Kaiser & Lehmann, 2010b/c). An der Primarstufenstudie, über die hier unter Berücksichtigung weiterer Erkenntnisse im Bereich Geometrie berichtet werden soll, beteiligte sich Deutschland mit repräsentativen Stichproben (1032 Lehramtsanwärterinnen und –anwärter, 482 Lehrerausbildende) aus allen 16 Bundesländern (Blömeke, Kaiser & Lehmann, 2010a, S. 12 f.). Unterschieden wurden dabei vier Grundtypen an Ausbildungsgängen, die in

Deutschland zu einer Lehrberechtigung im Fach Mathematik in der Grundschule führen (Blömeke u.a., 2010a, S. 16; Döhrmann, Hacke & Buchholtz, 2010, S. 58):

Typ 1a (DEU 1-4 P_M):   Ausbildung als Lehrkraft für die Primarstufe mit Mathematik als Schwerpunkt oder Unterrichtsfach (z. B. Lehramt an Grundschulen mit Mathematik als Wahlfach)

Typ 1b (DEU 1-4 PoM):   Ausbildung als Lehrkraft für die Primarstufe ohne Mathematik als Schwerpunkt oder Unterrichtsfach (z. B. Lehramt an Grundschulen mit Mathematik als Didaktikfach)

Typ 2a (DEU 1-10 PS_M):   Ausbildung als Lehrkraft für die Primar- und Sekundarstufe I mit Mathematik als Unterrichtsfach (z. B. Lehramt an Grund- und Hauptschulen mit Mathematik als einem von zwei Unterrichtsfächern)

Typ 2b (DEU 1-4 PSoM):   Ausbildung als Lehrkraft für die Primar- und Sekundarstufe I ohne Mathematik als Unterrichtsfach (z. B. Lehramt an Grund- und Hauptschulen mit Deutsch und Englisch als Unterrichtsfächer)

Unberücksichtigt blieben Ausbildungsgänge, die erst seit dem Studienjahr 2004/2005 eingeführt wurden. Bachelor- und Master-Studiengänge gehörten nicht zum Untersuchungsgegenstand.

Eine Analyse der deutschen Ausbildungscurricula zeigte, dass geometrische Grundlagen als Pflichtveranstaltungen zunächst einmal in allen Studienordnungen verankert waren (Döhrmann, 2012, S. 233). In welchem Umfang eine Auseinandersetzung mit der Domäne im Studium, differenziert nach Ausbildungsgang, erfolgte, zeigt Abbildung 1.1.

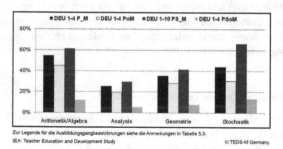

Abbildung 1.1. Umfang der belegten mathematischen Inhaltsgebiete (in Prozent) nach Ausbildungsgang nach König, Blömeke und Kaiser (2010, S. 120).

Ein sehr schmales Studium der Fachthemen insgesamt berichteten angehende Lehrkräfte im stufenübergreifenden Lehramt ohne Mathematik als Fach (Typ 2b, DEU 1-4 PSoM). Angehende, speziell für den Primarstufenunterricht ausgebildete Lehrkräfte mit (Typ 1a, DEU 1-4 P_M) und ohne Mathematik als Schwerpunkt (Typ 1b, DEU 1-4 PoM) belegten hingegen eine vergleichsweise umfangreichere Auseinandersetzung der Inhaltsgebiete im Studium. Die umfangreichsten Lerngelegenheiten berichteten die Absolventinnen und Absolventen im stufenübergreifenden Lehramt mit Mathematik als Fach (Typ 2a, DEU 1-10 PS_M).

Vergleicht man die einzelnen Inhaltsbereiche, so fällt auf, dass der Anteil geometrischer Inhalte im Vergleich zur Arithmetik bzw. Algebra aus Sicht der Befragten über alle Ausbildungsgänge hinweg zwar zurückbleibt, jedoch die Analysis überholt und mit Stochastik (bis auf Typ 2b, DEU 1-4 PSoM) weitestgehend gleichauf ist. Mit rund 30 bis 40 Prozent scheint dem Inhaltsbereich „Raum und Form" in drei der vier Ausbildungsgänge zunächst also ein weitestgehend adäquater Anteil am Mathematikstudium eingeräumt worden zu sein. Bedenkt man jedoch beispielsweise den bei Prediger (2012) auf der Basis einer E-Mail Umfrage bei Universitäten in allen Bundesländern skizzierten, im Allgemeinen zum Teil sehr niedrigen Pflichtanteil mathematischer Inhalte am Gesamtstudium, so sind diese Ergebnisse kritisch zu sehen (König u.a., 2010, S. 120).

Interessante Erkenntnisse bezüglich der *Wirksamkeit der Lehrerausbildung im Bereich Geometrie* liefern unter anderem auch Clements und Sarama (2011). Unter Berücksichtigung verschiedener Studien (vor allem aus dem englischsprachigen Raum) berichten sie ganz allgemein von einer zum Teil fehlenden adäquaten Lehrerausbildung für den Primarbereich in Geometrie:

> *„Although there are exceptions, teachers in many countries, including the U.K. (Jones 2000) and South Africa (van der Sandt 2007), and [throughout the pre-K to grade 12], are not always provided with adequate preparation in geometry and the teaching and learning of geometry. Of all mathematics topics, geometry was the one prospective teachers claimed to have learned the least and believed they were least prepared to teach (Jones et al. 2002)."* (Clements & Sarama, 2011, S. 135)

Im Zusammenhang mit einfachen geometrischen Figuren stellten Sarama und Clements (2009) oder auch Fujita und Jones (2006a/b) so beispielsweise fest, dass das Wissen angehender Primarstufenlehrkräfte zu einem Großteil gerade mal die ersten beiden Niveaustufen (Niveau 0 und 1) des van-Hiele-Modells, welches in Abschnitt 1.3.1.4 noch näher dargestellt wird, betrifft. Das geometrische Begriffswissen haftet sehr stark an speziellen Prototypen (Fujita & Jones, 2006a, S. 25). Lediglich eine Minderheit verfügt über differenzierte Kenntnisse (Fujita & Jones, 2006a, S. 29). In einer weiteren Studie zu verschiedenen Vierecksarten berichten Fujita und Jones (2006b) weiterhin von zum Teil unzureichenden Kenntnissen bezüglich der Beziehungen zwischen den Eigenschaften verwandter Figuren. Ähnliche Ergebnisse zeigen sich auch bei Sarama und Clements (2009). 70 Prozent der angehenden Primarstufenlehrkräfte lagen hier hinter Niveaustufe 2 des van-Hiele-Modells (Sarama & Clements, 2009, o.S., zitiert nach Clements & Sarama, 2011, S. 136). Klasseninklusionen, Beziehungen zwischen Eigenschaften einer Figur bzw. Eigenschaften verwandter Figuren, waren für sie nicht einsehbar.

Von einer zufriedenstellenden Lehrerausbildung im Bereich Geometrie kann folglich nicht ausgegangen werden. Geometrische Themen sind heute zwar in allen deutschen Studienordnungen verankert, bedürfen jedoch nach wie vor einer quantitativen sowie vor allen Dingen qualitativen Erweiterung.

1.1.2.3 Studien mit Blick auf Schülerleistungen

Verschiedene Studien, wie beispielsweise COACTIV (Krauss, 2009) oder auch die Mathematikstudie von Ball, Hill und Bass (2005), zeigen, dass ein deutlicher Zusammenhang zwischen dem Lernerfolg der Schülerinnen und Schüler und dem Lehrerprofessionswissen sowie den Merkmalen der Unterrichtsqualität besteht. Welchen Stellenwert die Geometrie im Unterricht der Grundschule hat, lässt sich deshalb auch am Lernerfolg der Kinder ablesen. Ein Blick auf Schülerleistungen kann aber auch wichtige Hinweise und Anhaltspunkte für die Unterrichtsgestaltung liefern: An welches Wissen und Können kann im Unterricht angeknüpft werden, welches bringen die Kinder mit? Was gelingt bei der Vermittlung von Fachinhalten bereits gut? Wo besteht Handlungsbedarf?

Die Anzahl der Studien im Bereich der Grundschulgeometrie ist gering. Hier kann ganz allgemein noch nicht auf eine so lange Forschungsgeschichte zurückgegriffen werden, wie es beispielsweise im arithmetischen Bereich der Fall ist (vgl. z. B. Benz, Peter-Koop & Grüßing, 2015, S. 167; Clements, 2004, S. 267; Clements & Sarama, 2011, S. 133; Gasteiger, 2010, S. 55 f.; Hasemann & Gasteiger, 2014, S. 38 & 40)[4]. Im Folgenden sei eine Auswahl an Studien vorgestellt, die je nach Relevanz für die vorliegende Arbeit mehr oder weniger ausführlich beschrieben werden.

Geometrisches Vorwissen bei Grundschulkindern und Schulanfängern

Informationen zu geometrischem Wissen und Können von Vorschulkindern und Schulanfängern steuerten in den vergangenen Jahren zum Beispiel folgende Untersuchungen bei:

*   der in der Tschechischen Republik von Kurina, Tichá und Hospesová (1996, Inhalte: Wahrnehmungsvermögen, Raumvorstellung, Begriffswissen, Fähigkeiten zur Konstanz) entstandene und in 50 tschechischen ersten Klassen mit rund 1000 Kindern wenige Wochen nach Schulanfang 1995 durchgeführte Test zum geometrischen Vorwissen von Erstklässlern, der durch Grassmann (1996) auch mit knapp 600 Schulanfängern aus 27 Klassen in Deutschland durchgeführt und von Höglinger und Senftleben (1997) durch ein Einzelinterview ergänzt wurde,
*   die Studie von Rosin (1995), die das geometrische Vorverständnis von Schulanfängern erfasste und dabei „ausgeprägte Fähigkeiten, auch in Bezug auf Inhalte des Unterrichts, die teilweise erst viel später behandelt werden", entdeckte (Rosin, 1995, S. 53),
*   Untersuchungen von Clements und anderen (Clements, Swaminathan, Hannibal & Sarama, 1999), Hannibal (1999), Clements (2004) oder auch Samara und Clements (2009), die zeigten, dass Kinder im Vorschulalter im Umgang mit geometrischen Objekten bereits prototypische Darstellungen bekannter Figuren identifizieren können

---

[4]   Einen Einblick in die Entwicklung des Geometrieunterrichts in der Grundschule geben z. B. Franke & Reinhold (2016, S. 5 ff.), vgl. hierzu auch Abschnitt 1.2.

(siehe auch Eichler, 2004, 2007; A. S. Maier & Benz 2012, 2013, 2014 oder Reemer & Eichler, 2005),

- ein Blick von Waldow und Wittmann (2001) auf die geometrischen Vorkenntnisse von mehr als 80 Schulanfängern mit dem mathe-2000-Geometrie-Test (siehe auch Moser Opitz, Christen & Vonlanthen Perler, 2008) oder auch

- diagnostische Beobachtungen von R. Rasch (2007) beim Einsatz offener Aufgaben im Mathematikunterricht der Jahrgangsstufen 1 und 2, die auf ein „Arbeiten mit möglichst vielen ebenen und räumlichen Figuren von Anfang an verweisen" (R. Rasch, 2007, S. 25).

Die Ergebnisse all dieser Untersuchungen belegten eine erstaunliche Wissensbreite geometrischer Fähigkeiten und Fertigkeiten der Vorschulkinder und Schulneulinge. Gute Startbedingungen sind gegeben. Gleichzeitig machten die Untersuchungen aber auch die Unterschiede in der Leistungsfähigkeit der Kinder nachdrücklich deutlich. So gehörten bei einigen Kindern neben Begriffen wie Viereck, Dreieck oder Kreis beispielsweise auch schon das Quadrat und das Rechteck oder erste Körperformen zu den bekannten Figuren. Bei anderen Kindern fehlte eine solch differenzierte Figurenkunde. Viele Kinder hafteten außerdem in ihrem Begriffswissen sehr stark an speziellen Prototypen (vgl. z. B. Clements u.a., 1999; Eichler, 2007). Quadrate und Rechtecke wurden beispielsweise eher als solche benannt, wenn sie horizontal dargestellt waren. Das prototypische Dreieck war für die meisten Kinder gleichseitig (Sarama & Clements, 2009, S. 208 f.). Weitere Beispiele wurden noch nicht in ihr Begriffswissen integriert. Hinsichtlich der Körperformen konnte Clements (2004, S. 274) feststellen, dass die Bezeichnungen von Körpern Kindern deutlich schwerer zu fallen schien. Waldow und Wittmann (2001, S. 258) wiederum zeigten, dass das Identifizieren von Zylinder, Kugel und Quader als Formen in der Umwelt den Kindern zum Schuleintritt bereits gut gelang. Kaufmann (2010, S. 92) verweist darauf, dass Bezeichnungen wie „Kugel" oder „Würfel" bei Kindern im Kindergartenalter häufig an die im Alltag genutzten Objekte wie Spielwürfel, und nicht an die geometrischen Eigenschaften, gebunden waren. Im Vergleich mit englischen Kindern konnten A. S. Maier und Benz (2014) zudem feststellen, dass deutschen Kindern das exakte Benennen der Flächenformen schwerer fiel. Sie verwendeten Ober- und Eigenschaftsbegriffe (z. B. Viereck statt Quadrat oder rund statt Kreis) und beschrieben die Flächen, indem sie einen Vergleich mit Alltagsgegenständen herstellten.

Geometrisches Wissen bei Grundschulkindern

Eine Stagnation geometrischen Wissens und Könnens bis zum Ende der Grundschulzeit konnte auch R. Rasch (2009 & 2011) im Rahmen diagnostischer Beobachtungen beim Arbeiten mit offenen Aufgaben in den Jahrgangsstufen 1 bis 4 feststellen. Beim Darstellen räumlicher Figuren fiel immer wieder die Repräsentation durch Flächen auf. Das Rechteck stand häufig für Quader, das Quadrat für Würfel oder das Dreieck für Pyramide.

Statistisch belegen konnten R. Rasch und Sitter (2016) die rein auf Beobachtung gewonnenen Erkenntnisse im Rahmen des SINUS-Fortsetzungsprojektes „Module für den Geometrieunterricht", bei dem unter anderem etwa 400 Kinder[5] der Klassenstufe 1 bis 5 zum Projektstart hinsichtlich ihres geometrischen Vorwissens getestet wurden. Ähnlich wie die weiter oben skizzierten Erkenntnisse bezüglich des Vorwissens von Vorschulkindern und Schulanfängern stellten auch sie eine erstaunliche Wissensbreite der Schulneulinge fest (R. Rasch & Sitter, 2016, S. 118 f.). Dreieck, Kreis und Viereck wurden von einem Großteil der Schulanfänger sicher dargestellt und richtig identifiziert. Zum Teil wurden die Vierecke auch schon differenziert betrachtet als Quadrat und Rechteck. Bei der Begriffsbestimmung orientierten sich die Erstklässler an den äußeren Merkmalen der dargestellten Figuren, sodass auch die Vielecke häufig anhand der Anzahl der Ecken richtig identifiziert wurden. Bei den spezielleren Viereckformen wie Trapez, Drachenviereck oder Raute konnte das Benennen nach der Form ebenfalls beobachtet werden. Aus dem Alltag bekannte räumliche Figuren wie Würfel, Kugel oder Pyramide wurden von den Kindern zum Teil bereits richtig erkannt. Bei der Analyse der Darstellungen der Klassen 2 bis 5 fiel auf, dass das in der Schule vermittelte Wissen zwar Fähigkeiten voranbrachte, das Wissen am Ende der Grundschulzeit (zu Beginn von Klasse 5) ging allerdings vielfach auch mit einem unsicheren Begriffswissen einher (R. Rasch & Sitter, 2016, S. 119 f.). Würfel, Zylinder, Kugel, Pyramide und Kegel wurden von einem Großteil der Kinder zunehmend korrekt identifiziert, Körper und Flächen aber auch häufig vertauscht, spezifische Kenntnisse fehlten. Der Quader als eine in der Grundschule häufig besprochene Form konnte so beispielsweise nicht sicher repräsentiert und benannt werden. Den Grund dafür vermuten R. Rasch und Sitter (2016, S. 14) in fehlenden Strukturen beim Arbeiten mit Körpern. Ohne die Einordnung in die Gruppe der Prismen, zu der der Quader gehört, die im Grundschulunterricht jedoch kaum bis gar nicht thematisiert wird (vgl. hierzu auch Abschnitt 1.2), bleibt der Quader im Geometrieunterricht „ein schwer durchschaubares Einzelstück". Das kreative Zuordnen von Namen nach der Form, wie es bei den Schulanfängern für die ebenen Figuren beobachtet werden konnte, trat in den folgenden Schuljahren kaum auf. Die abgebildeten Trapeze, Parallelogramme oder Rauten allgemein mit dem Begriff Viereck zu benennen, war für die älteren Schülerinnen und Schüler scheinbar keine Alternative. Das allgemeine Viereck als eigentlicher „Ausgangspunkt" für weitere Vierecksformen wurde außerdem kaum bis gar nicht von den Lernenden realisiert. Bei den Dreiecken fehlten über alle Jahrgangsstufen hinweg jegliche spezifische Kenntnisse.

Bei der Analyse der Beschreibungen geometrischer Flächen und Körper (R. Rasch & Sitter, 2016, S. 124 f. & 126 f.) fiel auf, dass die Kinder, wenn überhaupt, vor allem erste anschauungsgebundene Eigenschaften in ihren Beschreibungen aufgriffen. Die Beschreibungen von Körpern bezogen sich dabei meist auf die „klassische" Anzahl der Ecken, Kanten und Flächen. Spezifischere Erkenntnisse zu Flächen und Körpern wurden nur im Einzelfall in die Beschreibungen der Kinder miteinbezogen, Beziehungen zwischen den Figuren und Eigenschaften kaum bis gar nicht zum Ausdruck gebracht. Dass Klasseninklusionen bis ans Ende der Grundschulzeit und darüber hinaus eine besondere Herausforderung bleiben, berichten unter anderem auch Studien von Szilágyiné-Szinger (2008a/b) und Fujita (2012).

---

[5]   Berichtet werden an dieser Stelle die Vortestergebnisse der Experimentalgruppen (N = 357), die das geometrische (Vor-)Wissen zum Schuljahresbeginn jeder einzelnen Klassenstufe repräsentieren (vgl. R. Rasch & Sitter, 2016, S. 117 ff.).

Eine spezielle, das Wissen zu geometrischen Körpern auf qualitativer Ebene in den Blick nehmende Studie, stellt die von Franke (1999a/b) dar. Sie untersuchte bei 34 Vor- und Grundschulkindern Kenntnisse zu geometrischen Körpern und stellte unter anderem fest, dass Kinder im Vorschulalter sich bei der Begriffsbestimmung meist ausschließlich an umgangssprachlichen Begriffen orientierten (Franke, 1999a, S. 22). Erstklässler verwendeten vielfach Bezeichnungen aus der ebenen Geometrie oder orientierten sich an den äußeren Merkmalen wie den Ecken, die zu zum Teil „kuriosen" Wortschöpfungen wie „Eineck" für Kegel führten. Die tatsächlichen geometrischen Begriffswörter nutzten die Erstklässler nur bei den aus der Umgangssprache bekannten Figuren Kugel und Pyramide (Franke, 1999a, S. 22 f.). Die Kinder der vierten Jahrgangsstufe zeigten wiederum ein relativ sicheres Begriffswissen im Umgang mit Würfel und Kugel, Unsicherheiten allerdings mit den Begriffen Quader und Pyramide (Franke, 1999a, S. 23). Häufig wurden auch Begriffswörter für zweidimensionale Figuren genutzt („Rechteck" statt „Quader" oder „Dreieck" statt „Pyramide"). Die Begriffe Quadrat und Quader wurden zudem oft vertauscht und „kuriose" Wortschöpfungen zum Teil auch noch von den älteren Schülerinnen und Schülern vorgenommen (Franke, 1999b, S. 157 f.). Um zwischen den zum Teil sehr ähnlichen Körperformen wie den Zylindern mit unterschiedlichen Höhen unterscheiden zu können, bemühten sich die Kinder aller Altersgruppen Begriffe zu finden, die die Unterschiede zwischen ähnlichen Körperformen deutlich werden ließen, aber dennoch Beziehungen zwischen ihnen ausdrückten. So kam es beispielsweise zu Beschreibungen wie „große und kleine Rolle" oder „Rohr, Hälfte vom Rohr und kleines Rohr" (Franke, 1999a, S. 22). Was die unterschiedlichen Pyramidenformen betrifft, so wurden nur die quadratischen Pyramiden, wenn überhaupt, als solche erfasst. Die drei- und fünfseitige Pyramide wurde von keinem Schülerpaar als Pyramide benannt. Vermutlich verbanden sie mit dem Begriff Pyramide einen speziellen Prototyp, die quadratische Pyramide, ohne spezielle Eigenschaften der Grundform miteinzubeziehen oder zu kennen (Franke, 1999a, S. 23). Im Rahmen der zweiten Aufgabe, bei der die Kinder die Körper sortieren und die vorgenommene Gruppierung begründen sollten, unterschieden die Kindergartenkinder vorwiegend nach quadratischen Prismen, runden Körpern, spitzen Körpern und Stangen (Franke, 1999a, S. 23). Die Erstklässler fanden viele verschiedene Möglichkeiten, sortierten entgegen ihrem Vorgehen bei Aufgabe 1 allerdings nicht nach der Anzahl der Ecken, sondern beispielsweise allgemein nach „eckig" und „rund" bis hin zu neun oder mehr Kategorien. Die Viertklässler differenzierten sehr detailliert und nahmen eine Kategorisierung in acht bis elf Gruppen vor (Franke, 1999a, S. 24). Auch wenn das Begriffswissen zum Teil noch unsicher war, die Schülerinnen und Schüler Frankes zeigten deutlich, dass sie durchaus in der Lage sind, erste Klassifizierungen, die aus geometrischer Sicht vielleicht noch nicht perfekt waren, aber dennoch eine erste Systematik erkennen ließen, vornehmen zu können. Inwieweit die Kinder Beziehungen zwischen den Klassen erkennen können, wurde nicht untersucht (Franke, 1999b, S. 162).

Nationale und internationale Befunde aus institutionellen Studien

Auf nationaler Ebene überprüft seit Einführung der Bildungsstandards das Institut für Qualitätsentwicklung im Bildungswesen (IQB) unter anderem regelmäßig, ob und inwieweit die darin formulierten Leistungserwartungen im Bereich der Grundschulmathematik erreicht werden. Im Rahmen der Normierung der Bildungsstandards für die dritten und vierten Klassenstufen (N = 6637) konnten Henrik Winkelmann und Alexander Robitzsch (2009, S. 25) in diesem Zusammenhang zeigen, dass die Kompetenzzuwächse zwischen Klasse 3 und 4 insgesamt betrachtet den Erwartungen für aufeinanderfolgende Klassenstufen entsprechen. Eine teils hohe Heterogenität der Befunde zeigte sich jedoch für die einzelnen Kompetenz- und Subkompetenzbereiche. Während die durchschnittliche Lösungsquote des Kompetenzbereichs „Zahlen und Operationen" in den Klassenstufen 3 (24,3 Prozent) und 4 (42,9 Prozent) am größten ausfiel (DIF-Wert[6]: 0,35), war die Differenz für die Bereiche „Raum und Form" (Klasse 3: 38,6 Prozent; Klasse 4: 48,1 Prozent; DIF-Wert -0,28), gefolgt von „Muster und Strukturen" (Klasse 3: 32,9 Prozent; Klasse 4: 42,9 Prozent; DIF-Wert -0,18) am niedrigsten (Winkelmann & Robitzsch, 2009, S. 27 f.). Eine differenzierte Betrachtung auf Subkompetenzebene zeigt Abbildung 1.2. Der Leistungszuwachs im Bereich „Raum und Form" war im Vergleich zu den anderen in den Bildungsstandards ausgewiesenen Kompetenzbereichen homogen niedrig. Die geringste Jahrgangsstufendifferenz war dabei für „Einfache geometrische Abbildungen erkennen, benennen und darstellen" zu verzeichnen. Als Erklärung dafür lieferten die Autoren folgende Gründe: Zum einen könnte eine „differenzierte Intensität der unterrichtlichen Auseinandersetzung im vierten Schuljahr die spezifische Zuwachsrate erklären". Zum anderen könnte die Ursache aber auch in der „starken Behandlung spezifischer Kompetenzen in den Vorjahren" liegen, wodurch sich ein Kompetenzzuwachs in den folgenden Jahren verringert. Denkbar wären aber auch entwicklungspsychologisch bedingte Ursachen. (Winklemann & Robitzsch, 2009, S. 28)

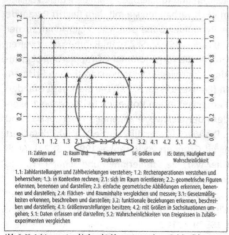

I1: Zahlen und   I2: Raum und   I3: Muster und   I4: Größen und   I5: Daten, Häufigkeit und
Operationen   Form   Strukturen   Messen   Wahrscheinlichkeit

1.1: Zahldarstellungen und Zahlbeziehungen verstehen; 1.2: Rechenoperationen verstehen und beherrschen; 1.3: in Kontexten rechnen; 2.1: sich im Raum orientieren; 2.2: geometrische Figuren erkennen, benennen und darstellen; 2.3: einfache geometrische Abbildungen erkennen, benennen und darstellen; 2.4: Flächen- und Rauminhalte vergleichen und messen; 3.1: Gesetzmäßigkeiten erkennen, beschreiben und darstellen; 3.2: funktionale Beziehungen erkennen, beschreiben und darstellen; 4.1: Größenvorstellungen besitzen; 4.2: mit Größen in Sachsituationen umgehen; 5.1: Daten erfassen und darstellen; 5.2: Wahrscheinlichkeiten von Ereignissen in Zufallsexperimenten vergleichen

Abb. 9: Die Leistungsunterschiede auf Subkompetenzebene sind deutlich.

Abbildung 1.2. Jahrgangsstufendifferenz auf Subkompetenzebene der Bildungsstandards nach Winklemann und Robitzsch (2009, S. 28).

---

[6]   DIF-Wert: Ein Maß für Unterschiede zwischen Gruppen (positive Werte stehen für Bereiche, deren Lösungswahrscheinlichkeit in der vierten Klasse überdurchschnittlich steigt).

Im Rahmen der Normierungsstudie wurden zusätzliche Leistungstests, darunter der Deutsche Mathematiktest für dritte und vierte Klassen (DEMAT 3+ – Roick u.a., 2004; DEMAT 4 – Gölitz, Roick & Hasselhorn, 2006), als reliable und valide Instrumente zur Erfassung der Mathematikleistung von Schulklassen herangezogen (Winkelmann & Robitzsch, 2009; Winkelmann, Robitzsch, Stanat & Köller, 2012). Auch hier zeigte sich, dass insbesondere der Kompetenzzuwachs im Bereich Arithmetik stark ist, während die Leistungen im Sachrechnen und vor allem in der Geometrie auf der Strecke bleiben (Winkelmann & Robitzsch, 2009, S. 25).

Zur landesweiten Evaluation der Schulen werden in den Ländern der Bundesrepublik Deutschland seit 2004 Vergleichsarbeiten (kurz VERA) für die Jahrgangsstufen 3 und 8 durchgeführt. Im Jahr 2014 umfasste der Testteil zum Inhaltsbereich „Raum und Form" insgesamt 19 zu bearbeitende Aufgaben. „Schwerpunktmäßig überprüft wurden für diesen Inhaltsbereich die definierten Kompetenzen räumliches Vorstellungsvermögen, geometrische Figuren und ihre Eigenschaften kennen und darstellen, Achsensymmetrie beschreiben und nutzen sowie Flächen- und Rauminhalte bestimmen und vergleichen" (Institut für Schulqualität der Länder Berlin und Brandenburg e.V. (ISQ), 2014, S. 15). Abbildung 1.3 zeigt, wie sich die rheinlandpfälzischen Schülerinnen und Schüler im Inhaltsbereich „Raum und Form" landesweit auf die fünf Kompetenzstufen verteilten. Zum Testzeitpunkt, das heißt am Ende der Jahrgangsstufe 3 ließen sich 20,2 Prozent aller teilnehmenden Schülerinnen und Schüler in Rheinland-Pfalz auf Kompetenzstufe I verorten. Diese Schülerinnen und Schüler erreichten folglich den von der KMK für das Ende der Jahrgangsstufe 4 definierten Mindeststandard noch nicht und sind im Hinblick auf das weitere Lernen von Mathematik als gefährdet einzuschätzen. Auf dem Niveau des Mindest- oder Regelstandards ließ sich mit 25 Prozent auf Kompetenzstufe II und 27,2 Prozent auf Kompetenzstufe III der Großteil der Drittklässler erfassen. 27,6 Prozent der Schülerinnen und Schüler übertrafen demgegenüber bisweilen die durchschnittlichen Erwartungen der Bildungsstandards (Kompetenzstufe IV: 14,7 Prozent, Kompetenzstufe V: 12,9 Prozent).

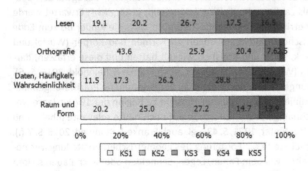

Abbildung 1.3. Gesamtverteilung der Kompetenzstufen für Rheinland-Pfalz (2014) nach Ministerium für Bildung, Wissenschaft, Weiterbildung und Kultur Rheinland-Pfalz (o.J.).

Auf internationaler Ebene beteiligt sich Deutschland seit 2007 an TIMSS (Trends in International Mathematics and Science Study), eine Schulleistungsstudie im mathematischen und naturwissenschaftlichen Bereich, die alle vier Jahre durchgeführt wird. Während die Viertklässlerinnen und Viertklässler 2015 mit ihren Mathematikleistungen im internationalen Vergleich vom oberen Drittel (2007 & 2011) ins Mittelfeld abgerutscht sind, konnte der 2011 erzielte, positive und oberhalb des Gesamtmittelwerts liegende Kompetenzzuwachs für den Bereich Geometrie/Messen aufrechterhalten werden (Selter, Walter, Walther & Wendt, 2016, S. 118).

Zusammenfassend betrachtet sind die Schülerleistungen im Bereich Geometrie nicht zufriedenstellend. Trotz international solidem Abschneiden für den Bereich Geometrie zeigen sich auf qualitativer Ebene deutliche Lücken bzw. Optimierungspotenzial im geometrischen Begriffswissen von Grundschulkindern. An vielen Stellen fehlt es an spezifischen, vor allem aber auch beziehungshaltigem Wissen. Die Schülerinnen und Schüler kommen mit guten Startbedingungen in die Grundschule. Das Wissen am Ende der Grundschulzeit geht vielfach mit einem unsicheren Begriffswissen einher. Die Körper werden vielfach noch durch ebene Figuren repräsentiert, der Quader als wichtige Grundform nicht sicher dargestellt, spezifische Eigenschaften und Beziehungen zwischen den Figuren kaum bis gar nicht wahrgenommen. Selbst nach vier Jahren Geometrie können die Lernenden selten auf geometrische Zusammenhänge zurückgreifen.

1.2 Inhalte und Anforderungen an die Geometrie in der Grundschule

In den Lehrplänen für den Mathematikunterricht an Grundschulen aufgenommen wurde die Geometrie in der Bundesrepublik Deutschland erst im Gefolge der KMK „Empfehlungen und Richtlinien zur Modernisierung des Mathematikunterrichts an den allgemeinbildenden Schulen" vom 3.10.1968 (KMK, 1968) (in der DDR bereits 1962), später auch als „Mengenlehrereform" bezeichnet, die insgesamt betrachtet radikale Umgestaltungen der Grundschulmathematik vorsahen. Winter (1971, S. 43) bezeichnete diese Formulierungen in Bezug auf den Geometrieunterricht allerdings als „außerordentlich zurückhaltend, ja kärglich". Erwartet wurde unter „Themenkreis 4: Geometrische Grundbegriffe" lediglich, dass die Kinder bis zum Ende der Grundschulzeit geometrische Grundvorstellungen zu Formen und Körper (Würfel und Quadrat, Quader und Rechteck, Kugel und Kreis) entwickelt hatten und diese erfassen, darstellen und benennen können (Winter, 1971, S. 43; vgl. auch Franke & Reinhold, 2016, S. 6). Länderspezifische Ausgestaltungen sowie durch die KMK vorgenommene Präzisierungen dieser „Empfehlungen und Richtlinien" waren in dieser Hinsicht zu Beginn der 1970er Jahre wesentlich detaillierter und reichhaltiger, zum Teil wurde auf noch heute relevante Inhalte und Leitziele verwiesen (KMK, 1976; Winter, 1971, S. 43; vgl. auch Franke & Reinhold, 2016, S. 7 f.). Ein Schwerpunkt wurde beispielsweise die Förderung des geometrischen Vorstellungsvermögens. Durch vielfältige Tätigkeiten wie dem Falten, Legen, Schneiden oder auch Bauen sollten die Kinder Erfahrungen sammeln. Als eines der wesentlichen Ziele wurde aber auch die Erschließung der Umwelt erachtet. Die Schülerinnen und Schüler sollten dazu befähigt werden, sich in dem uns umgebenden Raum zurechtzufinden. Die Auswahl und Anordnung der Inhalte spielten dabei, im Gegensatz zur DDR, die von Anfang an einen systematischen, aber weniger kindgerechten Geometrielehrgang, angelehnt an das Hilber'sche Axiomensystem, verfolgte, weniger eine Rolle (Franke & Reinhold, 2016, S. 8 f.).

Verschiedenste Überlegungen und Bestrebungen zur Strukturierung der Inhalte gab es in den 1990er Jahren (vgl. z. B. Mammana & Villani, 1998; Moor & van den Brink 1997; NCTM, 1989; Radatz & Rickmeyer, 1991; E. Ch. Wittmann, 1999 – vgl. hierzu auch Franke & Reinhold, 2016, S. 9 ff.). Der Geometrieunterricht sollte von nun an „nicht mehr vordergründig als freudvolle Beschäftigung im Mathematikunterricht angesehen werden, andererseits aber auch nicht nur – wie in der DDR – die systematische Soffverteilung zum Ziel haben" (Franke & Reinhold, 2016, S. 9). E. Ch. Wittmann (1999) arbeitete deshalb beispielsweise sieben Grundideen der Elementargeometrie heraus, die sich im Sinne eines Spiralprinzips durch den gesamten Geometrieunterricht ziehen und verschiedene Tätigkeiten miteinbeziehen sollten (vgl. auch E. Ch. Wittmann & Müller, 1994, S. 7): Geometrische Formen und ihre Konstruktion, Operieren mit Formen, Koordinaten, Maße, Muster, Formen in der Umwelt, Geometrisieren.

„Bis heute ist der Geometrieunterricht geprägt durch die Orientierung an einzelnen inhaltlichen Schwerpunkten [...] Ein ganzheitliches Konzept entstand nicht" (R. Rasch & Sitter, 2016, S. 14). Vielmehr orientierten sich die Bildungsstandards an den bestehenden Curricula und nahmen vertraute Strukturen auf (vgl. KMK 2005, S. 10).[7]

Welche Inhalte und Anforderungen heute konkret im Zentrum der Bildungsstandards und Rahmenlehrpläne stehen, wird in Abschnitt 1.2.1 näher dargestellt. Im Zentrum von Abschnitt 1.3.1 steht eine fachbezogene Betrachtung ausgewählter geometrischer Körper.

1.2.1 Bildungsstandards und Rahmenpläne

Unterschieden werden in den Bildungsstandards sowie in den Rahmenlehrplänen heute im Kern fünf inhaltsbezogene und fünf allgemeine mathematische Leitideen. Der inhaltliche Teil beschreibt, was Schülerinnen und Schüler lernen sollen, der gleichgewichtige prozessorientierte Teil nennt Wege, wie inhaltliches Wissen erworben und angewendet werden kann. Geometrische Inhalte kommen dabei insbesondere in dem inhaltsbezogenen Kompetenzbereich „Raum und Form" zum Tragen. Aber auch die Kompetenzbereiche „Muster und Strukturen" sowie „Größen und Messen" heben geometrische Inhalte hervor. Zu den allgemeinen mathematischen Kompetenzbereichen zählen das Problemlösen, Argumentieren, Kommunizieren, Darstellen und Modellieren.

Abschnitt 1.2.1.1 greift die in der Leitidee „Raum und Form" ausgewiesenen inhaltsbezogenen Kompetenzbereiche auf. Welche Bereiche die allgemeinen mathematischen Kompetenzbereiche konkret umfassen, wird in Abschnitt 1.2.1.2 erläutert.

1.2.1.1 Inhaltsbezogene Kompetenzen

Die in der Leitidee „Raum und Form" verankerten geometrisch inhaltsbezogenen Kompetenzen beziehen sich auf folgende vier Bereiche:

---

[7] Für einen detaillierten Einblick in die Entwicklung des Geometrieunterrichts in der Grundschule vgl. z. B. Franke & Reinhold, 2016, S. 5 ff.

Tabelle 1.1
Inhaltsbezogene Kompetenzen der Leitidee „Raum und Form" (KMK, 2005, S. 10)

sich im Raum orientieren	• über räumliches Vorstellungsvermögen verfügen, • räumliche Beziehungen erkennen, beschreiben und nutzen (Anordnungen, Wege, Pläne, Ansichten), • zwei- und dreidimensionale Darstellungen von Bauwerken (z. B. Würfelgebäuden) zueinander in Beziehung setzen (nach Vorlage bauen, zu Bauten Baupläne erstellen, Kantenmodelle und Netze untersuchen).
geometrische Figuren erkennen, benennen und darstellen	• Körper und ebene Figuren nach Eigenschaften sortieren und Fachbegriffe zuordnen, • Körper und ebene Figuren in der Umwelt wieder erkennen, • Modelle von Körpern und ebenen Figuren herstellen und untersuchen (Bauen, Legen, Zerlegen, Zusammenfügen, Ausschneiden, Falten …), • Zeichnungen mit Hilfsmitteln sowie Freihandzeichnungen anfertigen.
einfache geometrische Abbildungen erkennen, benennen und darstellen	• ebene Figuren in Gitternetzen abbilden (verkleinern und vergrößern), • Eigenschaften der Achsensymmetrie erkennen, beschreiben und nutzen, • symmetrische Muster fortsetzen und selbst entwickeln.
Flächen- und Rauminhalte vergleichen und messen	• die Flächeninhalte ebener Figuren durch Zerlegen vergleichen und durch Auslegen mit Einheitsflächen messen, • Umfang und Flächeninhalte von ebenen Figuren untersuchen, • Rauminhalte vergleichen und durch die enthaltene Anzahl von Einheitswürfeln bestimmen.

Mit den vier Bereichen werden Kompetenzen beschrieben, die dazu beitragen, „die dreidimensionale Welt um uns herum in allen ihren Formen und Relationen besser zu verstehen und sich in ihr orientieren zu können" (Franke & Reinhold, 2016, S. 15). Räumliches Vorstellungsvermögen mit den zugehörigen Teilkomponenten (vgl. z. B. Thurstone, 1938; vgl. hierzu auch Abschnitt 1.3.3) soll sich entwickeln, geometrische Begriffe (vgl. Abschnitt 1.3.1) und ihre charakteristischen Merkmale angeeignet, abbildungsgeometrische Kenntnisse und Fähigkeiten erworben und geometrische Objekte hinsichtlich ihrer Längen, Flächen und Volumina quantifiziert werden (Grassmann, Eichler, Mirwald & Nitsch, 2010, S. 97).

In Bezug auf die vorliegende Arbeit liegt der Schwerpunkt auf dem inhaltsbezogenen Kompetenzbereich „Geometrische Figuren erkennen, benennen und darstellen" (KMK, 2005, S. 10). Dass sich dabei insbesondere Überschneidungen mit den Punkten „Sich im Raum orientieren" und „Einfache geometrische Abbildungen erkennen, benennen und darstellen" ergeben, liegt auf der Hand. Allein das Erkennen und Darstellen geometrischer Körper erfordert beispielsweise bereits räumliches Vorstellungsvermögen (vgl. Abschnitt 1.3.2).

Welche Köperformen die Kinder am Ende des 4. Schuljahres konkret kennen sollen, wird in den Bildungsstandards relativ offen gehalten. Wollring und Rinkens (2008) sehen darin vor allem die Forderung, den Geometrieunterricht nicht allein auf das Bennen und Darstellen geometrischer Grundfiguren auszurichten. Vielmehr gehe es auch darum, mit geometrischen Figuren zu operieren, Zusammenhänge zwischen ihnen zu erkennen oder ihre Funktionalität zu hinterfragen (Wollring & Rinkens, 2008, S. 124 f.). Wesentlich differenzierter sind dahingehend die Lehrpläne, die in der Regel detailliert entfaltet, die in den Bildungsstandards ausgewiesenen Kompetenzen aufzeigen, die von Schülerinnen und Schülern am Ende des 4. Schuljahres, zum Teil auch schon zum Ende des 2. Schuljahres, erwartet werden. Zu den wichtigsten Grundformen zählen Würfel, Quader, Zylinder, Kegel, Pyramide und Kugel. Auf wichtige Figurengruppen, wie zum Beispiel die Gruppe der Prismen, zu der auch Quader und Würfel gehören, wird in den Lehrplänen in der Regel nicht verwiesen. (vgl. z. B. Ministerium für Bildung, Familie, Frauen und Kultur, 2009, S. 10, 18 & 25; Ministerium für Bildung, Jugend und Sport des Landes Brandenburg; Senatsverwaltung für Bildung, Jugend und Sport Berlin; Senator für Bildung und Wissenschaft Bremen; Ministerium für Bildung, Wissenschaft und Kultur Mecklenburg-Vorpommern, 2004, S. 32 & 35 f.; Ministerium für Bildung, Wissenschaft, Weiterbildung und Kultur, 2014, S. 21; Niedersächsisches Kultusministerium, 2006, S. 27)

Die Ermöglichung von Primärerfahrungen, die Verknüpfung geometrischer bzw. ganz allgemein mathematischer Inhalte mit der Lebenswirklichkeit der Kinder sowie die Nutzung außerschulischer Lern- und Erfahrungsorte fordern unsere Rahmenpläne dabei explizit. (vgl. z. B. Freie und Hansestadt Hamburg, Behörde für Schule und Berufsbildung, 2011, S. 6 & 16; Ministerium für Bildung, Jugend und Sport des Landes Brandenburg, Senatsverwaltung für Bildung, Jugend und Sport Berlin, Senator für Bildung und Wissenschaft Bremen, Ministerium für Bildung, Wissenschaft und Kultur Meckenburg-Vorpommern, 2004, S. S. 8 & 13; Niedersächsisches Kultusministerium, 2006, S. 7)

Auf ein verbindliches Vokabular, das Grundschulkinder am Ende des 4. Schuljahres kennen müssen, wird in den Bildungsstandards nicht hingewiesen. Auf der Ebene der Lehrpläne ist wiederum häufig eine erste Ausdifferenzierung zu finden. So wird beispielsweise auf Eigenschaftsbegriffe wie Ecken, Kanten, Flächen oder Relationsbegriffe wie senkrecht, waagrecht und parallel aufmerksam gemacht.

Die Erweiterung der Kenntnisse um geometrische Körper ist in den Lehrplänen vieler Bundesländer vor allem für das dritte und vierte Schuljahr vorgesehen, wobei bereits in den jüngeren Jahrgangsstufen erste Erfahrungen (insbesondere zu Würfel, Quader und Kugel) angebahnt werden. Erwartet wird dabei in der Regel, dass die Kinder die Körper identifizieren, vergleichen und beschreiben können. Sie sollen die Körper realisieren, indem sie zum Beispiel selbst Modelle der Körper herstellen oder (Freihand-)Zeichnungen anfertigen. Auch Netze von insbesondere Würfel und Quader sollen von den Lernenden bis zum Ende des 4. Schuljahres erkannt und untersucht werden können.

Um die Körpergrundformen kennen und unterscheiden zu lernen werden im Geometrieunterricht der Grundschule dabei zunächst meist Vorschläge zum Identifizieren, Ordnen und Sortieren sowie zum Betrachten von Körperformen auf Abbildungen in Schulbüchern oder realen Objekten unterbreitet. Die Schülerinnen und Schüler hantieren mit Prototypen für geometrische Körper und benennen diese. Allmählich werden erste Eigenschaften dieser Körper entdeckt und durch die Einbeziehung der Eigenschaften voneinander abgegrenzt. Repräsentanten werden mit entsprechenden geometrischen Bezeichnungen benannt. Anhand von selbst hergestellten Modellen (Massivmodelle, Kantenmodelle und/oder Flächenmodelle aus einem Körpernetz) werden geometrische Begriffe realisiert. Dass Inhalte zu geometrischen Körpern besonders eng mit der Umwelt verbunden sind, wird eher weniger bzw. nur indirekt berücksichtigt (vgl. hierzu auch Kapitel 2). Ein Blick in Schulbücher zeigt, dass die Anzahl der Abbildungen von Objekten aus der Erfahrungswelt der Kinder nicht sehr zahlreich ist (siehe Abbildung 1.4).

Abbildung 1.4. Typische Abbildungen aus Schulbüchern nach Fuchs und Käpnick (2005, S. 64) sowie Rinken, Hönisch und Träger (2011, S. 116).

In allen Schulbüchern werden zudem immer wieder typische oder ähnliche Repräsentanten oder ähnliche Gegenstände als Repräsentanten für die jeweiligen geometrischen Körper abgebildet (zum Beispiel Ball für Kugel oder Schultüte für Kegel). Reale Abbildungen, wie sie in Abbildung 1.5 zu sehen sind, sind hingegen eher selten.

Abbildung 1.5. Eher untypische Abbildungen aus Schulbüchern nach Fuchs und Käpnick (2004, S. 71) sowie Becherer und Schulz (2007, S. 28).

1.2.1.2 Allgemeine (prozessbezogene) mathematische Kompetenzen

Zu den allgemeinen (prozessbezogenen) Kompetenzen, die eng mit der Auseinandersetzung der oben aufgeführten inhaltsbezogenen Kompetenzen zusammenhängen, zählen:

Tabelle 1.2
Allgemeine (prozessbezogene) mathematische Kompetenzen (KMK, 2005, S. 7 f.)

Problemlösen	• mathematische Kenntnisse, Fertigkeiten und Fähigkeiten bei der Bearbeitung problemhaltiger Aufgaben anwenden, • Lösungsstrategien entwickeln und nutzen (z. B. systematisches pobieren), • Zusammenhänge erkennen, nutzen und auf ähnliche Sachverhalte übertragen.
Kommunizieren	• eigene Vorgehensweisen beschreiben, Lösungswege anderer verstehen und gemeinsam darüber reflektieren, • mathematische Fachbegriffe und Zeichen sachgerecht verwenden, • Aufgaben gemeinsam bearbeiten, dabei Verabredungen treffen und einhalten.

Argumentieren	• mathematische Aussagen hinterfragen und auf Korrektheit prüfen, • mathematische Zusammenhänge erkennen und Vermutungen entwickeln, • Begründungen suchen und nachvollziehen.
Modellieren	• Sachtexte und anderen Darstellungen der Lebenswirklichkeit die relevanten Informationen entnehmen, • Sachprobleme in die Sprache der Mathematik übersetzten, innermathematisch lösen und diese Lösungen auf die Ausgangssituation beziehen, • zu Termen, Gleichungen und bildlichen Darstellungen Sachaufgaben formulieren.
Darstellen	• für das Bearbeiten mathematischer Probleme geeignete Darstellungen entwickeln, auswählen und nutzen, • eine Darstellung in eine andere übertragen, • Darstellungen miteinander vergleichen und bewerten.

Das *Problemlösen* beinhaltet demnach zum einen das Behandeln und Lösen von Aufgaben, die mehr als reine Routinetätigkeiten erfordern, zum anderen aber auch das Entwickeln von Lösungsstrategien, das Erkennen und Nutzen von Zusammenhängen sowie das Entdecken mathematischer Sachverhalte. Eng damit zusammen hängt das *Modellieren*, das den weiten Bereich der Anwendungen von Mathematik (in der Grundschule vor allem die Anwendungen von Mathematik im Alltag der Kinder) umfasst. Die Kompetenzen *Kommunizieren, Argumentieren* und *Darstellen* zielen wiederum auf die Förderung der sprachlichen Ausdrucksfähigkeit der Schülerinnen und Schüler ab. Das *Kommunizieren* berücksichtigt dabei auch den Aspekt des gemeinsamen, kooperativen Arbeitens. Verabredungen müssen getroffen und eingehalten werden, Lösungswege anderer Kinder müssen nachvollzogen und eigene Vorgehensweisen nachvollziehbar beschrieben werden. Im Mittelpunkt des *Argumentierens* steht jede Art von Begründungen, angefangen beim einfachen Beschreiben von Regelhaftigkeiten und Vermutungen bis hin zum Begründen von Beobachtungen. Durch den Unterpunkt „Zusammenhänge erkennen" ist an der Stelle wiederum ein gewisser Zusammenhang zur Kompetenz des Problemlösens auszumachen. Ganz allgemein kann festgehalten werden, dass die allgemeinen Kompetenzen häufig nur schwer voneinander zu trennen und auf unterschiedliche Weise miteinander verwoben sind. Beim *Darstellen* geht es um eine sachgemäße Verwendung der Fachsprache, von Zeichen und Symbolen sowie von Tabellen, Diagrammen und anderen grafischen Darstellungen. Darstellungen mathematischer Sachverhalte sollen eigenständig konstruiert und mit bereits vorliegenden Darstellungen verständnisvoll umgegangen werden. Zur adäquaten Nutzung der mathematischen Sprache können in diesem Zusammenhang beispielsweise Lerntagebücher im Sinne von Gallin und Ruf (1993) beitragen (vgl. hierzu auch Kapitel 3). (vgl. Franke & Reinhold, 2016, S. 17 ff.; Grassmann u.a., 2010, S. 24 ff.; Hasemann & Gasteiger, 2014, S. 72 ff.; Walther, Selter & Neubrand, 2008, S. 26 ff.)

Für die Unterrichtsgestaltung bedeutet dies, dass eine Lernumgebung geschaffen werden muss, die über kleinschrittige und isoliert nebeneinanderstehende Übungen hinausreicht und verschiedene Aktivitäten stets sinnvoll miteinander vernetzt (vgl. hierzu auch Franke & Reinhold, 2016, S. 18). Entdecktes soll im Miteinander kommuniziert, reflektiert und argumentativ gestützt werden, Überlegungen dargestellt (zum Beispiel in Zeichnungen oder Texten), Mathematik und die Lebenswirklichkeit zueinander in Beziehung gesetzt und daraus nicht zuletzt

Schlüsse gezogen werden. Ein angemessenes Verständnis für die inhaltsbezogenen Kompetenzen kann sich folglich nur entwickeln, „wenn sie von den allgemeinen mathematischen Kompetenzen ergänzt, erweitert bzw. umfasst werden" (Götze, 2015, S. 7).

1.2.2 Fachbezogene Betrachtung ausgewählter geometrischer Körper

Zu den wichtigsten Körperformen, die die Kinder am Ende der Grundschulzeit kennen sollen, zählen wie unter Abschnitt 1.2.1 beschrieben Würfel, Quader, Zylinder, Kegel, Kugel und Pyramide. Repräsentanten von Polyedern, das heißt Körpern, die von ebenen Flächen aus (beliebigen) n-Ecken (Polygone, Vielecke) begrenzt werden, sind dabei Würfel, Quader und Pyramide. Zu den im Grundschulunterricht am häufigsten und intensivsten besprochenen Körperformen gehören Würfel und Quader. Sie sollen als erstes vorgestellt werden. Um Würfel und Quader einer Körperfamilie zuordnen zu können, wird die Gruppe der Prismen mitaufgenommen. Ganz allgemein könnte man auch von „Säulen mit eckigen Grundflächen" sprechen, womit eine Beziehung zum sich anschließenden Zylinder, der „Säule mit kreisförmiger Grundfläche" hergestellt wird. Kegel und Pyramide können zur Gruppe der Spitzkörper zusammengefasst werden. Auch sie sollen nach ihren Eigenschaften differenziert dargestellt und im Hinblick auf das Potenzial für den Grundschulunterricht analysiert werden. Einen Einblick in die Eigenschaften der platonischen Körper (als reguläre Polyeder), die zwar erst jenseits der Grundschule von besonderem Interesse sind (Ruwisch, 2010b, S. 42), aufgrund ihrer besonderen Regelmäßigkeit jedoch auch eine erste Faszination auf Grundschulkinder ausüben können und somit nicht stringent vom Grundschulunterricht auszuschließen sind, schließt sich an. In einem letzten Absatz wird die Kugel vorgestellt.

Würfel

Der Würfel zählt zu den Klassikern im Mathematikunterricht der Grundschule und spielt auch in der weiterführenden Schule immer wieder eine wichtige Rolle (Spindeler & Merschmeyer-Brüwer, 2012, S. 4). Weil er genau sechs Seitenflächen hat, nennt man ihn gemäß der griechischen Bezeichnung „hexáedron" für Sechsflach auch „Hexaeder" (Merschmeyer-Brüwer, 2012, S. 10). Ganz allgemein handelt es sich beim Würfel um einen *konvexen* dreidimensionalen Polyeder. „In der Erfahrungswelt der Kinder bedeutet dies, dass aus dem Würfel keine Erhebungen herausragen oder in das Innere eingestülpt sind. Vielmehr kann man auf jeder Seitenfläche die Handfläche ausgestreckt auflegen" (Merschmeyer-Brüwer, 2012, S. 9). Mathematisch gesehen heißt das, dass jede Verbindungsstrecke zweier beliebiger Punkte aus dem Inneren stets nur innerhalb des Würfels verläuft (dies gilt analog für alle weiteren konvexen Polyeder) (vgl. hierzu z. B. Gorski & Müller-Philipp, 2014, S. 52). Besonders macht den Würfel seine Regelmäßigkeit. Seine acht Ecken, zwölf Kanten und sechs Seitenflächen sind gleichartig.

Erste vielfältige Erfahrungen mit ihm haben Kinder bereits im Vorschulalter gesammelt. Sei es beim Bauen, Spielen oder auch beim Naschen von Würfelzucker (eigentlich: „Quaderzucker"). An diese Vorkenntnisse kann bereits im ersten Schuljahr angeknüpft werden (vgl. hierzu auch Abschnitt 1.1.2.3).

Zu seinen zentralen Eigenschaften, die Kinder nach Franke und Reinhold (2016, S. 174) bis zum Ende der Grundschulzeit wissen sollen, zählen:

„Ein Würfel ist ein Körper mit acht Ecken, sechs Flächen und zwölf Kanten. Alle Flächen bestehen aus gleich großen („deckungsgleichen") Quadraten.

Mit diesen Kriterien sind folgende Eigenschaften verbunden:

- *Die Kanten des Würfels sind gleich lang.*
- *An jeder Kante stoßen zwei Flächen aneinander.*
- *An jeder Kante liegen zwei Ecken.*
- *An jeder Ecke stoßen drei Flächen und drei Kanten zusammen.*
- *Rollt man einen Würfel ab, so entsteht ein Würfelnetz, das aus sechs [gleich] großen, zusammenhängenden Quadraten besteht".*

Auch Symmetrieeigenschaften könnten aufgegriffen werden (vgl. z. B. Merschmeyer-Brüwer, 2012, S. 8; R. Rasch, in Druck), reichen jedoch weitestgehend über die Kompetenzerwartungen der Grundschule hinaus (vgl. Abschnitt 1.2.1).

Eine Übersicht über wichtige geometrische Begriffe rund um den Würfel, wie sie auch im Grundschulunterricht schon entwickelt werden und auch für die Beschreibung weiterer Körper dienen können, bietet folgende Abbildung:

	Eigenschaftsbegriffe	Relationsbegriffe	Objektbegriffe
Würfel als räumliches Objekt	– würfelförmig – quaderförmig – rechtwinkelig	– neben, auf, hinter, vor, links/rechts von – senkrecht auf – genauso groß wie – volumengleich mit – identisch mit – ähnlich zu	– Ecke – Kante – (Seiten-)Fläche – Würfel – Quader – (Prisma, Spat) – (platonische Körper)
Bezüge des Würfels zur ebenen Geometrie	– gerade – eben – eckig – senkrecht – viereckig – quadratisch – rechteckig	– deckungsgleich mit – symmetrisch zu – parallel zu – senkrecht zu – flächengleich zu – genauso lang wie	– Linie, Gerade, Strecke – Viereck – Rechteck – Quadrat – (Parallelogramm)

Abbildung 1.6. Übersicht über geometrische Begriffe, wie sie am Beispiel des Würfels entwickelt werden können nach Merschmeyer-Brüwer (2012, S. 10).

Diese Übersicht kann nach Spindeler und Merschmeyer-Brüwer (2012, S. 5) als eine Grundlage zur Versprachlichung von Handlungen und Entdeckungen dienen und damit Lerngelegenheiten für eine fundierte Begriffsbildung (vgl. Abschnitt 1.3.1) schaffen.

In Bezug zu anderen Körpern nimmt der Würfel eine zentrale Stellung ein. Zum einen hat er mit diesen gewisse Eigenschaften gemeinsam, zum anderen weist er aber auch ganz individuelle Eigenschaften auf. Dies ist beispielsweise der Fall in Bezug zum Quader. Ein Würfel ist ein spezieller Quader mit quadratischen Seitenflächen. Würfel und Quader zählen aber auch zur Gruppe der Prismen. Mit quadratischer Grund- und Deckfläche und einem Mantel aus vier Quadraten stellt der Würfel ein spezielles Prisma dar. Als regelmäßiger Hexaeder gehört der Würfel außerdem zur Gruppe der platonischen Körper, die ausschließlich aus kongruenten, regelmäßigen (gleichseitigen) Vielecken bestehen (vgl. z. B. Merschmeyer-Brüwer, 2012, S. 9 f.). Im gegenwärtigen Geometrieunterricht werden von den Kindern solche Beziehungen, auf die im Folgenden noch einmal näher eingegangen werden soll, meist nicht wahrgenommen (Franke & Reinhold, 2016, S. 197; R. Rasch & Sitter, 2016, S. 126 f.; vgl. hierzu auch Abschnitt 1.1.2.3).

Quader

Genau wie beim Würfel handelt es sich auch beim Quader um einen *konvexen* dreidimensionalen Körper. Der Quader besitzt acht Ecken, sechs Flächen und zwölf Kanten. Im Unterschied zum Würfel sind diese jedoch nicht gleichartig. Vielmehr zeichnet er sich durch sechs rechteckige Flächen (dürfen auch Quadrate sein) aus, „die paarweise parallel zueinander sind und an den Ecken jeweils senkrecht aufeinander stehen" (Merschmeyer-Brüwer, 2012, S. 10). Sind alle Begrenzungsflächen Quadrate, so handelt es sich um einen Würfel. Würfel sind, wie bereits angedeutet, also auch spezielle Quader mit gleichen Kantenlängen. „Nimmt man Grund- und Deckfläche des Würfels, ändert aber die Seitenflächen in Rechtecke ab, erhält man einen Sonderfall des Quaders" (R. Rasch, in Druck): Die quadratische Säule. Sie enthält zwei unterschiedliche Kantenlängen. Drei verschiedene Kantenlängen und damit den typischen Quader erhält man, wenn man auch die Grund- und Deckfläche zu Rechtecken ändert. Der Quader ist wie der Würfel weiterhin auch ein besonderes Prisma mit rechteckigen Grundflächen. Dadurch, dass immer zwei Flächen parallel zueinander sind, die jeweils gleichgroß sind, ist der Quader von allen Seiten betrachtet ein Prisma.

Zum Quader sollen die Schülerinnen und Schüler bis zum Ende der Grundschulzeit Folgendes wissen (Franke & Reinhold, 2016, S. 197):

> *„Ein Quader ist ein Körper mit acht Ecken, sechs Flächen und zwölf Kanten. Alle Flächen sind rechteckig. In den Kanten stoßen zwei Flächen im rechten Winkel aufeinander. Gegenüberliegende Flächen sind gleich groß („deckungsgleich").*

Mit diesen Kriterien sind folgende Eigenschaften verbunden:

- *Gegenüberliegende Kanten sind gleich lang.*
- *An jeder Kante stoßen zwei Flächen aneinander. An jeder Kante liegen zwei Ecken.*
- *An jeder Ecke stoßen immer drei Flächen und drei Kanten zusammen.*
- *Rollt man einen Quader ab, so entsteht ein Quadernetz. Damit besteht jedes Quadernetz aus sechs zusammenhängenden Rechtecken".*

Wichtige geometrische Begriffe rund um den Quader können von der weiter oben, unter Würfel, eingefügten Übersicht (vgl. Abbildung 1.6) entnommen und adaptiert werden.

In der Umwelt findet man Quader in unterschiedlicher Form. So weisen sowohl das Klassenzimmer, in dem die Schülerinnen und Schüler sich befinden, als auch der Schwamm, auf den sie von außen blicken, die Grundform des Quaders auf (Roth & Wittmann, 2014, S. 142). Quaderförmig sind zudem häufig Verpackungen, Steine, die man zum Bauen von Häusern oder Mauern verwendet, Türen oder auch Gebäude mit viereckiger Grundfläche. In Schulbüchern abgebildete Quader weisen meist eine Kantenlänge im Verhältnis 4:2:1 auf. Dies kann nach Merschmeyer-Brüwer (2011, S. 7) die Gefahr bergen, dass Kinder einen ganz bestimmten Prototyp von Quader in ihrer Vorstellung verinnerlichen. Quader mit davon abweichenden Kantenverhältnissen werden in der Folge als solche nicht identifiziert. Solche Hürden bzw. Herausforderungen gilt es, im Unterricht zu überwinden bzw. anzuregen. Die Beziehung zum Würfel und ganz allgemein auch die Zugehörigkeit zur Gruppe der Prismen, die im Folgenden noch näher vorgestellt wird, sollten hinzukommen (vgl. Merschmeyer-Brüwer, 2011, S. 7; R. Rasch & Sitter, 2016, S. 14).

Prismen

Prismen sind Körper, die mindestens zwei zueinander kongruente und parallele Grund- und Deckflächen, die die Form eines Vielecks haben, besitzen (Merschmeyer-Brüwer, 2011, S. 8). Miteinander verbunden werden die Ecken der Grund- und Deckfläche durch parallele Kanten. Die Anzahl der Ecken, Kanten und Flächen eines Prismas hängt dabei von der Form der Grundfläche ab. Unterschieden werden Prismen in der Regel nach der Anzahl der Seitenflächen. In der unten stehenden Abbildung (Abbildung 1.7) sind dreiseitige, vierseitige, fünfseitige und sechsseitige Prismen dargestellt.

„Ein reguläres Prisma zeichnet sich dadurch aus, dass es gerade ist und ein regelmäßiges Vieleck zur Grund- und Deckfläche hat" (Merschmeyer-Brüwer, 2012, S. 9 f.). *Gerade* bedeutet, dass der Mantel senkrecht zur Grundfläche steht. Vorstellen kann man sich dies beispielsweise dadurch, dass ein beliebiges Vieleck (z. B. ein Dreieck) senkrecht aufgeschichtet bzw. senkrecht zur Grundfläche verschoben wird. Dadurch sind die Seitenflächen bei dieser Körpergruppe Rechtecke. In der Umwelt wird dieser Aspekt allerdings meist nicht immer deutlich. Das dreiseitige Prisma findet man häufig in der allgegenwärtigen Dachform, also liegend auf einer Seitenfläche. Die dreieckigen Grund- und Deckflächen bilden die Stirnseite des Daches (R. Rasch & Sitter, 2016, S. 78).

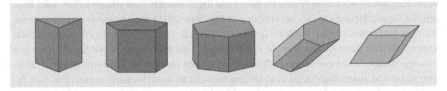

Abbildung 1.7. Beispiele für Prismen (gerade und schief) nach Merschmeyer-Brüwer (2012, S. 9).

Wie schon erwähnt sind Würfel und Quader spezielle Prismen. Durch ihre zwei sich gegenüberliegenden, stets deckungsgleichen, rechtwinkligen Flächen, sind sie von allen Seiten betrachtet ein Prisma. In der Literatur wird deshalb mitunter auch empfohlen auf eine Unterscheidung zwischen Grund- und Deckfläche in diesem Fall zu verzichten (vgl. z. B. Institut für Qualitätsentwicklung Mecklenburg-Vorpommern, 2013, S. 15). Beim Würfel sind außerdem nicht nur die sich gegenüberliegenden Flächen deckungsgleich, sondern alle. Abbildung 1.8 zeigt die Klasseninklusionen zwischen den Mengen Würfel, Quader und Prismen noch einmal im Überblick.

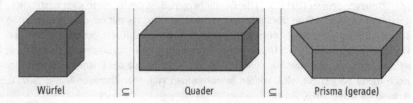

Würfel   ⊆   Quader   ⊆   Prisma (gerade)

Abbildung 1.8. Klasseninklusionen zwischen den Mengen Würfel, Quader und Prismen nach Merschmeyer-Brüwer (2011, S. 8).

Ist die Richtung der Verschiebung nicht senkrecht zur Grundfläche, so entsteht ein *schiefes* Prisma. Die Anzahl der Ecken, Kanten und Flächen verändert sich dabei nicht. Was sich verändert ist die Form der Seitenflächen: Parallelogramme entstehen. Im Sonderfall eines Würfels „werden aus vier Quadraten Rauten. Zwei [...] Quadrate bleiben bestehen" (Ruwisch, 2010b, S. 40). Ein spezielles *schiefes* Prisma mit einem Parallelogramm als Grund- und Deckfläche ist das so genannten *Prallelflach* oder das *Spat* (DIFF, 1978, S. 12 f.; Merschmeyer-Brüwer, 2012, S. 10). Dieses wird von sechs paarweise kongruenten (deckungsgleichen) in parallelen Ebenen liegenden Parallelogrammen begrenzt.

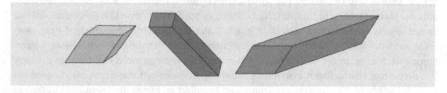

Abbildung 1.9. Beispiele für Parallelflach oder Spat nach Merschmeyer-Brüwer (2012, S. 9).

Was Grundschulkinder zum Prisma bis zum Ende der Grundschulzeit wissen sollen, wird ähnlich wie für Würfel und Quader bei Franke und Reinhold (2016) nicht erwähnt – auch nicht für die noch folgenden Körper. R. Rasch und Sitter (2016, S. 75 ff.) machen in ihrem modularen Konzept für den Geometrieunterricht in der Grundschule insbesondere auf ein Arbeiten mit den regulären Prismen aufmerksam. Quader und Würfel könnten als Sonderform der Prismen betrachtet und Zusammenhänge bzw. Unterschiede zu anderen Körpergruppen (z. B. zum Zylinder als Säule mit kreisförmiger Grund- und Deckfläche) im Unterricht thematisiert werden.

Bis zum Ende der Jahrgangstufe 4 könnten die Kinder schließlich Folgendes erkennen:

Prismen sind Körper mit einer Grund- und Deckfläche, die jeweils die Form eines Vielecks haben. Grund- und Deckfläche sind dabei stets gleichgroß (zueinander kongruent bzw. deckungsgleich) und liegen in zueinander parallelen Ebenen. Unterschieden werden Prismen nach der Anzahl der Seitenflächen, die sich auch aus der Grundfläche ergibt. Spezielle Prismen sind der Würfel und der Quader.

Zahlreiche Gegenstände unserer Umwelt sind Prismen, weshalb nach R. Rasch und Sitter (2016, S. 79) ein enger Umweltbezug für die Bearbeitung dieser Körpergruppe hilfreich sein könnte. Das sechsseitige Prisma könnte beispielsweise in Verbindung mit der recht häufigen Schachtelform bei Pralinen oder der Gestalt von Kirchtürmen, das dreiseitige Prisma, wie schon erwähnt, mit dem Bezug zur Dach- bzw. Tobleroneform, das vierseitige Prisma (Quader) mit Bezug zu Behältnissen bzw. Gebäuden mit viereckiger Grundfläche erarbeitet werden (R. Rasch, in Druck; R. Rasch & Sitter, 2016, S. 79). Das Prisma mit einem Trapez als Grundfläche findet man außerdem oft an den Reihen eines Spargelfeldes (Spargelwall) wieder.

Zylinder

Bestehen Grund- und Deckfläche aus kreisförmig gebogenen Rändern, welche mit einer rechteckigen Mantelfläche versehen sind, entsteht gemäß dem im Alltag üblichen Sprachgebrauch ein Zylinder. Im Unterschied zum Prisma ist die Mantelfläche des Zylinders nicht aus verschiedenen Teilrechtecken zusammengesetzt, sondern aus einer einzigen, gekrümmten (rechteckigen) Fläche, die senkrecht zur Grundfläche steht (Ruwisch, 2010b, S. 40). Grund- und Deckfläche sind kongruente Kreise und liegen in zueinander parallelen Ebenen.

Eine Verallgemeinerung kann nach Ruwisch (2010b, S. 40) in zweierlei Weise erfolgen: Zum einen in Bezug auf die Form der kreisförmigen Grund- und Deckfläche, zum anderen bezüglich der Richtung der Verschiebung der Grundfläche (siehe Abbildung 1.10). Ist die Verschiebungsrichtung nicht orthogonal zur Ebene des Kurvenstücks (des Kreises), so entsteht ein *schiefer* (Kreis-)Zylinder. Ist die Grundfläche ellipsenförmig bzw. wird der Kreis durch eine andere ebene, geschlossene Kurve ersetzt, so spricht man allgemein von einem Zylinder oder einer Säule (mit gebogener Grundfläche). Durch solche Unterscheidungen können nach Ruwisch (2010b, S. 40) zentrale Eigenschaften im Unterricht häufig noch deutlicher herausgearbeitet werden.

Abbildung 1.10. Beispiele für Zylinder (mit Kreis oder anderen ebenen, geschlossenen Kurven als Grundflächen bzw. gerade und schiefe) (Quelle: http://www.mathematische-basteleien.de/zylinder.htm [10.12.2018]).

Der Zylinder wird mitunter auch als geometrischer Körper definiert, der durch eine parallele Verschiebung aus einer (beliebigen) Grundfläche hervorgeht (vgl. Helmerich & Lengnink, 2016, S. 94; Scheid & Schwarz, 2007, S. 62). Ist die Grundfläche ein Kreis, so entsteht ein Kreiszylinder. Damit ist aus fachwissenschaftlicher Sicht der oben definierte Zylinder eigentlich eine spezielle Form des Zylinders mit einer kreisförmigen Grundfläche. Auch das Prisma ist demnach ein Spezialfall des Begriffs Zylinder. Im Geometrieunterricht der Grundschule wird jedoch meistens allein der Kreiszylinder, im Folgenden nur noch als Zylinder bezeichnet, als solcher und die Gruppe der Prismen als weitere „Familie" betrachtet. In Anlehnung an R. Rasch und

Sitter (2016, S. 75 ff.) sowie Ruwisch (2010b, S. 40) sollen die Schülerinnen und Schüler seine wichtigsten Eigenschaften im Unterricht kennen, unterschiedliche Repräsentanten (z. B. auch extrem flache Formen) identifizieren und Gemeinsamkeiten und Unterschiede zu anderen Körpergruppen, insbesondere zu den „Säulen mit eckigen Grundflächen" (den Prismen) wahrnehmen können. Als eine der häufigsten Umweltformen, bietet sich dabei ein enger Umweltbezug an (R. Rasch & Sitter, 2016, S. 76). Ob als Stift, Glas, Litfaßsäule, Rohr, Cremedose, Stuhloder Tischbein, Zylinder findet man überall in der uns umgebenden Welt.

Spitzkörper

Wie der Name schon sagt, handelt es sich hierbei um Körper, die von der Grundfläche aus nach oben spitz zulaufen. Vorstellen kann man sich diese Klasse von Körpern auch ausgehend von den eben dargestellten senkrechten (oder auch schiefen) Säulen, indem man die Deckfläche zu einem Punkt, also einer Spitze, zusammenschrumpfen lässt (Krauter, 2007, S. 85). Die Grundfläche kann dabei ein Kreis oder auch ein Vieleck sein. Ganz allgemein findet man in der Fachwissenschaft, ähnlich wie für Zylinder, auch diesbezüglich Definitionen, die von dem im Alltag üblichen Sprachgebrauch abweichen. So beschreiben beispielsweise Scheid und Schwarz (2007, S. 62) einen Kegel als einen Körper, der durch eine geradlinige Verbindung der Punkte eines ebenen Flächenstücks mit einem Punkt S außerhalb der Ebene des Kurvenstücks entsteht. Kreiskegel sowie Pyramide gelten hingegen als spezielle Kegel (vgl. z. B. Scheid & Schwarz, 2007, S. 62). Auch davon soll in der vorliegenden Arbeit Abstand genommen und Kegel sowie Pyramide als Repräsentanten für Spitzkörper wie folgt näher betrachtet werden: „Ist die Grundfläche ein Kreis, dann ist die Mantelfläche gekrümmt. Diese Spitzkörper sind Kegel. Ist die Grundfläche ein Vieleck, dann sind es Kanten, die ausgehend von den Ecken zur Spitze führen. Die Seitenflächen, die entstehen, sind dann Dreiecke. Diese Spitzkörper heißen Pyramiden" (R. Rasch & Sitter, 2016, S. 69). Auf beide Körperformen soll im Folgenden noch einmal näher eingegangen werden.

Kegel

Der im Grundschulunterricht zu thematisierende Kegel besitzt, wie bereits beschrieben, eine kreisförmige Grundfläche und eine Spitze, die senkrecht über dem Mittelpunkt des Kreises liegt. Neben einer Kreisfläche wird er aber auch von einer gekrümmten Fläche begrenzt, die bei einer Abwicklung einen Kreisausschnitt ergibt. In der Fachsprache spricht man auch von einem *geraden* (Kreis-)Kegel. Genau wie beim Zylinder kann die Grundfläche beim Kegel ganz allgemein auch aus einer Ellipse oder einem anderen gebogenen Flächenstück bestehen und der Kegel schief sein. Beides sei an dieser Stelle jedoch vernachlässigt. Oft wird die Spitze des Kegels im Unterreicht auch als Ecke bezeichnet. Streng genommen besitzt ein Kegel jedoch keine Ecke. Denn von einer Ecke spricht man nur dann, wenn an den Eckpunkten des Körpers mindestens drei Flächen aufeinander treffen (Ruwisch, 2010b, S. 40). Dies ist beim Kegel nicht der Fall. Im Alltag findet man den *geraden* (Kreis-)Kegel beispielsweise im Verkehr als Leitkegel, als Turm- oder Bleistiftspitze. Mit der Spitze nach unten zeigend erinnert uns die Form an eine Schultüte, eine Eistüte oder Zuckertüte (R. Rasch, in Druck; R. Rasch & Sitter, 2016, S. 70). Daran kann im Unterricht angeknüpft werden. Das Netz des Kegels ergibt sich aus einem Kreisausschnitt und einem Kreis für die Grundfläche.

All diese Eigenschaften, Kenntnisse und Erfahrungen lassen sich nach R. Rasch und Sitter (2016, S. 70 ff.) auch mit Grundschulkindern realisieren und sind bis zum Ende der Grundschulzeit anzustreben.

Pyramide

Eine Pyramide ist ein Spitzkörper, deren Grundfläche ein *n*-Eck (Vieleck) ist und dessen Seitenflächen *n* Dreiecke sind, die in einem Punkt zusammenlaufen. *Gerade* heißen Pyramiden, wenn genau wie beim Kegel der Fußpunkt des Lotes von der Spitze auf die Grundfläche deren Mittelpunkt ist (Merschmeyer-Brüwer, 2011, S. 8). Als regelmäßig (regulär) werden Pyramiden bezeichnet, deren Grundfläche ein regelmäßiges n-Eck (Vieleck) ist. „Ist die Grundfläche ein Dreieck, führen drei dreieckige Seitenflächen zur Spitze. Ist die Grundfläche ein Viereck, gibt es vier dreieckige Seitenflächen usf." (R. Rasch & Sitter, 2016, S. 71 f.). Die dreieckigen Seitenflächen sind gleichschenklig, im Sonderfall sogar gleichseitig. Bei einer Pyramide mit einem unregelmäßigen Vieleck als Grundfläche ergeben sich verschiedene gleichschenklige Dreiecke (R. Rasch, in Druck). Unterschieden werden Pyramiden (wie die Prismen) nach der Anzahl ihrer Seitenflächen. Die Grundfläche einer vierseitigen Pyramide kann dabei quadratisch oder rechteckig sein. Man unterscheidet dann noch einmal zwischen quadratischer und rechteckiger Pyramide (R. Rasch, in Druck). Sind die Grund- und Seitenflächen bei einer dreiseitigen Pyramide gleichgroße gleichseitige Dreiecke, so handelt es sich um eine ganz spezielle Pyramide. Sie heißt Tetraeder und gehört genau wie der Würfel zur Gruppe der platonischen Körper (R. Rasch & Sitter, 2016, S. 72). Solche Erfahrungen können bereits Grundschulkinder sammeln.

Im Alltag kennt man die Pyramidenform häufig als Turmspitze, als Dachform oder auch aus Ägypten. Für die Bauten und die Form verwenden wir den gleichen Begriff.

Platonische Körper

Besonders regelmäßige Körper, die auch schon auf Grundschulkinder eine erste Faszination ausüben können und an der einen oder anderen Stelle bereits erwähnt wurden, sind die so genannten fünf platonischen Körper. Sie gehören zu den konvexen Polyedern und bestehen ausschließlich aus deckungsgleichen Flächen. Zu ihnen zählen unter anderem der bereits vorgestellte Würfel (Hexaeder) sowie das Tetraeder. Benannt sind die fünf platonischen Körper nach der Anzahl ihrer Flächen: Tetraeder (Vierflächner), Hexaeder (Sechsflächner), Oktaeder (Achtflächner), Dodekaeder (Zwölfflächner), Ikosaeder (Zwanzigflächner).

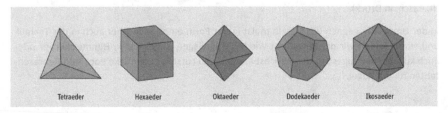

| Tetraeder | Hexaeder | Oktaeder | Dodekaeder | Ikosaeder |

Abbildung 1.11. Platonische Körper nach Merschmeyer-Brüwer (2012, S. 9).

Alle begrenzenden Seitenflächen sind untereinander kongruente regelmäßige n-Ecke. Alle Kanten sind gleichlang. An jeder Ecke treffen gleichviele Flächen und Kanten zusammen. (DIFF, 1978, S. 19; Ruwisch, 2010b, S. 41 f.)

Angelehnt an unseren bekannten Spielwürfel, dessen typische Eigenschaft die gleiche Kanten-länge ist, kann man Kindern die Eigenschaften der platonischen Körper anschaulich nahebrin-gen. Dadurch dass jede Kante gleichlang ist, hat jede Fläche die gleiche Chance beim Würfeln oben zu liegen (R. Rasch & Sitter, 2016, S. 85). Die Gruppe der platonischen Körper fasst Körper mit genau dieser Eigenschaft zusammen. Deshalb werden diese Körper auch alle als Spielwür-fel verwendet.

Neben einzelnen Eigenschaften lassen sich an einer Reihe der bisher vorgestellten Körper auch Muster und Gesetzmäßigkeiten im Grundschulunterricht untersuchen. So zum Beispiel der Eu-lersche Polyedersatz, „der für jeden Vielflächner gilt, der durch Vielecke begrenzt wird" (Ru-wisch, 2010b, S. 42; vgl. auch DIFF, 1978, S. 21). Dazu gehören neben den platonischen Köpern auch die Prismen und Pyramiden. Durch systematisches Variieren der Grundfläche, können die Kinder vielfältige Entdeckungen machen und beschreiben (Näheres dazu s. Ruwisch, 2010b, S. 42 f.).

Kugel

Dass die Kugel rund ist, wissen bereits Schulanfänger. Mit diesem Wissen verlassen Viertkläss-ler die Grundschule meist auch wieder (vgl. Abschnitt 1.1.2.3). Zur Kugel gibt es nach R. Rasch und anderen jedoch weitaus mehr zu entdecken und zu erfahren. So handelt es sich bei einer Kugel beispielsweise um einen Körper mit einer völlig regelmäßig gekrümmten Oberfläche. Sie hat keine Ecken und Kanten (R. Rasch & Sitter, 2016, S. 64). Alle Punkte der Kugeloberfläche haben vom Kugelmittelpunkt den gleichen Abstand (vgl. z. B. Schuppar, 2017, S. 15). Der Ab-stand zum Mittelpunkt heißt Radius. Die Kugel ist ein ganz besonderer Körper, der weder Länge noch Breite, noch Höhe hat. Ihr Umriss ist von jeder Seite betrachtet ein Kreis. Durch Zerlegen (Zerschneiden) der Kugel entstehen kreisförmige Schnittflächen. Die größte kreisför-mige Schnittfläche erhält man durch Halbieren der Kugel. Die Halbkugel hat damit eine kreis-förmige Grundfläche. Die Kugel selbst liegt nur auf einem Punkt auf. Durch die durchgängige Krümmung der Kugeloberfläche gibt es kein Netz von der Kugel. Man kann die Fläche einer Kugel also nicht vollständig in die Ebene legen (Franke & Reinhold, 2016, S. 210). Die Kugel ist der symmetrischste Körper. Durch den Mittelpunkt der Kugel lassen sich unendlich viele Ach-sen (Durchmesser) führen. Auch Symmetrieebenen können unendlich oft entdeckt werden. (R. Rasch, in Druck)

In der Umwelt begegnen uns Kugeln meist in der Form eines Balls. Aber auch in der Technik und Natur finden wir die Kugelform wieder: Kugellager, Kugelgelenk, Himmelskörper oder auch kugelförmig zugeschnittene Buchsbäume. Auch Lutscher oder Cake Pops sind Repräsen-tanten für die Kugel.

1.3 Lerntheoretische Grundlagen

Zu wichtigen lerntheoretischen Grundlagen für die Bearbeitung geometrischer Körper im Grundschulunterricht gehören unter anderem Erkenntnisse zur Begriffsbildung und zur Raumvorstellung. Anknüpfend an konkrete Handlungserfahrungen im Umgang mit verschiedenen Körpern, beispielsweise durch das Zeichnen räumlicher Figuren, wird die geometrische Begriffsbildung fundiert und das räumliche Vorstellungsvermögen entwickelt (Franke & Reinhold, 2016, S. 202).

Abschnitt 1.3.1 gibt deshalb Einblicke in die Begriffsbildung. Wichtige Grundlagen der Begriffsbildung werden aufgegriffen, konkrete Wege zur Einführung geometrischer Begriffe sowie relevante Stufenmodelle für den Begriffsbildungsprozess beschrieben. Ein Abschnitt zum räumlichen Zeichnen (Abschnitt 1.3.2) schließt sich an. Neben zentralen Grundlagen zum Zeichnen räumlicher Objekte werden ausgewählte Befunde zur Tiefendarstellung in Zeichnungen berücksichtig und der Einfluss verschiedener Arten von Wissen beim Zeichnen aufgezeigt. Erkenntnisse zur Raumvorstellung stehen im Zentrum des letzten Abschnittes (Abschnitt 1.3.3).

1.3.1 Bilden geometrischer Begriffe und Wissenserwerb

Für den Unterrichtserfolg entscheidend ist, dass Kinder geometrische Begriffe wirklich besitzen und nicht nur Begriffswörter nutzen. Aus diesem Grund seien im Folgenden das Wesen von Begriffen und der Erwerb von Begriffen näher betrachtet.

Abschnitt 1.3.1.1 zeigt auf, was unter dem Konstrukt „Begriff" verstanden wird und wie sich die Begriffsbildung bei Kindern im Alltag gestaltet. Nach einem Überblick über die Arten geometrischer Begriffe in Abschnitt 1.3.1.2 werden verschiedene Wege zur Einführung geometrischer Begriffe vorgestellt (Abschnitt 1.3.1.3). Im letzten Abschnitt (Abschnitt 1.3.1.4) wird auf die Begriffsgewinnung im Unterricht eingegangen, indem unter anderem ein für die vorliegende Arbeit relevantes Stufenmodell zur Entwicklung des Verständnisses geometrischer Begriffe betrachtet wird.

1.3.1.1 Begriffe und Begriffsbildung im Alltag

In der vorliegenden Arbeit nehmen geometrische Begriffe einen wichtigen Platz ein. Zwischen Begriffsbildung und Wissenserwerb findet ein enger Zusammenhang statt. Ein bedeutungsvolles und umfangreiches mathematisches Wissen kann es ohne eine adäquate Begriffsbildung nicht geben. Begriffe sind die „Bausteine menschlichen Wissens" (Franke & Reinhold, 2016, S. 115). Sie sind Werkzeuge der sprachlichen Kommunikation, organisieren das Verhalten, verdichten Informationen und beeinflussen nicht zuletzt die Leistungen des Gedächtnisses. Begriffe gestatten uns unsere Erlebnisse und Erfahrungen zu strukturieren und vorhandene Kenntnisse auf neue Situationen anzuwenden (Franke & Reinhold, 2016, S. 115; Sodian, 2002, S. 443). In der Arbeit mit geometrischen Begriffen werden wir zu einer Auseinandersetzung mit der Wirklichkeit befähigt (Grassmann u.a., 2010, S. 142; Seiler, 2012, S. 174). Durch sie

machen wir uns die umgebende Wirklichkeit „in neuer abstrakter Weise fassbar, repräsentier-
bar und kommunizierbar" (Seiler, 2012, S. 174).

Dabei beginnen wir jedoch nicht bei null. Bereits Kleinkinder verfügen über eine Vielzahl an
Begriffen, auch Figurenbegriffen, die ihnen aus dem Alltag bekannt sind und sich aufgrund von
Erfahrungen, durch den aktiven Umgang mit ihnen herausgebildet haben oder über Sprache
sozial vermittelt wurden (Franke & Reinhold, 2016, S. 116; vgl. hierzu auch Abschnitt 1.1.2.3).
Auch beides in der Kombination ist möglich (Franke & Reinhold, 2016, S. 116). Dass ein Hund
beispielsweise bellt, erfahren Kinder in der Regel selbst. Dass er beißt, hingegen eher nicht.
Dies wird ihnen vielmehr mitgeteilt. Auch geometrische Begriffe werden im Alltag häufig so
erworben. Diese intuitiven und zum Teil auch inhaltlichen Begriffsvorstellungen bilden eine
tragfähige Basis für die Weiterentwicklung im Unterricht (Bezold & Weigel, 2012, S. 10).

Nicht jedes Wort ist jedoch ein Begriff. Bei einem Begriff handelt es sich um weit mehr als
schlicht um eine Bezeichnung. Begriffe bezeichnen keine Einzelobjekte sondern charakterisie-
ren eine ganze Klasse von Objekten (vielfach auch als Kategorie oder Konzept bezeichnet, vgl.
hierzu z. B. Edelmann & Wittmann, 2012, S. 111). Mit ihnen werden Objekte oder Erscheinungen in Bezug auf gemeinsame Eigenschaften zusammengefasst (Franke & Reinhold, 2016,
S. 116). Begriffe wie Würfel, Quader, Kugel, Pyramide, Kegel, Zylinder oder auch Prisma stehen
so folglich für eine Kategorie von Objekten, hier von Körpern. Der Schwamm, der Baustein
oder auch Milchverpackungen können wiederum als Modelle für die Kategorie Quader angesehen werden, die für eine Klasse von Elementen steht, die gemeinsame Eigenschaften besitzt. Im Umgang mit Erwachsenen werden Begriffe im Kleinkindalter zunächst häufig einfach
übernommen. Dass in die betreffende Kategorie unterschiedliche Repräsentanten, also konkrete Objekte, zugeordnet werden können, lernen die Kinder erst allmählich. Entscheidend
für solche Zuweisungen sind dabei zunächst ganzheitliche Eindrücke oder die Funktionalität
des Gegenstandes, ohne dass dabei erste Eigenschaften eine nachweisbare Rolle spielen
(Franke & Reinhold, 2016, S. 118). Mit zunehmendem Alter erfolgt die Begriffsbildung auch
aufgrund funktionaler Zusammenhänge. Eher oberflächliche Merkmalsbetrachtungen treten
in den Hintergrund zugunsten einer Ordnung nach wesentlichen Tiefenmerkmalen (Franke &
Reinhold, 2016, S. 123). Anderseits ist es aber auch möglich, dass das Kind schon einen Begriff
als eine Einheit in einer kognitiven Struktur gebildet hat, ohne jedoch ein Begriffswort dafür
zu kennen. Dies ist beispielsweise der Fall wenn bereits Familienmitglieder erfasst werden,
ohne das Begriffswort „Familie" zu verwenden (Franke & Reinhold, 2016, S. 118).

(Mathematische) Begriffe sind rein „gedankliche Widerspiegelungen von Klassen von Objekten", die aufgrund wesentlicher Merkmale aller Objekte dieser Klasse herausgebildet wurden
und nur im Bewusstsein des Menschen existieren (Grassmann u.a., 2010, S. 102). Begriffe existieren also nicht in Wirklichkeit wie Gegenstände (Woolfolk, 2014, S. 296; vgl. hierzu auch
Breidenbach, 1966, S. 12 f.). Vielmehr begegnen wir selbst beim Bauen mit äußerst präzise
zugeschnittenen Würfeln beispielsweise „nur" individuellen Vertretern der Kategorie „Würfel", die unserem gedanklichen Konstrukt eines „idealen Würfels" weitgehend entsprechen
(Franke & Reinhold, 2016, S. 117 f.; Winter, 1983b, S. 191). Nicht erfasst werden in einem

Begriff spezifische Eigenschaften einzelner Objekte. So sieht der Begriff „Tisch" von allen Besonderheiten der Form und Farbe konkreter Tische, der Begriff „Quader" – um bei der Geometrie zu bleiben – von Beschriftungen auf Verpackungen oder überlappenden Nahtstellen
ab. Gleichzeitig werden aber auch Eigenschaften in reale Objekte hineingesehen, die so in der
Realität nur in mehr oder weniger großer Näherung erreicht werden, wie zum Beispiel „richtige" statt abgerundete Ecken beim Spielwürfel. Begriffe sind also immer Abstraktionen oder
Idealisierungen, auch wenn sie sich auf konkrete Objekte beziehen. Durch Begriffe wird die
Komplexität der Welt reduziert. Sie helfen uns, die Vielfalt unserer Welt in zu verarbeitende
Einheiten zu bündeln (Woolfolk, 2014, S. 296). Kognitionspsychologisch gesehen, spricht man
auch von der Konstruktion oder Entwicklung mentaler Modelle, also interner Repräsentatio-
nen, in denen Vorstellungen, Wissen über bestimmte Eigenschaften des Begriffs und Beziehungen zwischen diesen Eigenschaften gespeichert sind und die Fähigkeit im Umgang mit dem
Begriff ermöglichen (Franke & Reinhold, 2016, S. 121 f.; Johnson-Laird, 1983; Weigand, 2014,
S. 100 f.). Die Repräsentation des Wissens im Gedächtnis vergleicht man dabei oft auch mit
einem Netzwerk, bestehend aus Begriffen (Knoten), die miteinander verbunden sind, Beziehungen zueinander aufweisen und hierarchisch gespeichert sind (vgl. z. B. J. R. Anderson,
2007, S. 183 ff.; Kail, 1992, S. 60 f.). Je nach Klassifikation kann ein Objekt in verschiedene
Netzwerke eingeordnet werden. Der Würfel beispielsweise kann für Kinder ein Körper, ein
Quader, eine symmetrische Figur und Ähnliches sein. Ein Würfel kann aber auch unter Beach-
tung von Material, Farbe, Größe und Funktion zu völlig anderen Klassifizierungen passen
(Franke & Reinhold, 2016, S. 121). Eine hypothetische Gedächtnisstruktur einer Hierarchie aus
dem Alltag, in der es Oberbegriffe und Unterbegriffe sowie nebengeordnete Begriffe gibt,
zeigt Abbildung 1.12.

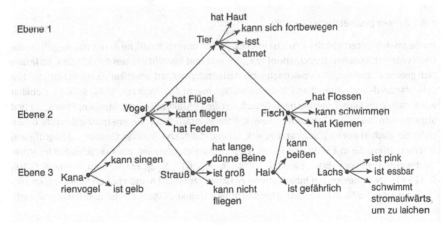

Abbildung 1.12. Hypothetische Gedächtnisstruktur einer Hierarchie auf drei Ebenen für das Beispiel *Kanarienvo-*
gel nach J. R. Anderson (2007, S. 184).

Eigenschaften, die für Kategorien auf einer höheren Hierarchieebene gelten, treffen hierbei
auch für die darunter liegenden Ebenen zu. Mit der Höhe der Allgemeinheit innerhalb einer

Hierarchie nimmt die Anzahl begriffsbestimmender Merkmale wiederum ab (Franke & Reinhold, 2016, S. 121). Erworben werden in der Regel zuerst die „Basisbegriffe" bevor sie zu Ober- und Unterbegriffen in Beziehung gesetzt werden (Franke & Reinhold, 2016, S. 122). Ein Beispiel für eine solche Begriffshierarchie aus der Geometrie ist das „Haus der Vierecke". Aber auch Körperbegriffe lassen sich hierarchisch ordnen (vgl. hierzu auch Abschnitt 1.2.2 & 1.3.1.2).

Wie durch das Hunde-Beispiel bereits angedeutet wurde, können die im Gedächtnis abgespeicherten Konstrukte dabei auf Erfahrungen begründet („Hund bellt") oder aber auch das Ergebnis kognitiver Prozesse („Hund beißt") sein (Franke & Reinhold, 2016, S. 122 ff.). Indem das Kind wahrnimmt, sich aufrichtet, sich bewegt und auf andere Menschen reagiert, entwickelt es Begriffe. Der Prozess der Begriffsbildung baut daher gleichermaßen auf Wahrnehmung von Objekten, subjektiven Erfahrungen im Umgang mit ihnen sowie Vorstellungsbildern und bereits erworbenem, sprachlich-begrifflich repräsentiertem Wissen auf. Für den Begriffsbildungsprozess in der Schule bedeutet dies, dass handlungsbezogene, bildhafte und sprachlich-symbolische Darstellungen gleichermaßen zu berücksichtigen sind. Werden Begriffe im Kleinkind- und Vorschulalter, aber auch im Grundschulalter häufig ausgehend von typischen Beispielen vorwiegend durch den aktiven Umgang mit Objekten erworben und durch die anschauliche Ähnlichkeit von Objekten begünstigt, so kann und muss Sprache im weiteren Verlauf der Entwicklung dazu beitragen, die erworbenen Begriffe auszuschärfen, sie in Beziehung zueinander zu setzen und zu festigen (Franke & Reinhold, 2016, S. 119 f.). Das Vor- und Alltagswissen sowie die Vorstellungsbilder der Kinder sind im Unterricht zu systematisieren und zu präzisieren, manchmal aber auch zu korrigieren sowie in bestehende Systeme einzuordnen.

1.3.1.2 Arten geometrischer Begriffe

Im Geometrieunterricht der Grundschule existieren unterschiedliche Arten von Begriffen, die nach unterschiedlichen Gesichtspunkten geordnet und klassifiziert werden können. So lassen sich geometrische Begriffe etwa nach ihrer Bedeutung im Mathematiklehrgang in Leit-, Schlüssel-, Standard- und Arbeitsbegriffe einteilen (vgl. hierzu z. B. Vollrath, 1984, S. 70 f.). Denkbar wäre auch eine Klassifizierung nach Grundbegriffen (Punkte, Gerade, Stecken, Ebene, ...) und abgeleiteten Begriffen (Tangente, Dreieck, Parallelogramm, ...). Geometrische Begriffe lassen sich aber auch in ebene (Quadrat, Dreieck, ...) und räumliche (Würfel, Quader, ...) Begriffe und solche ordnen, die in Ebene und Raum (zum Teil) gleich benannt, aber verschieden interpretiert werden müssen (Ecke, parallel, ...) (Weigand, 2012, S. 2). Franke und Reinhold (2016, S. 125 f.) unterscheiden auf Inhaltsebene zwischen räumlichen und ebenen Begriffen, im Hinblick auf logische Gesichtspunkte aber auch nach Objekt-, Eigenschafts- und Relationsbegriffen.

Objektbegriffe umfassen dabei die ebenen und räumlichen Objekte, wie Dreieck, Kreis, Würfel oder Quader. Sie können durch konkrete Gegenstände oder Modelle repräsentiert werden. Jeder Objektbegriff steht für eine Klasse von Elementen bzw. Objekten mit gemeinsamen Eigenschaften (und Beziehungen zueinander).

Zum Definieren weiterer Begriffe, meist Unterbegriffe, werden *Eigenschaftsbegriffe* benutzt. Durch Festlegen von Eigenschaften kann ein Oberbegriff so wieder in Klassen unterteilt werden. Als Eigenschaftsbegriffe können damit auch Bezeichnungen für Objekte auftreten. Ein Quadrat kann in der Grundschule so beispielsweise auch mit den Begriffen „Rechteck" und „gleich lange Seiten" definiert werden. Räumliche Figuren werden, wie die unter Abschnitt 1.2.2 im Zusammenhang mit dem Würfel betrachtete Übersicht geometrischer Begriffe nach Merschmeyer-Brüwer (vgl. S. 27) zeigt, zudem meist durch ebene Begriffe charakterisiert. So treten zum Beispiel ebene Objektbegriffe als Eigenschaftsbegriffe bei räumlichen Figuren auf, indem sie die Begrenzungsflächen des jeweiligen Körpers genauer beschreiben. Einige Autoren (u. a. Holland, 1996, S. 157 ff.; E. Ch. Wittmann, 2009, S. 96) nehmen genau aus diesem Grund vermutlich keine Unterscheidung zwischen Objekt- und Eigenschaftsbegriffen vor.

Um Beziehungen zwischen geometrischen Objekten zu beschreiben, verwendet man *Relationsbegriffe* wie parallel, senkrecht oder auch deckungsgleich und symmetrisch. Im Geometrieunterricht der Grundschule handelt es sich dabei meist um Beziehungen von Figuren innerhalb der gleichen Klasse (zwei Flächen sind beispielsweise „deckungsgleich", „liegen in zueinander parallelen Ebenen", ...). Auch solche Begriffe werden häufig zur Erklärung von „neuen" Begriffen, wie dem Quadrat als „Viereck" mit vier „gleich langen Seiten", genutzt.

Durch Kombination der oben genannten Klassifikationsmerkmale gewinnt man nach Franke und Reinhold (2016, S. 126) letztlich folgende Einteilung der für die Grundschule relevanten geometrischen Begriffe, die, wie bereits angedeutet, nicht immer ganz trennscharf und in vielerlei Hinsicht auch erweiterbar ist:

Tabelle 1.3
Arten geometrischer Begriffe nach Franke und Reinhold (2016, S. 126)

	OBJEKTBEGRIFFE	EIGENSCHAFTSBEGRIFFE	RELATIONSBEGRIFFE
räumliche Begriffe	Würfel Quader Kugel Zylinder Kegel Pyramide Tetraeder (...)	Ecke Kante Seitenfläche kugelig würfelförmig quaderförmig rechtwinklig flach, spitz (...)	steht neben, vor liegt rechts, links von liegt hinter, unter schneiden sich ist parallel zu ist senkrecht zu (...)
ebene Begriffe	Dreieck Viereck Rechteck Quadrat Kreis (...)	rund, eckig, gerade krumm (gekrümmt) Seite, Linie, Gerade Ecke gleichseitig (...)	ist deckungsgleich mit ist symmetrisch zu ist parallel zu ist senkrecht zu ist genau so lang wie (...)

Werden Begriffe nach verschiedenen Merkmalen (wie der Lage oder Länge der Seiten, Symmetrie) geordnet, so kann dies zu Begriffen auf unterschiedlichen Ebenen führen. Man spricht von Begriffshierarchien, in denen es Ober- und Unterbegriffe sowie nebengeordnete Begriffe gibt. Eine vielfach bekannte Begriffshierarchie stellt, wie bereits erwähnt, das „Haus der Vierecke" dar, welche auf Breidenbach (1966, S. 144) zurückgeht (vgl. hierzu auch Neubrand, 1981). Eine Übersicht zu Körpern, die ähnlich wie das Haus der Vierecke Über- und Unterordnungen bzw. Gleichrangigkeit deutlich macht, findet man in der fachdidaktischen Literatur in der Form allerdings nicht. Nichtsdestotrotz lassen sich aber natürlich auch für gewisse Körpergruppen Begriffshierarchien finden. Dies ist beispielsweise der Fall in der Gruppe der Prismen als Säulen mit eckiger Grundfläche. Ausgehend vom allgemeinen Prisma mit eckiger Grund- und Deckfläche könnte man eine Differenzierung in gerade und schiefe Prismen bis hin zu den speziellen Prismen „Würfel" und Quader" vornehmen. Erste Beziehungen diesbezüglich wurden unter Abschnitt 1.2.2 (S. 29 ff.) aufgeführt. Eventuell könnte man auch den Zylinder als Säule mit kreisförmiger Grundfläche in die Übersicht einbeziehen und damit Parallelen, beispielsweise die Verschiebung der Grundfläche, aufzeigen. Zusammenhänge zwischen Würfel, quadratischer Säule, Quader, Parallelflach und dem allgemeinen vierseitigen Prisma veranschaulicht Abbildung 1.13. Die Verbindungsstriche können dabei von oben nach unten als „ist Teilmenge von" gelesen werden (DIFF, 1978, S. 13).

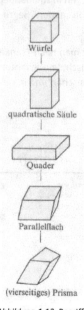

Würfel

quadratische Säule

Quader

Parallelflach

(vierseitiges) Prisma

Abbildung 1.13. Begriffshierarchie in der Gruppe der Prismen nach DIFF (1978, S. 13).

Im Sekundarstufen-Lehrwerk *Kusch* findet man weiterhin einen Versuch einer Hierarchisierung der räumlichen Objekte nach Körpern mit und ohne Spitze (siehe Abbildung 1.14). Auch solche Über- und Unterordnungen bzw. Gleichrangigkeiten können Ansätze für eine adäquate Begriffsbildung im Grundschulunterricht bieten. Zum Teil wurden solche Klasseninklusionen für Körper schon unter Abschnitt 1.2.2 näher ausgeführt.

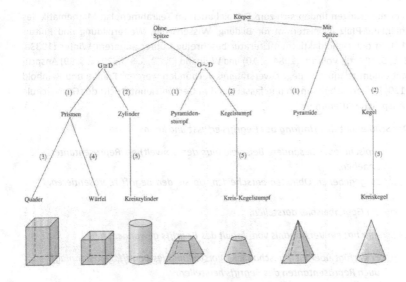

Abbildung 1.14. Begriffshierarchie Körper mit und ohne Spitze nach Kusch und Glocke (2008, S. 227).

1.3.1.3 Wege zur Einführung geometrischer Begriffe in der Grundschule

Zum Einführen geometrischer Begriffe lassen sich unterschiedliche Wege nutzen. Im Zentrum des Begriffserwerbs im Grundschulunterricht stehen insbesondere aktive, schöpferische Prozesse, die auf den Vor- und Alltagserfahrungen der Kinder aufbauen und zu einem flexiblen und vernetzten Verständnis für Begriffe führen. Definitionen oder genaue Beschreibungen treten hingegen eher in der Hintergrund und stehen am Ende eines Begriffsbildungsprozesses. „Begriffe müssen entdeckt, Definitionen nachempfunden werden", so die These Winters (1983b, S. 181).

Mit einem adäquaten Begriffsverständnis werden dabei oft unterschiedliche Ansprüche verbunden. Im Rahmenlehrplan Mathematik des Landes Brandenburg und Berlin heißt es beispielsweise:

> *„Zum kompetenten Umgang mit Begriffen gehört die Verbindung der Alltagssprache mit der Fachsprache ebenso wie das Zuordnen von Objekten zu Begriffen auf der Grundlage ihrer artbestimmenden Merkmale bzw. das Erzeugen von Objekten. Dazu gehört weiter, sie in verschiedenen Darstellungsformen, auch aus unterschiedlichen Themenfeldern, wiederzuerkennen und anwenden zu können."* (Ministerium für Bildung, Jugend und Sport des Landes Brandenburg, Senatsverwaltung für Bildung, Jugend und Sport Berlin, Senator für Bildung und Wissenschaft Bremen & Ministerium für Bildung, Wissenschaft und Kultur Mecklenburg-Vorpommern, 2004, S. 18)

Ähnliche Formulierungen finden sich zum Beispiel auch im Teilrahmenplan Mathematik des Landes Rheinland-Pfalz (Ministerium für Bildung, Wissenschat, Weiterbildung und Kultur, 2014, S. 13). In der fachdidaktischen Literatur beschreiben unter anderem Winter (1983a, S. 36; 1983b, S. 182 ff.), Vollrath (1984, S. 10) und Weigand (2012, S. 5 ff.; 2014, S. 99) Ansprüche, die mit einem adäquaten Begriffsverständnis verbunden werden. Franke und Reinhold (2016, S. 130) lehnen sich daran an und fassen für den Geometrieunterricht der Grundschule folgende Ansprüche zusammen:

- *„Der Schüler hat den* **Umfang des Begriffs** *erfasst und kann*

  o *typische oder besondere Beispiele (aus der Umwelt) als Repräsentanten angeben,*
  o *zu gegebenen Objekten entscheiden, ob sie den Begriff repräsentieren, oder*
  o *ein Gegenbeispiel darstellen.*

- *Der Schüler hat ein Verständnis vom* **Inhalt des Begriffs** *gewonnen, d. h.,*

  o *er verfügt über eine anschauliche Vorstellung des Begriffs und kann ggf. auch Repräsentanten des Begriffs herstellen.*
  o *Ihm sind alle Eigenschaften des Begriffs sowie die Beziehungen zwischen diesen Eigenschaften bekannt und*
  o *er kann eine Beschreibung (Definition) des Begriffs angeben.*

- *Der Schüler verfügt über ein* **Begriffsnetz,**

  o *kennt Ober- und Unterbegriffe bzw. nebengeordnete Begriffe eines Begriffs und*
  o *ist sich der Beziehung zwischen ihnen bewusst.*

- *Dem Schüler sind die* **Anwendungen** *des Begriffs geläufig, d. h.,*

  o *er kann den Begriff auch bei Modellierungsanforderungen oder*
  o *beim Problemlösen nutzen."*

Begriffe verstehen heißt letztlich also nicht nur Eigenschaften zu kennen, mit den Begriffen muss auch gearbeitet werden können. Die Schülerinnen und Schüler müssen angemessene Vorstellungen und Kenntnisse über den Begriff aufbauen und erwerben, sich Fähigkeiten im Umgang mit diesen Begriffen und Eigenschaften aneignen, sie anwenden können und nicht zuletzt Begriffe untereinander kognitiv vernetzen. Dazu bedarf es Zeit und Gelegenheit. Für den Aufbau eines adäquaten Begriffsverständnisses findet man in der Literatur unterschiedliche Wege.

Winter (1983b, S. 186 ff.) unterscheidet sechs Arten der Begriffseinführung:

- exemplarische Begriffsbestimmung
- konstruktive Begriffsbestimmung
- abstraktive Begriffsbestimmung

- ideative Begriffsbestimmung
- explizite-definitorische Begriffsbestimmung
- implizite-axiomatische Begriffsbestimmung

Für den Grundschulunterricht relevant sind dabei vor allem die fünf erstgenannten Arten der Begriffsbestimmung. *Implizit-axiomatische* Begriffsbestimmungen spielen in der Schule kaum eine Rolle, insbesondere nicht in der Grundschule (Winter, 1983a, S. 35; Winter, 1983b, S. 195).

Vollrath (1984, S. 80 ff.) verweist auf drei Grundmuster des Begriffslehrens, die er vereinfacht mit den Termini

- Erklären,
- Darbieten und
- Handeln lassen

beschreibt. In der Unterrichtspraxis treten diese in der Regel nur selten in reiner Form auf, so Vollrath (1984, S. 80). Meist werden mehrere Wege kombiniert.

Deutliche Parallelen zu den von Vollrath beschriebenen Grundmustern des Begriffslehrens sowie zu den von Winter vorgeschlagenen Arten der Begriffsbestimmung zeigen sich bei Franke und Reinhold (2016, S. 131 ff.), die drei Zugänge vorstellen, die für die Grundschule von Bedeutung sind. Unterschieden wird zwischen

- dem Begriffserwerb durch Spezifizieren aus einem Oberbegriff,
- dem Begriffserwerb durch Abstrahieren und
- dem konstruktiven Begriffserwerb.

Bei der ersten Art der Begriffseinführung, dem *Begriffserwerb durch Spezifizieren aus einem Oberbegriff*, die bei Winter auch als *explizit-definitorische* Begriffsbestimmung benannt ist und dem Grundmuster des *Erklärens* nach Vollrath entspricht, werden Begriffe durch die Vorgabe des nächst gelegenen Oberbegriffs und mindestens ein spezifisches (aussonderndes) Merkmal, das den neuen Begriff charakterisiert, gewonnen (Franke & Reinhold, 2016, S. 131). Der mathematische Begriff wird dem Kind also ausgehend von schon gebildeten Begriffen (Spezifikation) sprachlich bzw. erklärend im Sinne einer Realdefinition mitgeteilt: *Das Quadrat ist ein Rechteck* (nächst gelegener Oberbegriff) *mit gleich langen Seiten* (spezifisches, aussonderndes Merkmal). In der Grundschule findet dieses *deduktive* Vorgehen, wie es beispielsweise auch bei Grassmann, Eichler, Mirwald und Nitsch (2010, S. 136 f.) benannt wird, in reiner Form nur wenig Anwendung. Dies betont auch Winter (1986a, S. 35).

Beim *Begriffserwerb durch Abstrahieren* arbeiten die Kinder mit konkreten Objekten, Repräsentanten und Nichtrepräsentanten des Begriffs. Sie vergleichen diese, klassifizieren und abstrahieren und heben so schließlich eine Klasse von Objekten begrifflich hervor. Die Klassenbildung erfolgt dabei entweder nach bestimmten Merkmalen oder durch Beispiele oder Gegenbeispiele zu einem Prototyp (Franke & Reinhold, 2016, S. 132). Vollrath (1984, S. 93 ff.) bezeichnet diese Form der Begriffseinführung auch als *Lehren von Begriffen durch Darbieten von Objekten*. Holland (1975) nennt sie *die Begriffsbildung ausgehend von Beispielen*. Grassmann und Kollegen (2010, S. 134 ff.) sprechen wiederum vom *induktiven Erarbeiten geometrischer Begriffe*. In Bezug auf einen erfolgreichen Begriffsbildungsprozess betonen sie dabei insbesondere die unterrichtliche Kommunikation (Grassmann u.a., 2010, S. 136). Indem Auffälligkeiten beschrieben und vorgenommenen Klassifikationen begründet werden, wird eine aktive Aneignung des Begriffs gefördert. Parallelen lassen sich bei dieser Art der Begriffseinführung auch zur *abstraktiven* Begriffsbestimmung Winters (1983a, S. 35; 1983b, S. 1189 ff.) erkennen, die „im Übergang von Individuen zu Klassen ´gleichwertiger´ (äquivalenter) Individuen" besteht, indem vielfältige Vergleichshandlungen bzw. Sortierübungen initiiert und das hierdurch bestimmte Klassifizieren von Gegenständen angeregt werden. Werden dem Kind im Rahmen des *Begriffserwerbs durch Abstrahieren* real existierende Dinge vorgelegt, die hinsichtlich ihrer Form, ihrer gegenseitigen Lage und so fort klassifiziert werden sollen, so wird dabei allerdings nicht immer nur abstrahiert. Geometrische Begriffe sind darüber hinaus auch immer Idealisierungen wie unter Abschnitt 1.3.1.1 bereits herausgearbeitet wurde (vgl. hierzu auch Ruwisch, 2010a). Folglich spielen auch Idealisierungsprozesse in diesem Zusammenhang eine wichtige Rolle, wobei auf die *ideative* Begriffsbestimmung Winters (1983a, S. 35; 1983b, S. 191 ff.) verwiesen sei. Gewisse Eigenschaften wie richtige statt abgerundete Ecken beim Spielwürfel werden in ein Phänomen hineingesehen und sind an sich gar nicht da. Winter (1983a, S. 35; 1983b, S. 191) greift als Beispiel den Begriff „Gerade" auf. Geraden (streng genommen auch alle weiteren geometrischen Begriffe) existieren nicht in Wirklichkeit. Wir finden auch keine Repräsentanten von ihnen, selbst wenn wir von allen anderen Eigenschaften abstrahieren würden.

Im Zentrum des *konstruktiven Begriffserwerbs* steht die Handlung. Durch vielfältige Tätigkeiten zum Herstellen, das heißt zum Produzieren von Repräsentanten eines Begriffs, erfahren die Kinder die Grundbegriffe der Geometrie. Winter (1983b, S. 189), der von *konstruktiver Begriffsbestimmung* spricht, lehnt sich in diesem Zusammenhang an ein Zitat von Lord Kelvin (zitiert nach Fischer, 1967, S. 41) an, der sagt: „When I have made a mechanical model, I understood a process". Was er damit sagen möchte, ist, dass man das gut versteht, dessen Entstehung man kennt. Noch besser versteht man jedoch etwas, wenn man es selbst hergestellt hat. „Im geometrischen Anfangsunterricht kann z. B. der Begriff der Geraden aus Faltübungen erwachsen", so Vollrath (1984, S. 105), der diesen Weg zum Einführen von Begriffen auch als *Lehren von Begriffen durch Handeln lassen mit Objekten* bezeichnet. Ganz allgemein findet man in der Literatur für diesen Weg der Einführung verschiedene Begrifflichkeiten (vgl. z. B. die *operative Begriffsbildung* bei E. Ch. Wittmann (2009, S. 79 ff.); die *konstruktive Erarbeitung geometrischer Begriffe* bei Grassmann u.a. (2010, S. 138 f.) oder *Handeln und Tun als Ausgangspunkt für Begriffsbildung* bei Weigand (2015, S. 268)). Am Beispiel des konstruktiven Begriffserwerbs durch Falten von Geraden wird zudem wieder deutlich, dass die einzelnen Wege zur Einführung neuer Begriffe nur selten getrennt voneinander auftreten. Vielfach werden mehrere Wege kombiniert.

Zurückführen lässt sich das Verständnis des konstruktiven Zugangs auf die Arbeiten von Piaget und Inhelder (vgl. u. a. Piaget & Inhelder, 1972). Den Autoren zufolge ist das Ziel des Handelns stets die Ausbildung verinnerlichter Handlungen („Operationen"). „Indem sich das Kind handelnd mit seiner Umwelt auseinandersetzt, sammelt es Erfahrungen, entdeckt Zusammenhänge und setzt neu gewonnene Informationen in Beziehung zu bestehendem Wissen"

(Franke & Reinhold, 2016, S. 133). Begriffe sind demzufolge eine Form verinnerlichter Handlungen. Durch die Handlung sammeln die Schülerinnen und Schüler Erfahrungen mit dem Begriff, sie entdecken Eigenschaften und erkennen Möglichkeiten und Grenzen.

Den drei Zugängen von Franke und Reinhold nicht zugeordnet werden konnte die bei Winter (1983b, S. 187 f.) als *exemplarische Begriffsbestimmung* bezeichnete Form der Begriffseinführung, die insbesondere im Alltag eine wichtige Rolle spielt und nach Winter eine, wenn nicht die „Urform mentaler Ordnungstätigkeiten und sprachlicher Unterscheidungen" darstellt. Exemplarisch bedeutet in diesem Zusammenhang, dass erste Vorstellungen anhand charakteristischer Beispiele (wichtiger Repräsentanten) eines Begriffs und/oder eines Realhinweises gewonnen werden. Begriffe werden im Alltag oft so gebildet: „Das ist der *Bruder* von Inge" oder „Dieser Becher ist *rot*". Im Vordergrund stehen dabei insbesondere ganzheitliche Eindrücke. Die Objekte werden also nicht nach ihren Eigenschaften differenziert wahrgenommen, sondern rein aufgrund ihrer äußeren Erscheinung. Folglich spricht Winter (1986b, S. 188) auch von einem vorläufigen Gebrauchsverständnis, was sich durch diese Art der Begriffsbestimmung entwickelt. Grassmann und Kollegen (2010, S. 139) bezeichnen diese Form des Begriffslehrens auch als *anschauliches Erarbeiten geometrischer Begriffe* und weisen darauf hin, dass dieser Weg in der Grundschule insbesondere dann eine Rolle spielt, wenn Begriffe nicht durch Zurückführen auf andere Begriffe definiert werden können und sich aus Alltagserfahrungen der Kinder ableiten lassen. Bei Vollrath (1984, S. 93 ff.) zählt diese Art der Begriffseinführung zum Grundmuster des *Darbietens*. Als relevanter Inhaltsbereich im Geometrieunterricht der Grundschule führt er unter anderem die ebenen Figuren auf. Indem den Kindern einprägsame Figuren wie Quadrate, Rechtecke und Kreise gezeigt werden, können sich erste Vorstellungen sowie ein erstes, anschauliches Verständnis entwickeln, ohne dass der Begriff selbst (zu diesem Zeitpunkt) expliziert werden kann (Vollrath, 1984, S. 93).

Ein letzter, für die vorliegende Arbeit bedeutsamer Zugang, der an dieser Stelle aufgegriffen werden soll, stellt die zu DDR-Zeiten durch Psychologen wie Lompscher, gestützt wiederum auf Arbeiten von Dawydow (1977, 1988) und anderen sowjetischen Psychologen, häufig propagierte und in Anlehnung an die bekannte erkenntnis- und wissenschaftstheoretische Formulierung von Karl Marx bezeichnete Lehrstrategie des *Aufsteigens vom Abstrakten zum Konkreten* dar (vgl. dazu z. B. Dawydow, 1977, S. 278 ff.; Lompscher, 1989, S. 51 ff.; Lompscher, 2006, S. 124 ff.; Giest & Lompscher, 2006, S. 217 ff.). Gemeint ist damit ein Weg, der auf der Gewinnung von so genannten Ausgangsabstraktionen durch eigene aktive Tätigkeiten der Lernenden an und mit konkreten Objekten oder deren Repräsentanten beruht, die in einem zweiten Schritt zur geistigen Durchdringung und Reproduktion des Konkreten angewendet werden (vgl. z. B. Lompscher, 1989, S. 71). Die Lehrstrategie bezieht damit die bisher beschriebenen Begriffsbestimmungen mehr oder weniger mit ein bzw. knüpft daran an. Das Besondere dieser Lehrstrategie liegt, wie der Name im Prinzip auch verrät, allerdings in der Bewegung der Begriffsbildung vom Abstrakten zum Konkreten (genauer gesagt vom *sinnlich* Konkreten zum Abstrakten zum *geistig* Konkreten). Im traditionellen Unterricht geschieht dies oft in umgekehrter Reihenfolge bzw. ohne Rückkopplung auf das Konkrete (vom *sinnlich* Konkreten zum Abstrakten). Es wird von der konkreten Lebenssituation ausgegangen und diese auf den abstrakten Begriff zurückgeführt:

- *„Der traditionelle (Fach-)Unterricht endet oft damit, dass abstrakte Begriffe gewonnen werden [...] Die lebendige konkrete Welt verschwindet im abstrakten Wissen."* (Giest & Lompscher, 2006, S. 218)
- *„Der Unterschied zwischen den unwesentlichen, nur formal-gleichartigen und den inhaltlich-gemeinsamen Eigenschaften der untersuchten Gegenstände [wird den Kindern gegenüber] oft vertuscht; er wird ihnen nicht verdeutlicht."* (Dawydow, 1977, S. 97 f.)

Dadurch sind die Kinder vielfach auch nicht in der Lage ihr Wissen auf konkrete Problemsituationen anzuwenden. Die Einheit zwischen Abstraktem und Konkretem kann nicht hergestellt werden (Giest & Lompscher, 2006, S. 218). Formale Abstraktionen und die Ordnung der Dinge nach anschaulichen Merkmalen reichen dafür allein nicht aus. Das gewonnene Abstrakte muss angewendet werden „durch Rückführung der konkreten Sachverhalte auf die Grundbeziehungen des jeweiligen Lehrgegenstandes und deren Anreicherung und Ausdifferenzierung durch Aufdeckung und Lösung von Widersprüchen, Herstellen von Zusammenhängen usw." (Lompscher, 1989, S. 71). Im Prozess des *Aufsteigens vom Abstrakten zum Konkreten* wird genau dies berücksichtigt. Sein Gegenstand ist die Ausbildung des wissenschaftlichen (theoretischen) Denkens[8] (Giest & Lompscher, 2006, S. 219). Das Wesen und grundlegende Beziehungen des Lerngegenstandes sollen von den Lernenden erkannt und verallgemeinert, erkannte Beziehungen in den Konkretisierungen aufgedeckt und angewendet werden können (Burrmann, 1996, S. 388). Dadurch wird die Vielfalt des Konkreten unter dem Aspekt des Abstrakten kognitiv durchdrungen, das Abstrakte wiederum durch das Konkrete inhaltlich angereichert (Giest & Lompscher, 2006, S. 220) und so ein adäquates Begriffsverständnis angestrebt. Die Abstraktionen sind bei diesem Weg der Einführung also vor allem Mittel für das Eindringen in den Lerngegenstand und stellen im Gegensatz zum traditionellen Unterricht nur ein Zwischenergebnis des Lernens dar.

Mit Bezug auf das Wesen geometrischer Begriffe (vgl. Abschnitt 1.3.1.1) fassen Grassmann und Kollegen (2010, S. 101 f.) ohne dabei explizit auf die Lehrstrategie des *Aufsteigens vom Abstrakten zum Konkreten* zu verweisen letztlich zusammen:

„Für den Unterricht bedeutet dies:

- *erste Vorstellungen zum Begriff durch Abstraktion von konkreten Objekten aus der Umwelt zu gewinnen,*
- *nach der Abstraktion eine Rückkoppelung zwischen dem gebildeten Begriff und den Ausgangsobjekten vorzunehmen, bei der die Kinder erfassen, wo Idealisierungen erfolgten und nicht zuletzt*

---

[8] Zur genauen Terminologie vgl. Giest & Lompscher, 2006, S. 217 ff.: In Abgrenzung zum empirischen Denken, das auf unmittelbar gegebene, äußere Merkmale und Beziehungen, die Welt, wie sie sich unseren Sinnen präsentiert, gerichtet ist, ist mit theoretischem Denken die Entwicklung von Tiefenstrategien und das wachsende Verständnis für wesentliche Merkmal und Relationen gemeint, die nicht an der Oberfläche der Lerngegenstände liegen, sondern Abstraktion von den Erscheinungen und Eindringen in das jeweilige Wesen erfordern.

• *erworbenes geometrisches Wissen im instrumentalen Sinne als Werkzeug zum Erfassen und Beschreiben der Umwelt zu nutzen.*"

Empirisch nachgewiesen werden konnte die Effektivität dieser Lehrstrategie, sei es im Hinblick auf die Ausbildung gegenstandsspezifischer Lernhandlungen und entsprechender Sach- und Verfahrenskenntnisse oder auch für allgemeine kognitive, motivationale und andere Entwicklungseffekte, in einer Reihe verschiedener Unterrichtsversuche (vgl. dazu z. B. Lompscher, 1989). Das Stufenmodell der Begriffsbildung nach Winter (1983b), das neben dem van-Hiele-Modell zum Verständnis geometrischer Begriffe und unter Verweis auf weitere Stufenmodelle für den Begriffsbildungsprozess im Folgenden dargestellt werden soll, greift unter anderem genau diese Ideen der Lehrstrategie des *Aufsteigens vom Abstrakten zum Konkreten* auf.

1.3.1.4 Stufenmodelle für den Begriffsbildungsprozess

Der Erwerb des Begriffsverständnisses erfolgt in unterschiedlichen Stufen. Stufenmodelle für den Begriffsbildungsprozess gibt es in der Literatur zahlreiche (vgl. z. B. Holland 1996, S. 173 ff.; Skemp, 1979, S. 44 ff.; van Hiele, 1986, S. 53 ff.; Vollrath, 1984, S. 202 ff.; Winter, 1983b, S. 182 ff.). Das Zentrale und Wichtige an derartigen Modellen zum Lehren und Lernen von Begriffen ist, dass sie der Lehrkraft einerseits als ein Mittel zur Identifizierung der Stufe der geometrischen Reife eines Kindes dienen, das heißt, dass sie die Lehrkraft darauf aufmerksam machen, wo ein Kind in einer bestimmten Situation steht, welches eine erreichbare nächste Stufe sein kann und worauf im Unterricht aufgebaut werden kann. Sie liefern andererseits aber auch wichtige Leitlinien bzw. Anhaltspunkte für die Unterrichtsgestaltung und geben nicht zuletzt Ziele vor, die mit Prozessen der Begriffsentwicklung angestrebt werden sollen (vgl. hierzu auch Weigand, 2015, S. 275 f.).

Ein entwicklungspsychologisch, empirisch evaluiertes Modell zur Entwicklung des geometrischen Denkens, das auf einem Verständnis von Geometrielernen beruht, „das an alltagsnahe Erfahrungen anknüpft und sich auf der Basis konkreter Aktivitäten allmählich zu mentalen, abstrakten Vorstellungen weiter entwickelt" (Schipper, 2009, S. 257), erarbeiteten beispielsweise die Eheleute Dina van Hiele-Geldof und Pierre van Hiele (vgl. z. B. van Hiele-Geldof, 1957; van Hiele, 1957, 1984, 1986, 1999). Danach lassen sich fünf Niveaustufen beim Lernen geometrischer Begriffe unterscheiden, die in der Entwicklung des Kindes sequenziell aufeinander folgen und aufeinander aufbauen. Entstanden ist das Modell aus der reflektierten Beobachtung von Schulkindern im Mathematikunterricht, orientiert an den Erkenntnissen Piagets, der sich in verschiedenen Untersuchungen mit der Entwicklung geometrischen Denkens auseinander setzte (vgl. z. B. Piaget & Inhelder, 1971 & 1972). In der englischen Fachliteratur werden die Niveaustufen wie folgt bezeichnet: Level 0 (Basic Level): Visualization (The visual level), Level 1: Analysis (The descriptive level), Level 2: Informal Deduction (The theoretical level; with logical relations, geometry generated according to Euclid), Level 3: Deduction (Formal logic; a study of the laws of logic), Level 4: Rigor (The nature of logical laws) (vgl. u. a. van

Hiele, 1986, S. 53; Crowley, 1987, S. 2 f.)[9]. Für den Geometrieunterricht der Grundschule letztlich relevant sind dabei die ersten drei genannten Niveaustufen. Sie sollen im Folgenden kurz
aufgegriffen werden (vgl. hierzu insbesondere Crowley 1987, S. 1 ff.; Franke & Reinhold, 2016,
S. 136 ff.; P.H. Maier 1999, S. 98 ff.; Radatz & Rickmeyer, 1991, S. 13 ff.):

0. Niveaustufe (Grundniveau): räumlich-anschauungsgebundenes Denken (VISUALIZATION)

Auf dieser Ausgangsstufe werden geometrische Objekte anhand ihrer Form als Ganzes, ihrer
äußeren Gestalt erfasst und auch voneinander unterschieden. Verschiedene geometrische Figuren können von den Kindern identifiziert, die geometrischen Bezeichnungen erlernt und
Figuren reproduziert werden. Dabei stützen sich die Lernenden insbesondere auf verschiedene Prototypen (Battista, 2007, S. 847). Die Kinder „sehen" so also beispielsweise, dass Objekte Dreiecke, Rechtecke oder Würfel sind. Ihre Bestandteile und Eigenschaften werden wiederum noch nicht explizit erkannt, sodass die Zuordnungen auch noch nicht über Eigenschafts-
zuweisungen begründet werden können: „There is no why, one just sees it" (van Hiele, 1986,
S. 83).

1. Niveaustufe: analysierend-beschreibendes Denken (ANALYSIS)

Mit dem Erreichen des analysierenden Denkens werden Figuren nicht mehr nur ganzheitlich
(0. Niveaustufe), sondern auch über ihre Eigenschaften differenziert wahrgenommen. Erkannt
und formuliert werden so zum Beispiel Eigenschaften ebener Figuren, wie die, dass ein Quadrat vier Seiten hat, die alle gleich lang sind. Auch Besonderheiten ähnlicher Figuren können
aufgegriffen, jedoch noch nicht begründet werden. Insbesondere sind noch keine Klasseninklusionen zwischen Figuren einsehbar. Auch erkannte Beziehungen zwischen den Eigenschaften können auf dieser Stufe noch nicht wiedergegeben werden.

2. Niveaustufe: abstrahierend-relationales Denken (INFORMAL DEDUCTION / ABSTRACTION)

Niveaustufe 2 ist dem Erkennen von Zusammenhängen sowohl innerhalb der Figur als auch
zwischen Figuren gewidmet. Die Schülerinnen und Schüler verstehen, dass Eigenschaften miteinander in Beziehung stehen und eine bestimmte Sorte Merkmale anderer Eigenschaften
hervorruft. Aussagen wie „jedes Quadrat ist auch ein Rechteck" oder „sind in einem Dreieck
zwei Seiten gleich lang, so sind auch zwei Winkel im Dreieck gleich groß" können von nun an
auch inhaltlich von den Kindern erfasst und in geometrische Argumentationen und Schlussfolgerungen einbezogen werden. Die Kategorie *Quadrat* besteht jetzt also beispielsweise nicht
mehr nur aus einer Figur, sondern ist ein Netzwerk aus der Figur, deren Elemente und deren
Zusammenhänge.

Im Vordergrund der *Niveaustufen 3* (schlussfolgendes Denken – (FORMAL) DEDUCTION) *und*

---

[9] Die Stufen werden in den verschiedenen Ausführungen zu dem van-Hiele-Modell uneinheitlich als Stufe
    0 bis 4 oder 1 bis 5 bezeichnet. Das hängt damit zusammen, dass erst im Anschluss an die ersten Schriften
    der van Hieles eine sogenannte 0. Niveaustufe beschrieben wurde. Die van Hieles nahmen diese später in ihr
    Modell auf, bezeichneten sie selbst seither allerdings als 1. Niveaustufe. Dadurch kam es folglich zu einer
    Verschiebung in der Nummerierung der nachfolgenden Niveaustufen (van Hiele, 1986, S. 41). In der vorlie-
    genden Arbeit wird bei der ursprünglichen Nummerierung geblieben und die erst später aufgenommene
    0. Niveaustufe auch als solche bezeichnet.

4 (strenges abstrakt-metamathematisches Denken – RIGOR), die wie bereits erwähnt im Primarbereich keine Rolle spielen, stehen „das Verständnis und die Anwendung von Schlussfolgerungen als Grundlage eines geometrischen Systems und schließlich die Arbeit in Axiomensystemen sowie der Vergleich verschiedener axiomatischer Systeme (Benz u.a., 2015, S. 191).

Um den frühen mathematischen Begriffserwerb auszudifferenzieren, fügten Clements und Battista (1992, S. 429) eine weitere Stufe hinzu, die sie den anderen Stufen voranstellten: Die Stufe der „prerecognition" (precognitive level), das heißt der Vor-Wiedererkennung. Zwar werden auf dieser Stufe geometrische Formen grundsätzlich wahrgenommen, jedoch nur einige der charakteristischen sichtbaren Eigenschaften. Von der Gestalt her ähnliche Formen wie der Kreis und Ellipsen können auf diesem Niveau beispielsweise noch nicht sicher unterschieden werden.

Damit die nächste Denkstufe jeweils erreicht werden kann, beschreibt Dina van Hiele-Geldof in ihrer Doktorarbeit fünf Phasen zur Unterstützung von Lernprozessen (phase of instruction) (van Hiele-Geldof, 1984, S. 217 ff.; van Hiele 1984, S. 247): die *Phase der Information*, in der die Lernenden mit dem geometrischen Inhalt vertraut gemacht werden, die *Phase der geleiteten Orientierung*, bei der Aufgaben, die das Erkunden von Eigenschaften und Entdecken von Beziehungen ermöglichen, bearbeitet werden, die *Phase der Erklärung*, in der entdeckte Zusammenhänge und Beziehungen berichtet und verdeutlicht werden, die *Phase der freien Orientierung*, in der komplexere Aufgaben erfüllt und Fähigkeiten zum Problemlösen genutzt werden und zuletzt die *Phase der Integration*, bei der Schülerinnen und Schüler das Gelernte zusammenfassen und versuchen sich das neue Wissen einzuprägen bzw. zu festigen.

Einen für die vorliegende Arbeit bedeutsamen Rahmen für die Bildung mathematischer Begriffe beschreibt weiterhin Winter (1983b, S. 182 ff.), welcher sich wiederum auf die Stufenmodelle von Vollrath (1975) und Skemp (1979) stützt und wichtige Aspekte der weiter oben beschriebenen Lehrstrategie des *Aufsteigens vom Abstrakten zum Konkreten* (Abschnitt 1.3.1.3, S. 45 f.) berücksichtigt. Um ein effektives Lernen zu ermöglichen bedarf es nach Winter (1983b, S. 177) einem Zugang, „der sowohl maximale Eigeninitiative begünstigt als auch die Bedeutungshaltigkeit des zu erwerbenden Begriffs von vornherein erkennen lässt". Die Schülerinnen und Schüler sollen die Gelegenheit haben, den Begriff selbst zu entdecken und Definitionen nachzuempfinden (Winter, 1983b, S. 181). Dabei geht es nicht nur um eine „quantitative Vermehrung", sondern vor allem auch um eine „qualitative Umwertung" des Wissens. Das Verständnis der Begriffe soll eine Wandlung durchlaufen. Es soll Fortschritte hinsichtlich Allgemeinheit, Bewusstheit, Beziehungsreichtum mit andern Begriffen, Beweglichkeit in Anwendungen, sprachlicher Präzisierung und schließlich hinsichtlich Reflektiertheit erfahren (Winter, 1983b, S. 181 f.). Unter Berücksichtigung der von ihm beschriebenen Kategorien des Begriffsverständnisses (vgl. Abschnitt 1.3.1.3, S. 42 f.) schlägt Winter nachstehende vier Stufen vor (Winter, 1983b, S. 182 ff.):

(1) Die Phänomenstufe

Hier geht es um eine erste Auseinandersetzung mit Phänomenen in Form von Beobachtungen und praktischem Handeln. Phänomene sind der Ausgangspunkt für die Entwicklung von Vorstellungen über den Begriff und sind somit grundlegend für alles andere. Ein explizites und bewusstes Begriffsverständnis ist hier noch nicht entwickelt. Vielmehr handelt es sich um einen „naiven" Gebrauch von Begriffswörtern.

(2) Die Stufe der simulativen, schematisierenden Rekonstruktion (oder Modellbildung)

Mit der Stufe der simulativ, schematisierenden Rekonstruktion kommt es zu genaueren Beobachtungen und Unterscheidungen. Die Erscheinungen und Handlungen der Lebenspraxis werden – wie Winter schreibt – „fortstilitsiert". Es wird abstrahiert, Wesentliches hervorgehoben, Unwesentliches vernachlässigt. Eine neue Welt mit eigener Grammatik wird geschaffen, die in Korrespondenz zur Welt der Phänomene steht. Es kommt zu einer (eventuell vorläufigen) Begriffsbestimmung. Das Begriffsverständnis ist auf Herstellungs- und Weiterverarbeitungsverfahren, auf Fertigkeiten gerichtet.

(3) Die Stufe der Systematisierung

Auf der Stufe der Systematisierung wird Fachsprache entwickelt. Explizite Begriffsdefinitionen erfolgen und werden notwendig. Der neue Begriff wird in das vorhandene Netz eingebunden und mit dem bisherigen Wissen auf vielfältige Art und Weise in Verbindung gebracht. Algebraisches Handwerkszeug wird bereitgestellt und verwendet. Dabei basiert das Begriffsverständnis nicht mehr direkt auf Beobachtungen, Messungen und Wahrnehmungen, auch nicht mehr auf Herstellungsbeschreibungen und Benutzungsvorschriften, sondern auf dem Verständnis anderer Begriffe. Die beiden vorausgegangenen Stufen werden fortgesetzt und rückwärtsgewandt verbessert.

(4) Die Stufe des Transfers

Hier geht es um die Anwendung des Wissens, um den Aufbau einer kritischen Distanz zum gelernten neuen Begriff. Strategisches, methodisches Wissen wird entwickelt, Wissen über Wissen vermehrt, indem der neue Begriff und sein begriffliches Umfeld auf weitere Situationen übertragen werden. Es wird also zum Bereich der praktisch-anschaulichen Situation (dem Konkreten) zurückgekehrt. Durch die Rückkoppelung auf die Lebenspraxis, wird sowohl das Alltagswissen als auch das Verständnis des Begriffes erweitert und verändert. Der Begriff gewinnt an Sinnfülle. Für ein adäquates Begriffsverständnis ist diese letzte Stufe unabdingbar: „Wer mit der Stufe (iii)[3] der systematischen Einordnung und Theoriebildung aufhört, beschränkt sich auf die Anhäufung von Fachwissen, von Spezialwissen, er klammert die Frage nach dessen Bedeutung für das menschliche Leben aus" (Winter, 1983b, S. 186).

Die inhaltlichen Ausführungen zu diesen Stufen zeigen, dass neben dem Bezug zur Lehrstrategie des *Aufsteigens vom Abstrakten zum Konkreten* weiterhin auch Parallelen – oder wie Winter (1983b, S. 187) es beschreibt, „gewisse Affinitäten" – zu den unter Abschnitt 1.3.1.3 beschriebenen Begriffsbestimmungen bestehen. Dass sich nicht jeder Begriff rigid nach diesen vier Stufen lernen lässt, liegt auf der Hand. Stufenmodelle dieser Art stellen vielmehr eine Orientierungsgrundlage, einen formalen Rahmen dar, der in jedem Fall neu mit Inhalt zu füllen ist (Winter, 1983a, S. 36). Entscheidend für den Begriffsbildungsprozess ist nach Winter

(1983a, S. 36) der Gedanke, „daß Begriffe Zeit und Gelegenheit zur Entwicklung haben müssen, zum Einwurzeln nach unten in die Alltagserfahrungen und zur Theoretisierung nach oben (Vernetzen in ein Begriffssystem)".

1.3.2 Zeichnen räumlicher Figuren

Eng mit einer adäquaten Begriffsbildung verbunden, ist die Tätigkeit des Zeichnens. Breidenbach (1966, S. 58) beschreibt das Zeichnen sogar als vielleicht „das vorzüglichste Mittel, daß Kinder leicht und sicher zu einem Verständnis der geometrischen Formen und ihrer Gesetzmäßigkeiten" bringt. Auch andere Autoren betonen die erkenntnisfördernde Tätigkeit des Zeichnens. So sieht beispielsweise Eichler (2006, S. 43 f.; 2014, S. 5 f.) neben dem handwerklich-praktischen Aspekt der Tätigkeit (unter gedanklich-theoretischen Gesichtspunkten) ein Mittel zum Erkenntnisgewinn im Zeichnen: Durch den Prozess des Zeichnens können die Kinder zum Nachdenken angeregt werden. Begriffe werden veranschaulicht, weitere Eigenschaften können erforscht, Spezialfälle betrachtet und nicht zuletzt Beziehungen zwischen Begriffen verdeutlicht werden (vgl. hierzu auch Grassmann u.a., 2010, S. 150 ff.). Schipper, Ebeling und Dröge (2015, S. 176) greifen in ihrem Handbuch für den Mathematikunterricht ähnliche Aspekte auf. Sie ergänzen, dass neben der Gewinnung mathematisch-geometrischer Erkenntnisse zugleich das Vorstellungsvermögen, der Erwerb allgemeiner mathematischer Kompetenzen, die Kreativität und nicht zuletzt die Ausbildung der Feinmotorik gefördert werden kann. Auch bei Franke und Reinhold (2016, S. 325) finden sich Aussagen in diese Richtung. Skizzen und Zeichnungen können nach Holzäpfel (2002, S. 45) weiterhin als Kommunikationshilfe dienen und Sachverhalte gegebenenfalls besser vermitteln. So können wichtige Details durch Skizzen oder Zeichnungen rasch beschrieben und dargestellt werden (vgl. hierzu auch Abschnitt 3.2). Während sich ebene Figuren auf dem Zeichenblatt in wahrer Größe bzw. unter Beibehaltung der Form maßstäblich verkleinert oder vergrößert darstellen lassen, ist dies bei Körpern allerdings nicht der Fall (Krauter, 2007, S. 3). Von einem Körper ein ebenes Bild herzustellen, das sowohl möglichst anschaulich als auch weitgehend maßgerecht ist, ist deutlich anspruchsvoller.

In den nachfolgenden Ausführungen werden zunächst in Abschnitt 1.3.2.1 die verschiedenen Projektionsarten für Körper betrachtet. Anschließend wird auf grundlegende Befunde zur Entwicklung räumlichen Zeichnens eingegangen (Abschnitt 1.3.2.2) und dargestellt, inwiefern Wissen die Anfertigung von Kinderzeichnungen beeinflusst (Abschnitt 1.3.2.3).

1.3.2.1 Projektionsarten

In der darstellenden Geometrie unterscheidet man für die Darstellung von Körpern in der Ebene in der Regel zwei Abbildungsarten: Die Zentralprojektion und die Parallelprojektion (vgl. z. B. DIFF, 1978, S. 41 ff.; Fucke, Kirch & Nickel, 1996, S. 4 ff.; Graf & Barner, 1968, S. 7 ff.; Krauter, 2007, S. 3 ff.; Müller, 2004, S. 34; Scheid & Schwarz, 2007, S. 55 ff.; Strehl, 2003,

S. 49 ff.). Während bei der Zentralprojektion (in der darstellenden Geometrie oft auch *Perspektive* genannt) alle Projektionsstrahlen, die man sich auch als Lichtstrahlen vorstellen kann, durch einen festen Punkt, das Zentrum, gehen, sind bei der Parallelprojektion alle Projektionsstrahlen parallel (DIFF, 1978, S. 41).

Die *Zentralprojektion* erzeugt einen sehr realistischen Eindruck. Sie stimmt mit der perspektivischen Wahrnehmung überein, bildet den natürlichen Sehprozess nach und ist zum Beispiel bei der Fotografie, der Malerei oder Diaprojektion bedeutsam (Krauter, 2007, S. 3; Scheid & Schwarz, 2007, S. 55). Von Nachteil sind hingegen der Verlust der Maßgerechtigkeit sowie die konstruktiven Ansprüche (Krauter, 2007), die auch Schuster (2000, S. 64) unter Verweis auf Leroy (1951) betont. Trotz erkennbarer Ansätze zur Perspektive ab circa zehn Jahren, sind nur 65 Prozent der Kinder im Alter von 14 Jahren in der Lage eine perspektivisch korrekte Darstellung eines Würfels beispielsweise zu zeichnen. Selbst Erwachsene haben Probleme Perspektive korrekt wiederzugeben (Schuster, 2000, S. 47). Die Kanten des Körpers, die in Wirklichkeit senkrecht zur Bildebene stehen, laufen in der Regel auf einen (*Zentralperspektive*) oder zwei (*Eckperspektive*) Fluchtpunkte zu (Dahmlos, 1996, S. 62 ff.; siehe Abbildung 1.15). Dadurch entsteht perspektivische Verkürzung. Parallele Geraden, insbesondere die in die Tiefe hinein ragenden horizontalen Linien, werden dabei meist nicht wieder auf parallele Geraden abgebildet – es sei denn, die Parallelen verlaufen auch parallel zur Projektionsebene (vgl. hierzu auch Franke & Reinhold, 2016, S. 327 f.).

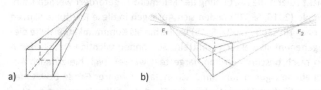

a)   b)

Abbildung 1.15. Darstellung eines Würfels in a) Zentralperspektive und b) Eckperspektive nach Janaszek (o.J.) sowie Helmerich und Lengnink (2016, S. 217).

In Schulbüchern findet man die Zentralprojektion häufig im Zusammenhang mit realen Ausschnitten der Lebenswelt (vgl. Abbildung 1.5, S. 24).

Die *Parallelprojektion* hingegen hat anschauliche Vorteile, die dem Zeichner helfen, die Zeichentechnik zu verstehen und anzuwenden (Schipper u.a., 2000, S. 156; Strehl, 2003, S. 49). Parallel liegende Kanten des Körpers werden auch in der Darstellung wieder parallel gezeichnet (Dahmlos, 1996, S. 28). Teilverhältnisse bleiben zudem erhalten (Scheid & Schwarz, 2007, S. 55). Je nachdem ob die Projektionsrichtung schief oder senkrecht zur Bildebene verläuft, unterscheidet man zwischen schiefer (schräger) und senkrechter (orthogonaler) Parallelprojektion (DIFF, 1978, S. 45 f.; Fucke u.a., 1996, S. 4; Krauter, 2007, S. 4 ff.). Die *senkrechte Parallelprojektion* benutzt man zum Beispiel für Grund- und Aufrisszeichnungen. Sie sind besonders in der Architektur, wo es um maßgerechte Zeichnungen geht, bedeutsam (Strehl, 2003, S. 49). Beispielhaft sei auf die *Dreitafelprojektion* verwiesen, bei der verschiedene Ansichten (eine Draufsicht, eine Vorder- bzw. Frontansicht und eine Seitenansicht) des Objekts gezeichnet werden (vgl. hierzu z. B. Krauter, 2007, S. 4 f.). In Schulbüchern findet man diese Art Abbildung oft auch im Zusammenhang mit Würfelbauten (siehe Abbildung 1.16).

Abbildung 1.16. Dreitafelprojektion am Beispiel eines Würfelgebäudes nach Lorenz (2008, S. 27).

Die *schiefe Parallelprojektion* ist im Mathematikunterricht auch unter dem Namen Schrägbild bekannt. Sie ist weniger maßgerecht, dafür aber anschaulicher. Für den Mathematikunterricht bedeutsame Sonderfälle der schrägen Parallelprojektion sind die Kavalier- und die Militärprojektion. Bei der *Kavalierprojektion*, auch bekannt als Frontschau, denkt man sich die Bildebene vertikal, zum Beispiel als Wand eines Zimmers. Sie „zeichnet sich durch viele Übereinstimmungen zwischen räumlichem Objekt und seiner zeichnerischen Darstellung aus" (Schipper u.a., 2000, S. 156) und ist insbesondere bei eckigen Gegenständen leicht realisierbar. Sowohl die Vorderansicht als auch die Hinteransicht eines Würfels werden so beispielswelse in der Zeichnung maßstabgerecht wiedergegeben. Auch alle übrigen vertikalen Linien werden in gleicher Länge gezeichnet. Lediglich die Tiefenkanten werden unter einem Verkürzungsfaktor von meist 0,5 und einem Neigungswinkel von meist 45° abgetragen (vgl. z. B. DIFF, 1978, S. 52 ff.; Krauter, 2007, S. 9 f.; Strehl, 2003, S. 53). Strecken, die senkrecht zur Projektionsebene liegen, erscheinen als Punkte. Bei der *Militärprojektion*, auch bekannt als Vogelschau, denkt man sich die Bildebene wiederum horizontal zum Beispiel als Fußboden eines Zimmers oder als Draufsicht bzw. Grundriss (Standfläche) des Würfels. Jede zur Grundrissebene parallel liegende, ebene Figur wird in wahrer Größe gezeichnet. Auch alle Höhen werden meist unverkürzt sowie parallel zum linken (und rechten) Blattrand abgebildet (DIFF, 1978, S. 58; Krauter, 2007, S. 9 f.).

Zu den meist benutzten Standards für Schrägbilder zählt die Kavalierprojektion (Krauter, 2007, S. 9). Sie kann bereits von Grundschulkinder erlernt werden und spielt auch in den weiterführenden Schulen eine wichtige Rolle (Schipper u.a., 2000, S. 156). Wollring (1995, S. 513) weist im Zusammenhang mit einer Untersuchung zum unangeleiteten Zeichnen von Würfelbauwerken zudem darauf hin, das neben ebenen Ansichten sowie räumlich gemeinten Klappbildern und unangeleiteten Zweitafelprojektionen bei Kindern auch ohne vorherige Unterweisung häufig eine Präferenz für räumliche Darstellung in dieser Perspektive besteht. Die Militärprojektion kommt in der Grundschule hingegen kaum vor (Franke & Reinhold, 2016, S. 327). Ein wesentlicher Vorteil dieser Art der Darstellung liegt, wie die vorausgegangenen Ausführungen zeigen, jedoch insbesondere im Grundriss (Standfläche), der beispielsweise bei Pyramiden wesentlich ist und hier in wahrer Größe abgebildet werden kann (vgl. hierzu auch Graf & Barner, 1968, S. 101). Auch Körper mit gekrümmten Flächen, wie der stehende Zylinder oder Kegel, lassen sich in der Militärprojektion leicht zeichnen. Die Kreise liegen horizontal und können deshalb wieder auf Kreise abgebildet werden. Zu bedenken gilt allerdings, dass die Abbildung dadurch wiederum an Anschaulichkeit verliert, was bei der Kavalierperspektive nicht der Fall ist (siehe Abbildung 1.17). Hier werden die Kreise dann allerdings als Ellipsen dargestellt (DIFF, 1978, S. 56 f. & 107 ff.).

Kavalierperspektive   Militärperspektive

Abbildung 1.17. Kavalier- und Militärperspektive im Vergleich am Beispiel des Zylinders und des Kegels nach DIFF (1978, S. 58 & 61).

In den bisherigen Ausführungen vernachlässigt wurde die Darstellung der Kugel. Bei ihr bilden bei Parallelprojektion die Projektionsstrahlen einen geraden Zylinder, „dessen Leitkreis ein Großkreis[10] der Kugel ist" (Graf & Barner, 1968, S. 128). Bei senkrechter Parallelprojektion ist die Darstellung der Kugel folglich sehr einfach (siehe Abbildung 1.18). Ihr Umriss ist ein Kreis, dessen Radius mit dem Radius der Kugel übereinstimmt (Fucke u.a., 1996, S. 165; Graf & Barner, 1968, S. 128; Müller, 2004, S. 44). Bei schräger Parallelprojektion erscheint der Umriss der Kugel (von Sonderfällen abgesehen) wiederum „eigentlich" als Ellipse (siehe Abbildung 1.18; Graf & Barner, 1968, S. 128; Müller, 2004, S. 44). Eigentlich deshalb, weil diese Abweichung von der Kreisgestalt bei Zeichnungen oft vernachlässigt wird (Scheid & Schwarz, 2007, S. 56). Vielmehr werden Kugeln im Mathematikunterricht in der Regel mit Hilfe der senkrechten Parallelprojektion als Kreis abgebildet und durch Verzierungen wie Längen- und Breitenkreisen, durch die ein räumlicher Eindruck entsteht, versehen.

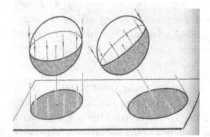

Abbildung 1.18. Kugeldarstellung in senkrechter und schiefer Parallelprojektion nach Graf und Barner (1968, S. 128).

---

[10] „Großkreise sind auf der Kugel gelegene Kreise, deren Ebenen durch den Kugelmittelpunkt gehen. Alle anderen auf der Kugel gelegenen Kreise heißen Kleinkreise" (Fucke u.a., 1996, S. 164).

1.3.2.2 Entwicklung des räumlichen Zeichnens

Einblicke in die Entwicklung des räumlichen Zeichnens geometrischer Objekte bei Kindern bieten verschiedene Studien. Zwei schon als „klassisch" zu nennenden Untersuchungen stellen dabei die von Lewis (1963) und Mitchelmore (1976) durchgeführten Querschnittsstudien dar. Sie sollen im Folgenden unter Verweis auf ausgewählte weitere Studien und Erkenntnissen vorgestellt werden.

Im Rahmen der Querschnittsstudie von Lewis (1963) wurden rund 770 Kindern aus 27 Gruppen vom Kindergarten bis ins 8. Schuljahr ein würfelförmiges Spielzeughaus gezeigt. Auftrag der Schülerinnen und Schüler war es, dieses zu zeichnen. Eine Klassifikation der Kinderzeichnungen führte zu fünf Stadien, charakterisiert durch folgende Musterbilder:

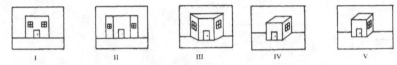

| I | II | III | IV | V |

Abbildung 1.19. Musterbilder zur Veranschaulichung der Entwicklungsstadien nach Lewis (1963, S. 98).

Im ersten Bild wird nur der Umriss der Front des würfelförmigen Hauses dargestellt (Frontalansicht). Die Seitenflächen werden nicht berücksichtigt, die sich darauf befindenden Fenster auf der Vorderseite jedoch ergänzt. Typische Klappbilder entstehen im zweiten und dritten Stadium. Die Seitenansichten werden mit in die Zeichenebene vorgeklappt. Ein erster Versuch zur Tiefendarstellung wird jedoch erst im dritten Bild deutlich. Erstmals werden ausgewählte Grundlinien schräg gezeichnet. Im vierten Stadium finden wir eine prärealistische Darstellung des Hauses wieder. Das Verkürzen als Mittel zur Tiefendarstellung wird erst im fünften und letzten Stadium eingesetzt.

Ähnliche Ergebnisse liefert auch eine durch Bernd Wollring gemeinsam mit Sandra Wessel durchgeführte Nachuntersuchung, die diesen Versuch in einer ersten und dritten Grundschulklasse mit je 21 Kindern durchführten (Wollring, 1995, S. 509 f.).

Einen differenzierteren und nicht allein auf den Würfel reduzierten Einblick in die Entwicklung räumlichen Zeichnens gibt Mitchelmore (1976, vgl. auch 1978, 1980). Angelehnt an die Arbeiten von Lewis (1963) ließ er fünf hölzerne Modelle, die in festgelegter Ausrichtung und Distanz zu den Kindern positioniert waren, von 80 leistungsstarken jamaikanischen Schülerinnen und Schülern zwischen 7 und 15 Jahren zeichnen (Mitchelmore, 1976, S. 154 f.). Die Modelle waren ein Quader, ein Zylinder, eine vierseitige Pyramide, ein Würfel und ein Kegel. Seine Ergebnisse präsentierte auch er in einer Matrix von Musterbildern (siehe Abbildung 1.20). Die Zeichnungen des Kegels waren nicht auswertbar und wurden aus der Auswertung ausgeschlossen.

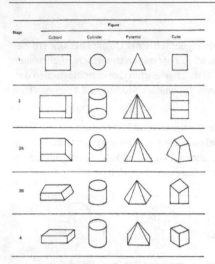

Abbildung 1.20. Schemata bei Kinderzeichnungen zu Quadern, Zylindern, Pyramiden und Würfeln nach Mitchelmore (1978, S. 235; 1976, S. 156).

Mitchelmore (1976, S. 155) formulierte fünf Stufen der Darstellung:

1. „*an outline of the solid or the face viewed orthogonally;*
2. *several faces shown but not in correct relation to each other, often both visible and invisible faces shown, usually no depth depiction;*
3. *A) only visible faces shown, in correct relation to each other, but with poor depth depiction;*
   B) all appropriate faces distorted in an attempt to show depth, but not correctly; and
4. *correct drawing using parallel or slightly convergent lines to represent parallel edges of the solid.*"

Die vier von ihm identifizierten Entwicklungsstadien, die mit den von Lewis identifizierten Stadien korrespondierten, bezeichnete Mitchelmore kurz als (Mitchelmore, 1978, S. 234; Mitchelmore, 1980, S. 84; vgl. hierzu auch Franke & Reinhold, 2016, S. 330):

1. plane schematic (eben-schematisch)
2. solid/space schematic (massiv/körperlich-schematisch)
3. prerealistic (prärealistisch)
4. realistic (realistisch)

Mitchelmore (1976, S. 157 bzw. 1978, S. 236 ff.) stellte weiterhin fest, dass die Ergebnisse sowohl vom Alter als auch von der Körperform abhängig waren. Zu den für Kinder „einfacheren" Darstellungen gehörte der Zylinder: „The cylinder was relatively easy for children to draw; at all ages, there were fewer plane schematic drawings and many more faithful representations than the cube and cuboid" (Mitchelmore, 1978, S. 238). Favrat (1994/1995) konnte diesbezüglich im Rahmen einer speziell zum Zylinder durchgeführten Untersuchung mit französischen Schülerinnen und Schülern im Alter von fünf bis elf Jahren allerdings feststellen, dass den Kindern nicht jede Zylinderform in der Darstellung gleich gut gelingt. Einfacher scheint Schülerinnen und Schülern vor allem die auch oft in Schulbüchern abgebildete Zylinderform mit größerer Höhe und kleinerem Durchmesser (Zylindertyp b oder d im Vergleich zum Zylindertyp a in Abbildung 1.21) zu fallen (Favrat, 1994/1995, S. 75).

a   b   c   d   e

Abbildung 1.21. Verschiedene, den Schülerinnen und Schülern Favrats präsentierte Zylinderformen: a) ein aus einem rechteckigen, weißen Papierstreifen (3,5 x 29,7 cm) hergestellten Zylinder; b) eine WC Rolle; c) gleiche Form wie Zylinder a, allerdings mit roter Mantelfläche und weißer Innenseite; d) gleiche Zylinderform wie Zylinder b, verziert mit Querstreifen auf der Außenseite; d) gleiche Form wie Zylinder a, der Papierstreifen ist allerdings längs gestreift (Favrat, 1994/1995, S. 62).

Die äußere Gestalt in Form von eingezeichneten Linien auf der Mantelfläche (Zylindertyp d und e in Abbildung 1.21) oder die rot gefärbte Außenseite (Zylindertyp c in Abbildung 1.21) hatte bei Favrats getesteten Kindern hingegen nur bei einzelnen Schülerinnen und Schülern einen Einfluss auf die Zeichnung (Favrat, 1994/1995, S. 75).

Im Zusammenhang mit der Pyramidenform stellte Mitchelmore (1978, S. 238) fest, dass ihre Darstellung auf dem zweidimensionalen Zeichenblatt im Vergleich zur Darstellung des Würfels und des Quaders jüngeren Kindern einfacher, älteren Schülerinnen und Schülern wiederum schwerer fällt.

Deutliche Parallelen zu den Ergebnissen Mitchelmores zeigen sich außerdem bei Caron-Pargue (1985), die das Zeichnen eines Würfels bei drei- bis elfjährigen Kindern aus Frankreich genauer untersuchte. Sie identifizierte fünf, vom Alter abhängige, Stadien ((I) les Remplissages ou la Forme unique, (II) les Quadrilatères: Carrés et Rectangles, (III) les Compositions de rectangles, (IV) les Compositions avec obliques, (V) les Perspectives), die sie durch Unterkategorien weiter ausdifferenzierte und anhand ausgewählter Eigenproduktionen der Kinder ausführlich dokumentierte (Caron-Pargue, 1985, S. 55 ff. & 72). Außerdem untersuchte sie auch den Einfluss des vorherigen Hantierens mit dem Würfel im Vergleich zum nur visuell dargebotenen Würfel (Caron-Pargue, 1985, S. 46 ff.). Beide Vorgehensweisen führten letztlich zum gleichen Ergebnis (Caron-Pargue, 1985, S. 67). Ob die Schülerinnen und Schüler den zu zeichnenden Gegenstand vorab in der Hand halten und erkunden oder direkt zeichnen, scheint auf die Zeichnung keinen Einfluss zu haben.

Die Altersabhängigkeit, die Mitchelmore feststellte und auf die auch Lewis, Favrat und Caron-Pargue verweisen, sieht Wollring (1998, S. 135) kritisch. Die Zeichnungen der Kinder scheinen

stark durch den jeweiligen Kontext bestimmt. Die in den Musterbildern skizzierten qualitativen Entwicklungsverläufe seien ihm zufolge vielmehr als Kategorien zum Interpretieren eigener Versuchsergebnisse geeignet. Fortschritte in der Tiefendarstellung werden nicht immer
linear, in gleicher Reihenfolge oder Altersspanne erworben. Auch ältere Schülerinnen und
Schüler stellen Körper häufig noch eben dar (vgl. hierzu z. B. Ilgner, 1974, S. 698; Rickmeyer,
1991, S. 32; R. Rasch 2011, S. 652), wenngleich der Anteil in jüngeren Jahrgangsstufen meist
höher ausfällt. Gleichzeitig kann für einen bestimmten Typ von Körper bereits eine realistische
Darstellung gelingen, während eine andere Körperform noch eben, eben-schematisch oder
prärealistisch dargestellt wird. Die hier skizzierten Stufen bzw. Entwicklungsstadien bilden
folglich *einen* möglichen Entwicklungsverlauf ab und dienen als Orientierung. Jedes Kind ist
individuell und nimmt, wie Schuster (2010, S. 18) es formuliert, seinen „eigenen Weg durch
das Wissensuniversum Kinderzeichnung". Wie man die Kinder in ihrer Zeichenentwicklung gezielt unterstützen kann und welche Wissensbereiche dabei eine wichtige Rolle spielen, wird
im nachstehenden Abschnitt veranschaulicht.

1.3.2.3 Grundlegendes Wissen für das Zeichnen von räumlichen Figuren

„Weder nur das, was das Kind von dem Dinge ´sieht´, noch nur das, was es von ihm ´weiß´,
sondern beides und vor allem noch viel anderes mehr geht in die frühen Zeichnungen ein, und
zwar nach Maßgabe seiner *Wesentlichkeit* für das Kind und seiner zeichnerischen *Faßlichkeit*"
(Volkelt, 1962, S. 199).

Bei der Realisierung einer Zeichnung spielen, wie das zuvor eingefügte Zitat von Volkelt deutlich hervorhebt, verschiedene Arten von Wissen ineinander. Nicht nur visuelle Informationen
der zu zeichnenden Figur müssen aufgenommen und eine klare Vorstellung vorhanden sein.
Zeichnen lernen heißt auch zu wissen und zu verinnerlichen, wie etwas dargestellt werden
kann, was zuerst gezeichnet wird und was folgt (vgl. Phillips, Inall & Lander, 1985, S. 122 f.;
Schuster, 2000, S. 76 f.; van Sommers, 1984; Volkelt, 1962, S. 199). Nach Schuster (2000,
S. 79 ff.) führen drei unterschiedliche Wissensbereiche zur Entstehung einer Zeichnung: Das
Gegenstandswissen, das Abbildungswissen und das Ausführungswissen (vgl. hierzu auch
Franke & Reinhold, 2016, S. 332 ff.; Koeppe-Lokai, 1996, S. 56 ff.).

Das *Gegenstandswissen* spielt vor allem beim ersten Zeichnen eine wichtige Rolle (Schuster,
2000, S. 80). In diesem Wissensbereich wird abgerufen, wie etwas aussieht (Schuster, 2000,
S. 80): Welches sind die bedeutsamen Merkmale eines Gegenstands? Wie sieht das Objekt
konkret aus? Während Schuster (2000, S. 80) das Gegenstandswissen primär als verbales Wissen, als ein „im Sinne einer lexikalischen Anordnung" verfügbares Wissen, beschreibt, geht
Koeppe-Lokai (1996, S. 56 & 61) jedoch davon aus, dass das Wissen über den Gegenstand auch
in Form einer visuellen Repräsentation, eines Bildes oder einer abstrakten Proposition gespeichert sein kann. Zu wissen wie der Gegenstand aussieht, was seine zentralen Eigenschaften
sind, bedingt allein jedoch noch keine gelungene Darstellung. So wissen beispielsweise bereits
Vorschulkinder, dass menschliche Beine für gewöhnlich nicht aus dem Kopf herauswachsen.
Dennoch findet man den typischen „Kopffüßler" in den Darstellungen jüngerer Kinder immer

wieder (vgl. hierzu z. B. Schuster, 2000, S. 25 ff.; Schuster 2010, S. 60 ff.). Auch bei den von Rickmeyer (1991, S. 32) zum Zeichnen des Würfels aufgeforderten Viertklässlern zeigt sich dieses Phänomen. Obwohl jedes Kind beim Zeichnen über einen Holzwürfel zum Betrachten verfügte und die zentralen Eigenschaften eingangs wiederholt wurden, gab nur ein Teil der Darstellungen der Kinder Auskunft darüber, wie der Würfel tatsächlich aussieht. Was diesen Kindern fehlt, ist das Wissen über die graphische Umsetzung ihrer Kenntnisse. Das in den folgenden Abschnitten noch näher aufgeführte Abbildungs- und Ausführungswissen muss hinzukommen. Ebenso sind die feinmotorischen Möglichkeiten zu berücksichtigen. Sie begrenzen nach Schuster (2000, S. 80) die Umsetzung des Gegenstandswissens in der Zeichnung.

Im Bereich des *Abbildungswissens* wird abgerufen, wie der Gegenstand dargestellt werden kann (Schuster, 2000, S. 82). Dieser Wissensbereich gibt Antwort auf folgende Fragen: Wie können die bedeutsamen Merkmale der zu zeichnenden Figur abgebildet werden? Mit welchen Formen? Wie wird Tiefe dargestellt? Wie werden zueinander liegende Parallelen gezeichnet? Werden diese auch in der Zeichnung wieder auf Parallelen abgebildet? Nach Phillips, Inhall und Lander (1985, S. 123 f. & 133) besteht Zeichnen lernen insbesondere im Lernen genau solcher graphischer Beschreibungen („graphic descriptions", vgl. hierzu auch Abschnitt 1.3.2.1).

Das *Ausführungswissen* betrifft Aspekte der motorischen Umsetzung und den konkreten Arbeitsablauf. Was wird zuerst gezeichnet? Was folgt anschließend? Soll etwa zuerst die Spitze markiert und dann die Grundfläche der Pyramide gezeichnet werden? Oder soll mit einem Dreieck als Frontfläche begonnen und dann die noch fehlenden Kanten angetragen werden? Kinder sind die einzelnen, für den Zeichenprozess bedeutsamen Zwischenschritte oft nicht bewusst (Schuster, 2000, S. 90). Sie entwickeln eigene Strategien, die unterschiedlich fehleranfällig sind und das Zeichenergebnis nachdrücklich beeinflussen können. So kann ein anfänglicher Zeichenfehler – sei es in der Linienführung oder Abweichung einer günstigen Schrittfolge im Zeichenprozess – erhebliche Konsequenzen nach sich ziehen (vgl. van Sommers, 1984, S. 142 ff.). Ein visuelles Training an der gesamten Figur bringt für diese Art von Wissen deshalb wenig. Kann das Kind den Zeichenprozess hingegen in seinen Sequenzen verfolgen oder werden ihm gar die einzelnen Teilstadien gezeigt (siehe Abbildung 1.22), so ergibt sich nach Phillips und Kollegen (1985, S. 127) ein nachhaltiger Trainingseffekt. Ob das Kind dabei erst zusieht und dann selbst zeichnet oder von Anfang an gemeinsam mit der Lehrperson zeichnet, spielt nach Phillips und anderen (1985, S. 128) keine Rolle. Wichtig ist, dass die Zeichenschritte für jede einzelne Figur wiederholt werden. Hat das Kind die Schrittfolge beim Zeichnen des Würfels verinnerlicht, so heißt das nicht, dass es diese automatisch auch auf das Zeichnen anderer Motive übertragen bzw. adaptieren kann. Vielmehr sind diese Lernerfahrungen spezifisch. So konnten Phillips und Kollegen (1985, S. 127) insbesondere in Bezug auf Würfel und Pyramide zeigen, dass ein Zeichentraining an der einen oder anderen Figur keinen Einfluss auf die Zeichnung der jeweils anderen Figur hat. Inwieweit dies auf zueinander ähnliche Figuren zutrifft, wurde allerdings nicht untersucht.

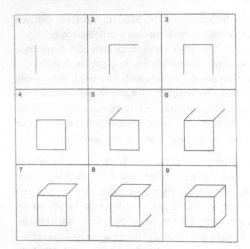

Abbildung 1.22. Schrittfolge (Strichfolge) zum Zeichnen eines Würfels nach Phillips, Inhall und Lander (1985, S. 128).

Ganz wichtig für die Entwicklung des Zeichnens ist auch die Motivation des Kindes. Die zeichnerischen Ansätze, Fortschritte und Experimente der Kinder gilt es, durch Lob, Ermutigungen, Tipps und Ratschläge positiv aufzunehmen und zur Entfaltung zu bringen. Denn: „Nichts wirkt beständiger auf zögernde Versuche als ein qualifiziertes Lob, das wirklich auf beobachtete Fortschritte eingeht [...] Ein Hinweis, wie es gelingen kann, ist allemal wertvoller als ein Hinweis, wie es nicht geht" (Schuster 2010, S. 97).

Letztlich festzuhalten bleibt, dass das Zeichnen ebener Darstellungen von Körpern eine komplexe Tätigkeit darstellt. Verschiedene Wissensbereiche müssen unter den jeweils spezifischen Bedingungen kombiniert und eingesetzt werden. Dass das Anlegen von Schrägbildern nicht in allen Rahmenrichtlinien einzelner Bundesländer verankert ist, verwundert deshalb nicht. Das räumliche Zeichnen wird oft als zu schwierig für Grundschulkinder angesehen. Dabei haben Kinder nach Schipper, Dröge und Ebeling (2000, S. 153) „meistens schon ab dem 1. Schuljahr Erfahrungen mit Schrägbildern gesammelt". Sei es in Bezug auf das Erkennen von Lagebeziehungen, beim Nachbauen von Objekten aus geometrischen Körpern oder auch beim Bestimmen der Anzahl an Würfeln, die für Würfelgebäude verwendet wurden. Franke und Reinhold (2016, S. 338) betonen außerdem, dass erfahrungsgemäß „bei Kindern im dritten oder vierten Schuljahr jenseits des Freihandzeichnens auch der Wunsch auf[keimt], detailliertes Ausführungswissen zu erlangen". Infolgedessen und auch im Hinblick auf die eingangs aufgeführten Argumente, dass durch den Prozess des Zeichnens unter anderem die Begriffsbildung (vgl. Abschnitt 1.3.1) adäquat unterstützt werden kann, sollte das Zeichnen geometrischer Körper nicht aus dem Grundschulunterricht ausgeschlossen werden. Wichtig sind dabei insbesondere auch Freihandzeichnungen. Sie verbessern nach Keßler (2007, S. 4) die Zeichentechnik und lenken „den Blick der Schülerinnen und Schüler auf charakteristische Merkmale von Formen und Konstruktionen" (vgl. hierzu auch Eichler, 2006 & 2014; Gutzeit, 2005).

1.3.3 Entwickeln räumlicher Fähigkeiten

„Die Wahrnehmung des uns umgebenden dreidimensionalen Raumes und die Fähigkeit, sich im Raum zu orientieren oder mit räumlichen Begebenheiten gedanklich zu operieren, sind menschliche Qualifikationen von lebenspraktischer Bedeutung" (Franke & Reinhold, 2016, S. 39). Die Bedeutsamkeit des räumlichen Vorstellungsvermögens (oder kurz: Raumvorstellung) für die Auseinandersetzung mit der Umwelt, die Bewältigung von Alltagssituationen, das Begriffslernen, das schulische Lernen insgesamt, den Berufserfolg und nicht zuletzt für die menschliche Intelligenz ist seit einigen Jahren unumstritten (Franke & Reinhold, 2016, S. 39 ff.; Grassmann u.a., 2010, S. 97 ff.; P.H. Maier, 1999, S. 123 ff.; Rost, 1977, S. 85 ff.). Die Schulung des räumlichen Vorstellungsvermögens wird deshalb auch als eines der Hauptziele des Geometrieunterrichts beschrieben.

Was genau unter dem Konstrukt des räumlichen Vorstellungsvermögens verstanden wird und welche Teilkomponenten diesbezüglich zusammenwirken (Abschnitt 1.3.3.2), wird im Folgenden näher erläutert. Ein Abschnitt zur visuellen Wahrnehmung als wichtige Voraussetzung für das räumliche Vorstellungsvermögen (Abschnitt 1.3.3.1) wird dabei vorangestellt.

1.3.3.1 Visuelle Wahrnehmung

In den vergangenen Jahrzehnten brachte die psychologische und mathematikdidaktische Literatur zahlreiche Modelle zum räumlichen Vorstellungsvermögen hervor (z. B. Gardner, 2005; Linn & Petersen, 1985, 1986; P.H. Maier, 1999; Rost, 1977; Thurstone, 1983; vgl. hierzu auch Abschnitt 1.3.3.2). Entsprechende Definitionen wurden entwickelt und Teilkomponenten beschrieben (Franke & Reinhold, 2016, S. 39). Die Wahrnehmung, die Aufnahme von Reizen durch unsere Sinne und deren kognitiven Verarbeitung, wird dabei übergreifend als eine wesentliche Voraussetzung bei der Generierung von Raumvorstellung angesehen. Je nachdem mit welchen Sinnen wir wahrnehmen, werden dabei verschiedene Wahrnehmungsarten unterschieden. Für die Wahrnehmung von Raum und Form besonders bedeutsam ist die visuelle Wahrnehmung (Franke & Reinhold, 2016, S. 41 ff.). Diese beinhaltet nicht nur das Sehen, sondern bezieht auch das Verarbeiten, Speichern und Einordnen des Geschehenen im Zusammenhang mit früheren Erfahrungen und damit das visuelle Gedächtnis mit ein (Franke & Reinhold, 2016, S. 39; Frostig, Horne & Miller, 1979, S. 5).

Nach Frostig, Horne und Miller (1972) lassen sich fünf Bereiche der visuellen Wahrnehmung unterscheiden. Unter *visuomotorischer Koordination* wird die Fähigkeit verstanden, Sehvorgänge auf den eigenen Körper oder auf andere Sinneseindrücke und die Bewegung des eigenen Körpers abzustimmen (Frostig u.a., 1972, S. 5; Franke & Reinhold, 2016, S. 55). Dies ist beispielsweise bei Ausschneidübungen oder beim Zeichnen einer Linie mittels Lineal oder Geometriedreieck der Fall. Die *Figur-Grund-Unterscheidung* ist die Fähigkeit, Figuren vor einem Hintergrund bzw. eingegliederte Teilfiguren einer Gesamtfigur zu erkennen und zu isolieren (Frostig u.a., 1972, S. 6; Franke & Reinhold, 2016, S. 55 f.). Ohne diese Fähigkeit könnte der Mensch keine Gegenstände im Raum erkennen oder sich darin orientieren. *Wahrnehmungs-*

konstanz bezeichnet die Fähigkeit, Figuren in der Ebene oder im Raum in verschiedenen Größen, Anordnungen, räumlichen Lagen oder Färbungen sowie aus unterschiedlichen Blickwinkeln wiederzuerkennen und von anderen Figuren zu unterscheiden – Fähigkeiten, die insbesondere auch bei der geometrischen Begriffsbildung zu Körpern eine wichtige Rolle spielen (Frostig u.a., 1972, S. 6 f.; Franke & Reinhold, 2016, S. 57 & 59; P.H. Maier, 1999, S. 12). Hoffer (1977) betont außerdem, dass bei einem solchen Sortieren und Klassifizieren von beispielsweise Körpern „nicht nur die Fähigkeit zur Identifikation von Gemeinsamkeiten beansprucht wird. Vielmehr seien auch Unterschiede zu erfassen und damit die Fähigkeit zur *visuellen Unterscheidung* angesprochen" (Franke & Reinhold, 2016, S. 59). Weiterhin spielt dabei auch das *visuelle Gedächtnis*, die Fähigkeit, charakteristische Merkmale eines nicht mehr präsenten Objektes vorstellungsgemäß auf andere präsente Objekte zu beziehen, eine wichtige Rolle. Unter *Wahrnehmung der räumlichen Beziehung* wird die Fähigkeit verstanden, die Lage von zwei oder mehr Gegenständen in Bezug zu sich selbst und in Bezug zueinander wahrzunehmen. Der Standort des Betrachters befindet sich außerhalb der räumlichen Situation (Frostig u.a., 1972, S. 7; Franke & Reinhold, 2016, S. 59; Grassmann u.a., 2010, S. 100). Die *Wahrnehmung zur Raumlage* wiederum stellt die Fähigkeit dar, die räumliche Beziehung eines Gegenstandes oder Arrangements bezüglich des Standpunktes der betrachteten Person zu erkennen und zu beschreiben (Frostig u.a., 1972, S. 7; Franke & Reinhold, 2016, S. 59). Defizite im Bereich des visuellen Wahrnehmungsvermögens wirken sich deutlich beim Lesen-, Schreiben- und Rechnenlernen aus (Frostig u.a., 1972, S. 5 ff.).

1.3.3.2 Räumliches Vorstellungsvermögen

Räumliches Vorstellungsvermögen (oder kurz: Raumvorstellung) bezeichnet die Fähigkeit, in der Vorstellung räumlich zu sehen und zu denken. Sie geht damit über die rein rezeptive Wahrnehmung hinaus, indem konkrete oder vorgestellte räumliche Begebenheiten nicht nur registriert, sondern auch gedanklich weiterverarbeitet werden oder in der Vorstellung neue Bilder entstehen. Die verschiedenartig gedanklichen Leistungen, die damit angesprochen werden, führen in der Literatur vielfach zu Unterscheidungen zwischen Teilbereichen der Raumvorstellung. Diese Differenzierungen in Teilbereiche sind auf Arbeiten, die Subfaktoren oder Kategorien ausweisen, zurückzuführen (Franke & Reinhold, 2016, S. 61). Eine solche Arbeit stellt zum Beispiel das Intelligenzmodell von Thurstone (1938) dar. Die menschliche Intelligenz umfasst bei Thurstone sieben Faktoren. Das räumliche Vorstellungsvermögen, als eine dieser sieben Primärfaktoren, differenziert er dabei weiter in drei Subfaktoren: *räumliche Beziehungen* (S1), *räumliche Veranschaulichung* (S2) und *räumliche Orientierung* (S3). Der Subfaktor *räumliche Beziehung* (S1) bezieht sich darauf, räumliche Anordnungen von Objekten oder Teilen von ihnen und deren Beziehungen untereinander richtig zu erfassen. Dies ist beispielsweise der Fall, wenn es im Geometrieunterricht um die Anzahlbestimmung in Würfelbauwerken geht oder Bauwerke in unterschiedlicher Raumlage verglichen und wiedererkannt werden sollen (Franke & Reinhold, 2016, S. 65 f.). Der Subfaktor *räumliche Veranschaulichung* (S2) umfasst die Vorstellung von räumlichen Veränderungen innerhalb von Objekten bzw. innerhalb von

Anordnungen von Objekten. Räumliche Veränderungen könnten dabei zum Beispiel durch gedankliche Drehungen, Zerlegungen, Verschiebungen und Faltungen vorgenommen werden (Franke & Reinhold, 2016, S. 67 f.). Bei dem Subfaktor zur *räumlichen Orientierung* (S3) geht es darum, die eigene Person in einer räumlichen Situation räumlich einzuordnen und sich damit real oder mental im Raum zurechtzufinden. Folglich liegt, im Gegensatz zum Faktor räumliche Beziehungen, der Standort der Person hier innerhalb der Aufgabensituation und verlangt das gedankliche Hineinversetzten in andere Perspektiven. Diese Fähigkeit wird unter anderem beansprucht, wenn es um das Zuordnen von Ansichtsdarstellungen zu einer vorgestellten räumlichen Situation geht (Franke & Reinhold, 2016, S. 70).

Ähnlich wie Thurstone führt auch Gardner (2005) bei seiner Beschreibung der menschlichen Intelligenz die räumliche Intelligenz als eigene Kategorie an. Diese kennzeichnet er dabei als Fähigkeit „(...) die visuelle Welt richtig wahrzunehmen, die ursprüngliche Wahrnehmung zu transformieren und zu modifizieren und Bilder der visuellen Erfahrung auch dann zu reproduzieren, wenn entsprechende physische Stimulierungen fehlen" (Gardner, 2005, S. 163).

Als wichtige Teilfähigkeiten der bildlich-räumlichen Intelligenz sieht er

- „(...) *die Fähigkeit, die Identität eines Elements zu erkennen;*
- *die Fähigkeit, ein Element in ein anderes zu transformieren oder eine solche Transformation zu erkennen;*
- *die Fähigkeit, eine mentale Vorstellung zu erzeugen und im Kopf zu verändern;*
- *die Fähigkeit, graphische Entsprechungen räumlicher Information zu erzeugen und dergleichen mehr."* (Gardner, 2005, S. 165)

Linn und Petersen (1985, 1986) wiederum nahmen in ihrer Untersuchung bezüglich geschlechtsspezifischer Unterschiede im Bereich des räumlichen Vorstellungsvermögens eine kognitive Perspektive ein und richteten das Augenmerk auf die im Individuum ablaufenden Prozesse. Im Rahmen ihrer Meta-Analyse charakterisierten sie drei Kategorien der Raumvorstellung (englisch: spatial ability). Die Kategorie der räumlichen Wahrnehmung (spatial perception) umfasst dabei die Fähigkeit, räumliche Verhältnisse (wie die Horizontale und Vertikale) in Bezug zur Raumlage des eigenen Körpers zu erfassen. Eine weitere Kategorie ist die Vorstellung von Rotation (mental rotation) zwei- und dreidimensionaler Figuren. Die dritte Kategorie, die räumliche Veranschaulichung (spatial visualization), stellt, trotz wortgetreuer Übereinstimmung mit der Benennung des bei Thurstone beschriebenen Faktors S2, Linn und Petersens (1985, 1986) zufolge eine Zusammenfassung der Faktoren S1 und S2 dar. (Franke & Reinhold, 2016, S. 71 ff.)

In der neueren deutschsprachigen mathematikdidaktischen Literatur bezieht man sich in verschiedenen Studien (z. B. Lüthje, 2010; Plath, 2014) häufig auf das von P. H. Maier (1999) entwickelte Modell zum räumlichen Vorstellungsvermögen, das wiederum die von Linn und Petersen (1985, 1986) formulierten Kategorien und Faktoren nach Thurstone (1938) integriert, aber auch weitere Aspekte, wie etwa die Unterscheidung der verschiedenen Standorte der Versuchsperson (innerhalb oder außerhalb der Situation) oder eine Charakterisierung der zur

Aufgabenlösung einzubeziehenden Denkvorgänge (statisch oder dynamisch), berücksichtigt (siehe Abbildung 1.23).

Standpunkt der Probanden	Dynamische Denk-vorgänge Räumliche Relationen am Objekt veränderlich	Statische Denk-vorgänge Räumliche Relationen am Objekt unverän-derlich; Relation der Person zum Objekt veränderlich	Einsatz analytischer Strategien
Person befindet sich außerhalb	VERANSCHAULICHUNG	RÄUMLICHE BEZIEHUNGEN	Analytische Strategien zum schlussfolgern-den Denken häufig hilfreich
Person befindet sich innerhalb	VORSTELLUNGSFÄHIGKEIT VON ROTATIONEN RÄUMLICHE ORIENTIERUNG	RÄUMLICHE WAHRNEHMUNG FAKTOR K	Analytische Strategien zum schlussfolgern-den Denken insbesondere im dynamischen Bereich häufig hilfreich

Abbildung 1.23. Faktoren des räumlichen Vorstellungsvermögens nach P. H. Maier (1999, S. 71).

P. H. Maier macht damit deutlich, dass die kognitiven Prozesse, die bei der Bearbeitung von Aufgaben zur Raumvorstellung ablaufen, sehr unterschiedlich sein und von der eigentlich er-warteten Vorgehensweise des Probanden abweichen können (Franke & Reinhold, 2016, S. 79). Einige Autoren sehen eine Unterscheidung in Teilkomponenten deshalb auch kritisch. So zum Beispiel Rost (1977, S. 21), der die Unterscheidung einerseits zwar als sinnvoll erachtet, andererseits aber auch darauf hinweist, dass es angebracht ist, von Raumvorstellung allge-mein zu sprechen. Die differenzierbaren Komponenten sind ihm zufolge nicht voneinander unabhängig, sondern stehen vielmehr in einer positiven Relation zueinander. Auch Franke und Reinhold (2016) verweisen in ihren Ausführungen zur Raumvorstellung auf dieses Dilemma, indem sie anhand eines konkreten Unterrichtsbeispiels die Schwierigkeit einer Unterschei-dung zwischen den einzelnen Teilbereichen der Raumvorstellung aufzeigen (S. 73 ff.), aber auch die Nützlichkeit der theoretischen Differenzierung „zu einer Ausrichtung der Aufmerk-samkeit auf Teilbereiche, die ggf. gezielter Förderung bedürfen" (S. 83 f.) betonen. Ganz all-gemein darf die Unterscheidung in Teilkomponenten, genau wie die theoretische Differenzie-rung zwischen Wahrnehmung und Raumvorstellung, Franke und Reinhold zufolge nicht dar-über hinwegtäuschen, dass „die in der individuellen Bearbeitung einer Aufgabe ablaufenden kognitiven Wahrnehmungs- und Raumvorstellungsprozesse oft eng miteinander verbunden sind" (Franke & Reinhold, 2016, S. 40 & 84).

Zur Trainierbarkeit der Raumvorstellung gibt es verschiedene Auffassungen: Einige Intelligenz-theorien weisen aus, dass Raumvorstellung angeboren und unmodifizierbar ist. Andere Studien belegen hingegen, dass räumliches Vorstellungsvermögen bei Probanden unterschiedlichen Alters trainierbar ist (vgl. z. B. Besuden 1984a, S. 71 f.; Besuden 1984b, S. 69; P. H. Maier, 1999, S. 80 ff.; Rost, 1977, S. 101 ff.). Rost (1977, S. 120 f.) zufolge entwickelt sich die Raumvorstellung vor allem vom 7. bis zum 12. Lebensjahr. Geometrische Handlungsaktivitäten dazu gibt es zahlreiche. Das reine Handeln führt dabei jedoch nicht zwangsläufig zu einer fundierten Ausbildung der Raumvorstellung. Wichtig sind vor allem auch sprachlich begleitende Reflexionen (Franke & Reinhold, 2016, S. 109).

Positive Zusammenhänge zwischen räumlicher Vorstellungskraft und der Leistung in unterschiedlichen mathematischen bzw. geometrischen Bereichen konnten vielfach empirisch nachgewiesen werden (vgl. z. B. Grüßing, 2012, S. 125 ff.; P. H. Maier, 1999, S. 161 ff.). Auch geschlechtsspezifische Unterschiede in der Raumvorstellung zugunsten des männlichen Geschlechtes sind in zahlreichen Studien, die unter anderem bei Rost (1977, S. 29 ff.) oder P. H. Maier (1999, S. 169 ff.) ausführlich betrachtet werden, belegt. Der Leistungsvorteil bei den Männern und Jungen manifestiert sich dabei insbesondere bei den anspruchsvollsten Raumvorstellungskomponenten – der räumlichen Orientierung und der Vorstellungsfähigkeit von Rotation.

2 Außerschulische Lernorte

Das Nutzen und Einbeziehen außerschulischer Lernorte zur Initiierung von Lernprozessen ist kein neues Phänomen. „Schon pädagogische Klassiker wie Comenius, Rousseau und Pestalozzi gingen davon aus, dass Erkenntnis an Anschauung und Handeln gebunden ist und Bildung ganzheitlich mit ´Kopf, Herz und Hand´ – in der Auseinandersetzung mit der konkreten Lebenswelt – erfolgt" (Hellberg-Rode, 2012, S. 145)[11]. Eine Hochblüte erlebte das Verlassen des Schulgebäudes und das Betreiben von Erziehung und Unterricht außerhalb des Klassenzimmers dabei insbesondere in der Epoche der Reformpädagogik (Burk & Claussen, 1998b, S. 16; Kohler, 2011, S. 167), die mit ihren Grundmotiven wie Heimatorientierung, Lebensnähe, Anschauung oder Selbstständigkeit zu einer institutionellen Öffnung der Schule führte (vgl. z. B. Salzmann, 2007, S. 434). Die Vielfalt der Termini, wie Wanderung, Schulreise, Besichtigung, Ausflug, Heimatgang, Unterrichtsgang, Lehrwanderung, Unterrichtsbesuch oder Exkursion, die aus dieser Zeit stammen, zeigen die unterschiedlichen Ausprägungen, Motive und Ziele dieser Epoche deutlich (Burk & Claussen, 1998b, S. 16). Inzwischen wird außerschulisches Lernen häufig mit einer veränderten Kindheit begründet (Thomas, 2009, S. 283). Als bevorzugtes Unterrichtsfach für das Aufsuchen eines außerschulischen Lernorts gilt heute im Grundschulbereich vor allem der Sachunterricht. Aber auch in den Richtlinien und Rahmenplänen anderer Fächer wird die besondere Relevanz des außerschulischen Lernens bzw. der Bezug zur Lebenswelt der Kinder mittlerweile zunehmend bundeswelt explizit betont (Hellberg-Rode, 2012, S. 145). So wird im Teilrahmenplan Mathematik des Landes Rheinland-Pfalz zum Ende der Grundschulzeit beispielsweise erwartet, dass die Kinder Situationen ihrer Lebenswelt unter mathematischen Aspekten wahrnehmen und Sachprobleme in die Sprache der Mathematik übertragen können (Ministerium für Bildung, Wissenschaft, Weiterbildung und Kultur, 2014, S. 8). Ausgewählte Elemente geometrischer Figuren und deren Beziehungen sollen in der Umwelt wiedererkannt und benannt werden (Ministerium für Bildung, Wissenschaft, Weiterbildung und Kultur, 2014, S. 20 f.). Die Lehrerinnen und Lehrer sind außerdem aufgerufen, mit außerschulischen Einrichtungen zu kooperieren (Ministerium für Bildung, Wissenschaft, Weiterbildung und Kultur, 2014, S. 37). Sehr deutlich werden Forderungen nach Lebensweltbezügen und das Nutzen und Einbeziehen außerschulischer Lernorte zum Beispiel auch im Bildungsplan Mathematik für das Land Hamburg (Freie und Hansestadt Hamburg, Behörde für Schule und Berufsbildung, 2011, S. 6 & 16), im Rahmenplan Mathematik für das Land Brandenburg (Ministerium für Bildung, Jugend und Sport des Landes Brandenburg, Senatsverwaltung für Bildung, Jugend und Sport Berlin, Senator für Bildung und Wissenschaft Bremen, Ministerium für Bildung, Wissenschaft und Kultur Meckenburg-Vorpommern, 2004, S. 8 & 13) oder auch im niedersächsischen Kerncurriculum (Niedersächsisches Kultusministerium, 2006, S. 7) formuliert.

---

[11] Für einen Überblick zur Geschichte vgl. z. B. Brühne, 2011; Dühlmeier, 2014, S. 7 ff.; Heynoldt, 2016, S. 30 ff.; Sauerborn & Brühne, 2010; Thomas, 2009.

© Springer Fachmedien Wiesbaden GmbH, ein Teil von Springer Nature 2019
K. Sitter, *Geometrische Körper an inner- und außerschulischen Lernorten*,
Landauer Beiträge zur mathematikdidaktischen Forschung,
https://doi.org/10.1007/978-3-658-27999-8_3

„Befähigung zur praktischen Lebensbewältigung

Mathematik verbirgt sich in vielen Phänomenen der uns umgebenden Welt. Schülerinnen und Schüler werden für den mathematischen Gehalt alltäglicher Situationen und Phänomene sensibilisiert und zum Problemlösen mit Hilfe mathematischer Mittel angeleitet. Im Mathematikunterricht erwerben die Schülerinnen und Schüler grundlegende arithmetische, sachrechnerische und geometrische Kenntnisse und Fertigkeiten, die die Teilnahme am gesellschaftlichen Leben ermöglichen, und sie entwickeln die Fähigkeit, mathematische Fragestellungen im Alltag zu erkennen und darüber zu kommunizieren." (Niedersächsisches Kultusministerium, 2006, S. 7)

Was genau unter außerschulischen Lernorten zu verstehen ist und welche Rolle diese dabei konkret im Mathematik- bzw. Geometrieunterricht einnehmen können, soll im Folgenden näher erörtert werden. Nach einer kurzen begrifflichen Einordnung des Themas (Abschnitt 2.1) werden im Abschnitt 2.2 die mit dem Aufsuchen außerschulischer Lernorte verbundenen Chancen und Grenzen aufgezeigt. Ein Anspruch auf Vollständigkeit wird dabei nicht erhoben. Vielmehr dienen die herausgearbeiteten Aspekte exemplarisch hinsichtlich des Für und Wider außerschulischen Lernens. Abschnitt 2.3 verweist auf didaktisch-methodische Planungsüberlegungen. Studien, die sich mit der Wirksamkeit, Gestaltung und Verbreitung des außerschulischen Unterrichts, bezogen auf bestimmte Lernziele, die die Untersuchung erforderlich machen, beschäftigen, werden im Abschnitt 2.4 vorgestellt.

2.1 Begriffliche Klärung

Die pädagogische Verwendung des Begriffs außerschulischer Lernort hat sich in den letzten Jahren stark ausgedehnt. Die Anzahl an Lehr- und Lernformen, die sich die Terminologie außerschulischer Lernorte zunutze machen, ist mittlerweile kaum noch überschaubar (Sauerborn & Brühne, 2010, S. 11 & 25). Mit „Lernen außerhalb des Klassenzimmers", „Unterricht an Außenlernorten", „Exkursionen", „Originalbegegnungen", „Unterrichtsgang", „Draußenunterricht/-schule" oder „Realbegegnungen" sei nur eine beispielhafte Auswahl an Begriffen, die in der deutschsprachigen Literatur zu finden sind, aufgeführt. Die Bandbreite außerschulischer Lernorte sowie die dahinterstehenden Ideen und Konzepte sind heute so vielfältig, dass es schwierig ist, eine klare Begrenzung des Begriffs „außerschulische Lernorte" zu finden (vgl. z. B. Gaedtke-Eckardt, 2007, S. 21 ff.; Gaedtke-Eckardt, 2009, S. 5; Hampl, 2000, S. 7; Sauerborn & Brühne, 2010, S. 11). Beide Bestandteile eröffnen, wie Gaedtke-Eckardt (2007, S. 24) schreibt, „eine räumliche Dimension".

Geht man von der Definition des Deutschen Bildungsrats aus den 1970er Jahren aus, so ist unter *Lernort* „eine im Rahmen des öffentlichen Bildungswesens anerkannte Einrichtung zu verstehen, die Lernangebote organisiert" (Deutscher Bildungsrat 1974, S. 69; Die Deutsche Bildungskommission, 1977, S. 171). Zu solchen Lernorten zählen zum Beispiel Schule, Berufsschule oder auch verschiedene betriebliche Lehrwerkstätten – allesamt Einrichtungen, die vorwiegend didaktisch-methodischen Zwecken dienen und ein zielgerichtetes, formales Lernen[12] initiieren. Heute fasst man den Begriff „Lernort" weiter. Eine Vielzahl an Einrichtungen wie beispielsweise Museen stellen Lernangebote bereit. Gelernt und gelehrt werden kann aber auch an vielen anderen, nicht speziell zum Lernen konzipierten Orten. Indem im Rahmen des Stochastikunterrichts Passanten auf städtischen Plätzen gezählt oder befragt werden, wird beispielsweise die Stadt zum Lernort (Baum, Roth & Oechsler, 2013, S. 4).

Um die Unterschiede deutlich zu machen, unterscheidet Münch (1985, S. 25) nach primären Lernorten, die in erster Linie und ausdrücklich dem Lernen dienen (z. B. Schule, Hochschule, Universität) und sekundären Lernorten, die erst durch den Einbezug in den Unterricht zu Lernorten werden. Unterteilen lassen sich die sogenannten sekundären Lernorte nach Burk und anderen zudem in Orte mit direktem Bildungsauftrag und solche ohne (Burk, Rauterberg & Schönknecht, 2008, S. 11 ff.). Lernorte mit direktem Bildungsauftrag weisen demnach einen pädagogisch-didaktischen Bereich auf. Sie sind adressatengerecht aufbereitet, bieten eine Fülle an Lernanlässen und stehen über einen längeren Zeitraum oder gar dauerhaft mit einem pädagogisch vorstrukturierten Angebot sowie gezielter didaktisch-methodischer Maßnahmen den Lernenden zur Verfügung. Mit dem mathematischen Mitmachmuseum „Mathematikum[13]" in Gießen, dem „Dynamikum[14]" Science Center in Pirmasens oder auch der „PriMa Lernwerkstatt[15]" der Arbeitsgruppe Didaktik der Mathematik für die Primarstufe der Universität Landau seien beispielhaft einige, auch für jüngere Kinder geeignete „Lernstandorte" (Salzmann, 1991, S. 14) für das Fach Mathematik genannt. Orte ohne direkten Bildungsauftrag werden hingegen erst durch besondere Fragestellungen bzw. gezielte Unterrichtseinbindung durch die Lehrkraft zu Lernorten (vgl. Scherer & Rasfeld, 2010, S. 5). Prinzipiell kann damit jeder Ort, an dem sich etwas lernen lässt, zu einem Lernort werden: Die Wiese, der Teich neben der Schule, Parks, Häuser, städtische Einrichtungen und benachbarte Betriebe (vgl. hierzu auch Baar & Schönknecht, 2018, S. 15 ff.).

Die Palette an Möglichkeiten für Lernorte ist groß. Während sich die Lernorte mit direktem Bildungsauftrag und primäre Lernorte noch gut überblicken lassen, scheint die Existenz sekundärer Lernorte ohne direkten Bildungsauftrag hingegen unendlich. Zur Systematisierung bietet die Literatur deshalb verschiedene weitere Vorschläge an (vgl. z. B. Baar & Schönknecht, 2018, S. 21; Jürgens, 1993, S. 5; Jürgens, 2008, S. 110; Mitzlaff, 2004, S. 136; Stock, 1988, S. 54). Dühlmeier (2014, S. 20 f.) oder auch Jürgens (2008, S. 110) merken diesbezüglich jedoch an, dass die Gliederung in thematische Bereiche wie Orte der Natur, Orte der Kultur, Orte der Arbeitswelt und Orte des gesellschaftlichen und politischen Zusammenlebens nicht immer scharf voneinander zu trennen sind. Lernorte in der Natur und in der Arbeits- und Kulturwelt sind so zum Beispiel immer auch Stätten menschlicher Begegnung. Außerdem fehlen zwei, seit

---

[12] Zur begrifflichen Unterscheidung formalen, non-formalen und informellen Lernens vgl. z. B. Baar & Schönknecht, 2018, S. 15.
[13] http://www.mathematikum.de/ [29.11.2018]
[14] http://www.dynamikum.de/index.php [29.11.2018]
[15] https://www.uni-koblenz-landau.de/de/landau/fb7/mathematik/ag/didmathprim/lernwerkstatt [29.11.2018]

Ende der 1990er Jahre stark im Kurs stehende Lernorttypen: Schülerlabore und Science-Center. Dühlmeier (2014, S. 21) schlägt deshalb folgende Systematisierung als „Mischmodell" vor:

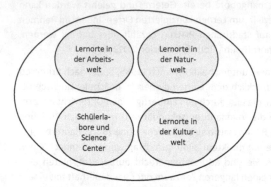

Abbildung 2.1. Mischmodell zur Systematisierung der Lernorttypen nach Dühlmeier (2014, S. 21).

Der Terminus *außerschulisch* wird in Deutschland allerdings nicht nur für den regulären Schulunterricht verwendet, sondern kann auch für Bildungsprozesse in nicht-schulischen und kommunalen Einrichtungen genutzt werden, was eine eindeutige Begriffsbegrenzung zusätzlich erschwert (vgl. z. B. Bleckmann & Durdel, 2009, S. 11 ff.; Coelen, 2009, S. 90 ff.; von Au, 2016a, S. 15).

In der internationalen Literatur wird das außerschulische Lernen als besonderes Konzept vorgestellt und häufig mit Begriffen wie „Outdoor Education", „Outdoor Teaching", „Outdoor Learning", „Learning Outside the Classroom", „Adventure Education" oder auch spezifischeren Unterbegriffen wie „Fieldwork" oder Ähnlichem beschrieben. Der am häufigsten verwendete (Ober-)Begriff stellt dabei der Begriff „Outdoor Education" bzw. „Outdoor Learning" dar, der vielfältige Ansätze wie erfahrungsbezogenes Lernen oder forschendes Lernen berücksichtigt und versucht, verschiedene Ideen und Konzepte unter einem Terminus zusammenzufassen. Auch skandinavische Länder, die mitunter als Outdoor-Vorreiter gelten und in denen landestypische Begriffe existieren (z. B. „udeskole" in Dänemark, „utomhuspedagogik" in Schweden), verwenden diesen Begriff mit dem Ziel, die Zusammenarbeit und Vergleichbarkeit in einem wachsenden und komplexen Praxis- und Forschungsfeld zu erleichtern (von Au, 2016a, S. 14). Eine prägnante und häufig zitierte Definition, die das Verständnis außerschulischen Lernens für die vorliegende Arbeit maßgeblich beeinflusst, stellt unter anderem diejenige von Arne N. Jordet (1998, S. 24 zitiert nach Jordet, 2009, S. 7), einem norwegischen Wissenschaftler, der skandinavische Outdoor-Konzepte entscheidend geprägt hat, dar:

> *"Outdoor learning is a working method where parts of the everyday life in school is moved out of the classroom – into the local environment. Outdoor learning implies frequent and purpose-driven activities outside the classroom.*

*The working method gives the pupils the opportunity to use their bodies and senses
in learning activities in the real world in order to obtain personal and concrete experiences. Outdoor learning allows room for academic activities, communication,
social interaction, experience, spontaneity, play, curiosity and fantasy.*

*Outdoor learning is about activating all the school subjects in an integrated train-
ing where activities out-of-doors and indoors are closely linked together. The pupils
learn in an authentic context: that is, they learn about nature in nature, about society in the society and about the local environment in the local environment.*"

Im Unterschied zum deutschsprachigen Begriff „außerschulischer Unterricht", der wie zu Beginn skizziert auch im Zusammenhang mit Unterricht außerhalb der Schulzeit an anderen In-
stitutionen verwendet wird und zudem nicht selten als etwas *Außer*-gewöhnliches, Einmaliges
gesehen wird, ist „Outdoor Education/Learning" hier folglich gekennzeichnet durch einen regelmäßigen, schulnahen Unterricht außerhalb des Klassenzimmers („outdoor", sprich im
Freien), der Themen des Curriculums zum Inhalt hat und in adäquater Wechselbeziehung zum
Klassenzimmerunterricht steht. Dabei können bei den Lernenden nicht nur Fachkompetenzen
gefördert werden, sondern gleichzeitig je nach Zielsetzung beispielsweise auch personale, so-
ziale oder methodische Kompetenzen. Dahlgren und Szczepanski (2004, zitiert nach Gustafsson, Szczepanski, Nelson & Gustafsson, 2011, S. 3) ergänzen diesen Grundsatz durch das Zusammenspiel von eigenen Erfahrungen und der Reflexion des Erfahrenen: "Outdoor education
is an [...] approach [...] [that] aims to foster learning through the interactions between emo-
tions, actions and thoughts, based on practical observation in authentic situations." Erst dann
werden die in der außerschulischen Lernumgebung gemachten Erfahrungen für die Kinder
lohnenswert, wertvoll und begreifbar.

Zahlreiche Autorinnen und Autoren haben weiterhin Modelle entwickelt, um komplexe Out-
door-Education-Ansätze anschaulich darzustellen. Drei sehr einprägsame Modelle stellen beispielsweise das „Purpose Model" von Higgins & Loynes (1997, S. 6), der „Outdoor Education
Tree" von Priest (1986, S. 15) oder das „Learning Combination Lock Model" von Beard und
Wilson (2002, S. 4) dar, auf die sich auch von Au (2016a, S. 17 ff.) in seinen Ausführungen zur
näheren Charakterisierung von Outdoor Education bezieht. Er selbst legt seiner Untersuchung
das in Abbildung 2.2 dargestellte Outdoor Education-Windrosenmodell zugrunde, das zeigt,
dass mit „regelmäßigem, schulnahem Unterricht außerhalb des Klassenzimmers (je nach per-
sonalen, strukturellen und organisatorischen Möglichkeiten) verschiedene Zieldimensionen
[die Raum für weitere Zielsetzungen lassen] verfolgt werden können" (von Au, 2016a, S. 24;
von Au, 2016b, S. 22). Je nach Zielsetzung kann Outdoor Education mit Hilfe des Modells so
verschiedenen Kategorien wie beispielsweise „nachhaltigkeitsorientierter Outdoor Education" zugeordnet werden.

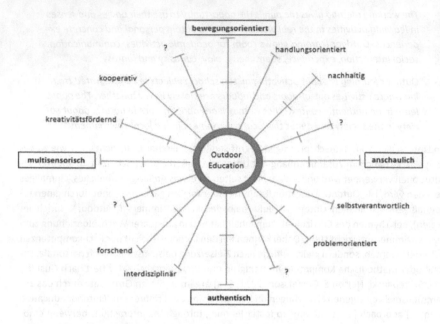

Abbildung 2.2. Outdoor Education-Windrosenmodell nach von Au (2016a, S. 24): Kategorialmodell, das das Verständnis von Outdoor-Education beschreibt.

Rickinson und andere (2004, S. 16) wiederum fassen in einer Übersichtsstudie zu „Outdoor Learning Konzepten" eine Vielzahl an Unterbegriffen zusammen, welche zu drei übergeordneten, in der Schulpraxis häufig umgesetzten und in der Wissenschaft erforschten Kategorien gruppiert wurden:

- *"fieldwork and outdoor visits* – where the focus is on undertaking learning activities, often linked with particular curriculum subjects such as science, geography or environmental studies, in outdoor settings such as field study centres, nature centres, farms, parks or gardens*
- *outdoor adventure education* – where the focus is on participation in outdoor adventurous activities often (but not always) in settings a considerable distance from students' everyday environments, and usually with the primary aim of promoting personal and/or interpersonal growth*
- *school grounds and community-based projects* – where learning activities take place in or near to the school, with a range of curricular, cross-curricular and/or extra-curricular purposes connected to notions of personal and social education, active citizenship, health/environmental action or play."*

Innerhalb der vorliegenden Arbeit liegt der Schwerpunkt auf den sekundären Lernorten ohne direkten Bildungsauftrag. Angelehnt an den international gebräuchlichen und durch Arne N.

Jordet sowie Dahlgren und Szczepanski näher eingegrenzten Begriff „Outdoor Education/Learning" sowie die bei Rickinson und Kollegen formulierte Kategorie der „fieldwork and outdoor visits" als spezifische Untergruppe wird das Verständnis von außerschulischem Lernen (Outdoor Learning) schließlich wie folgt zusammengefasst:

Außerschulisches Lernen ist im Kontext der vorliegenden Arbeit als ein regelmäßiges, in den Schulalltag integriertes Unterrichtskonzept zu verstehen. Es bezieht die unmittelbare, natürliche Lebenswelt der Kinder (als Lernort/Lernumgebung) bei der Vermittlung von Fachinhalten aus dem Bildungsplan mit ein und steht dabei stets in adäquater Wechselbeziehung zum Klassenzimmerunterricht.

2.2. Chancen und Herausforderungen außerschulischer Lernorte

Welche Chancen, Herausforderungen und Schwierigkeiten sich beim Unterricht außerhalb der Schule ergeben können, soll im Folgenden näher erörtert werden.

Eine erste wichtige Argumentationslinie für das Aufsuchen der außerschulischen Lernumgebung liegt in der Ermöglichung von Primärerfahrungen. Im Unterricht werden Inhalte und Problemstellungen allzu oft didaktisch reduziert (sprachlich vereinfacht, der Datenumfang wird verringert, wichtige Parameter werden vernachlässigt, ...), was dazu führt, dass das im Unterricht erworbene Wissen nicht immer adäquat auf alltagsnahe Probleme angewendet werden kann. Lernen außerhalb des Klassenzimmers findet hingegen „in ´echten´, komplexen, ungefilterten, nicht didaktisch reduzierten" Situationen statt (Kohler, 2011, S. 168; vgl. hierzu auch Kleine, Ludwig & Schelldorfer, 2012, S. 2; Scherer & Rasfeld, 2010, S. 5 f.). Die Phänomene stehen den Kindern im Originalkontext zur Verfügung. „Diese Echtheit und Lebensnähe machen das Lernen für die Kinder subjektiv bedeutsam" (Kohler, 2011, S. 168). Primärerfahrungen werden gewonnen, handlungsorientiertes, forschendes und entdeckendes Lernen wird ermöglicht. Durch das Nutzen und Einbeziehen der Lebenswirklichkeit der Kinder kann ein neues, intensives Erleben von Mathematik und im Speziellen auch von Geometrie ermöglicht und eine vertiefte Auseinandersetzung mit unterschiedlichen Inhalten angebahnt werden (vgl. Scherer & Rasfeld 2010, S. 4; von Au, 2016a, S. 33 f.). In der Schule erworbene Kompetenzen können einerseits, wie in zahlreichen Richtlinien gefordert, in außerschulischen Lernsituationen angewendet, überprüft, ausgeweitet und vertieft werden. Andererseits können aber auch Erfahrungen und Erkenntnisse, die an außerschulischen Lernorten gewonnen wurden, für schulisches Lernen genutzt werden, wie beispielsweise die Tatsache, dass es in unserer Umwelt keine Idealkörper gibt.

Darüber hinaus werden die Heranwachsenden in der außerschulischen Lernumgebung in ihrer Ganzheit, Emotionalität und Körperlichkeit, angesprochen (Dühlmeier, 2014, S. 28). Sie sammeln vielfältige Sinneserfahrungen und machen oftmals auch wichtige Sozialerfahrungen. Im Austausch unter Gleichaltrigen über individuelle Vorgehensweisen, Entdeckungen und Erkenntnisse entwickeln die Schülerinnen und Schüler zugleich auf natürliche Weise ihre Kommunikations- und Argumentationskompetenz weiter. Auch Eigenschaften wie Kooperationsfähigkeit, Toleranz, Hilfsbereitschaft, Höflichkeit und Solidarität können durch das Arbeiten in

Gruppen vor Ort verbessert werden (vgl. Dühlmeier, 2014, S. 28). Es werden aber nicht nur kognitive und affektive sowie sozial-kommunikative Zielbereiche erreicht. Auch wichtige Fähigkeiten des Erkenntnisgewinns wie Beobachten, Beschreiben, Protokollieren oder auch Skizzieren werden angesprochen und selbstständiges Lernen gefördert (Dühlmeier, 2014, S. 35 f.; Favre & Metzger, 2013, S. 166; vgl. hierzu auch Kapitel 3).

In Bezug auf verschiedene Lerntypen kann der Einbezug der außerschulischen Lernumgebung weiterhin einen Beitrag für die Weiterentwicklung des zum Beispiel eher holistisch veranlagten Schülers, der beim Lernen eine informelle Lernumgebung bevorzugt, besser mit Bewegung in der großen Gruppe lernt und keinen „Aufpasser" braucht bzw. will, leisten (Prashnig, 2008; von Au, 2016a, S. 34 f.). Im Schulunterricht kommt dieser Lerntyp oft zu kurz.

Ferner unterstützt das Lernen in der außerschulischen Lernumgebung ein angenehmes Lernklima. Der Besuch ist mit positiven Gefühlen verbunden, was sich wiederum positiv auf den Unterricht, das Interesse und die Motivation für bestimmte Fächer und Themen auswirkt und so zu einem intensiven Lernerlebnis sowie nachhaltigen Eindruck führen kann (Bönsch, 2003, S. 5; Scherer & Rasfeld, 2010, S. 6).

Mit Blick auf gesellschaftliche Veränderungen sowie auf die Merkmale und Defizite heutiger Kindheit werden außerschulische Lernsituationen gegenwärtig zunehmend wichtiger und notwendiger (Kohler, 2011, S. 168). Spiel- und Freizeitgestaltung sind heute vielfach geprägt von einer Zunahme an zeitlicher und räumlicher Verplanung. Institutionalisierte Freizeitangebote nehmen zu, die Möglichkeit zur unkontrollierten Aneignung von Umwelt hingegen eher ab (Jürgens, 1993, S. 70). Hinzu kommen der veränderte Umgang mit Medien sowie die Zunahme des Medienkonsums. Die gewachsene Erfahrung von Kindern mit neuen Medien gilt es, in der Schule gewinnbringend aufzunehmen. Gleichzeitig sollte der Unterricht aber auch die damit einhergehende Erfahrungsarmut, den zunehmenden Bewegungsmangel sowie die Handlungsdefizite kompensieren (Kohler, 2011, S. 169; von Au, 2016a, S. 26 & 28 f.). Mit dem Gang nach draußen, dem aktivierenden, bewegungsreichen Unterricht, können Heranwachsende vielfältige Erfahrungs- und Handlungsräume in der direkten Umwelt zurückgewinnen (Hellber-Rode, 2012, S. 145 f.) und dabei – wie zahlreiche Studien bezüglich der Wirkung von Bewegung eindrucksvoll belegen (vgl. z. B. Ch. Graf, Koch & Dordel, 2003, S. 145; Schmidt, Hartmann-Tews & Brettschneider, 2003, S. 127 ff.; Warmser & Leyk, 2003, S. 110) – in ihren kognitiven Leistungen sowie auch in ihrer Konzentrationsfähigkeit positiv beeinflusst werden.

Lernen außerhalb des Klassenzimmers kann das Lernen in der Schule letztendlich also in wichtigen Aspekten bereichern und ergänzen. Es eröffnet zahlreiche Lernchancen, die im Kontext mit einer Reihe aktuell favorisierter Lernprinzipien und Unterrichtskonzepte stehen, wie zum Beispiel dem entdeckenden und forschenden Lernen, dem selbstständigen Lernen oder auch dem offenen, problem- und situationsorientierten Unterricht (Bönsch, 2003, S. 4; Hellber-Rode, 2012, S. 146; Kleine u.a., 2012, S. 2). Nichtsdestotrotz darf nicht vergessen werden, dass außerschulisches Lernen hier nur als Bereicherung von Klassenzimmerunterricht und nicht als das neue „Wunderrezept" für Schulbildung gesehen werden darf (von Au, 2016a, S. 26). Erst durch die Anbindung an den schulischen Unterricht werden die zahlreichen Potenziale fruchtbar (vgl. hierzu Abschnitt 2.3 & 2.4).

Neben den zahlreichen Potenzialen, die mit dem Lernen außerhalb der Schule verbunden sind, beinhaltet das Lernen in der „echten", ungebrochenen Wirklichkeit aber auch mögliche Probleme bzw. Herausforderungen, die es zu bedenken gilt. Wesentliches und Unwesentliches existieren in realen Situationen so zum Beispiel nebeneinander oder sind miteinander vermengt. Eine Garantie dafür, dass sich die Kinder auf das konzentrieren, was im Zentrum steht, gibt es nicht (Dühlmeier, 2014, S. 30; Kohler, 2011, S. 170). Weiterhin kann der gewählte Lernort auch zu einer Überforderung bei den Schülerinnen und Schülern führen, wenn ihr Vorwissen nicht ausreichend ist, um den Wirklichkeitsausschnitt zu erschließen und einzuordnen oder die Problemstellung zu komplex erscheint (Dühlmeier, 2014, S. 30; Gaedtke-Eckardt, 2009, S. 6). Einen weiteren Bereich stellen organisatorische Probleme dar. Der Besuch bedeutet für die Lehrkraft in der Regel ein zusätzlicher Arbeitsaufwand. Neben Absprachen mit Kolleginnen und Kollegen, Schulleitung sowie Eltern muss der gewählte Lernort im Vorfeld gegebenenfalls gesichtet, mögliche Gefahren (zum Beispiel im Straßenverkehr bei einer Stadterkundung) bedacht und Lernmaterialien im Hinblick auf die Lerngruppe durchforstet bzw. erarbeitet werden (Gaedtke-Eckardt, 2009, S. 6; Karpa, Lübbecke & Adam, 2015, S. 16; Kohler, 2011, S. 171). Oft wird die dafür einzusetzende Unterrichtszeit im Vergleich zum Nutzen auch als zu groß betrachtet (Kleine u.a., 2012, S. 2). Eine weitere Herausforderung stellt die Überprüfung der Lernleistung am außerschulischen Lernort dar. Leistungen sind dort schwieriger messbar.

Damit die vielfältigen und intensiven mathematischen Lernmöglichkeiten außerschulischer Lernorte, vor allem bezüglich der authentischen Lebenswirklichkeit der Kinder, tiefergreifend ausgeschöpft, eine angemessene Wechselbeziehung zum Klassenzimmerunterricht entstehen und ein „lebendiges", beziehungshaltiges Wissen erarbeitet werden können, bedarf es folglich sorgfältiger Planungsüberlegungen. Sie sind elementar für gelingende Lernprozesse in der außerschulischen Lernumgebung und stehen im Zentrum des nachfolgenden Abschnittes.

2.3 Didaktisch-methodische Planungsüberlegungen

Ganz wesentlich für gelingende Lernprozesse in der außerschulischen Lernumgebung ist eine adäquate Vernetzung schulischen und außerschulischen Lernens. Dazu gehört eine sorgfältige Vor- und Nachbereitung der Besuche außerschulischer Lernorte im schulischen Unterricht sowie eine zielgerichtete Planung und Organisation der Aktivitäten am Lernort selbst. Denn „die Umwelt mit einer spezifischen Brille zu betrachten, erfordert [...] mehr als die Aufforderung, „draußen ´mal nach Mathe zu suchen", so Ruwisch (2017, S. 2; vgl. hierzu z. B. auch Kohler, 2011, S. 171). Die Schülerinnen und Schüler müssen in den Blick genommen, eine entsprechende Fokussierung von Wahrnehmung und Aufmerksamkeit durch eine klare Aufgabenstellung muss vorgenommen und der Lernprozess in der außerschulischen Lernumgebung mit dem schulischen Lernen adäquat vernetzt werden. Verschiedene Studien (vgl. ausführlich hierzu Abschnitt 2.4) zeigen, dass das Gelingen der jeweiligen außerschulischen Lernsituation hiervon entscheidend abhängt. Vorgeschlagen wird in der didaktischen Literatur deshalb häufig folgender, in Abbildung 2.3 dargestellter Dreischritt (vgl. z. B. Brühne 2011, S. 5; Dühlmeier, 2014, S. 34 f.).

Phase der Vorbereitung
(auf die außerschulische Lernumgebung sowie das Lernen vor Ort)

Phase der Durchführung
(handelnde Auseinandersetzung am Lernort, Ausgestaltung des Lernprozesses)

Phase der Nachbereitung
(Auswertung und Festigung der Erlebnisse, Eindrücke und Erfahrungen)

Abbildung 2.3. Verlaufsstruktur des außerschulischen Lernens nach Brühne (2011, S. 5).

Ziel der *Vorbereitungsphase* ist die Klärung inhaltlicher und organisatorischer Aspekte des Besuchs des außerschulischen Lernorts. Der konkrete Lernort muss ausgewählt und im Vorfeld gegebenenfalls durch die Lehrkraft erkundet werden. Die Zielsetzung muss festgelegt und das Wissen und Können (die Vorerfahrungen, das Basiswissen), welches die Lernenden mitbringen müssen, um produktiv arbeiten und lernen zu können, bedacht werden. Weiterhin sind Absprachen mit Eltern, Kolleginnen und Kollegen sowie der Schulleitung zu treffen und methodische Überlegungen sowie gegebenenfalls Überlegungen zur Leistungsfeststellung durchzuführen (vgl. z. B. Baar & Schönknecht, 2018, S. 90 ff.). Im Hinblick auf den erweiterten, kompetenzorientierten Leistungsbegriff der letzten Jahre, der vielfältige (individuelle) Leistungen miteinbezieht und nicht statisch, sondern dynamisch angelegt ist, sind zahlreiche neue Ansätze der Leistungsbewertung für den offenen Unterricht denkbar (vgl. z. B. Bohl, 2009; F. Winter, Kaiser & Winkel, 2010). Mit dem Lernbegleitbogen, dem Lerntagebuch, dem Forscherheft oder dem Portfolio können für das außerschulische Lernen heute vielfältige kreative Möglichkeiten der Leistungsbeurteilung herangezogen werden (Brühne, 2011, S. 6). Des Weiteren müssen die Tätigkeiten, Arbeitsmethoden und das Verhalten am Lernort gemeinsam mit den Schülerinnen und Schülern im Klassenzimmer geplant sowie die Lernaufgaben und Fragen besprochen werden. Erst dann kann der außerschulische Lernort durch die Kinder aufgesucht und selbstständig in Kleingruppen oder Partnerarbeit im Rahmen der *Durchführungsphase* erkundet werden. Die Handlungsmöglichkeiten bzw. Mittel zum Erkenntnisgewinn am außerschulischen Lernort, die den Lernprozess kognitiv aktivieren und die Lernenden bei der mentalen Verarbeitung von wichtigen Aspekten, Schritten, Phasen und Ergebnissen eigenverantwortlicher Erkenntnisprozesse unterstützen sowie eng mit der Vor- und Nachbereitungsphase zusammenhängen, können dabei ganz unterschiedlich sein (Dühlmeier, 2014, S. 35 f.; vgl. hierzu auch Baar & Schönknecht, 2018, S. 74 ff.): Die Schülerinnen und Schüler können je nach Fragestellung, Beschaffenheit, Lernvoraussetzungen und Zeitrahmen vor Ort beispielsweise Beobachtungen anstellen, Gespräche oder Interviews führen, erste Entdeckungen und Erkenntnisse protokollieren und skizzieren oder auch Interessantes mit dem Fotoapparat festhalten (siehe Abbildung 2.4).

• Betrachten	• Fotografieren	• Protokolle anfertigen
• Beobachten	• Interviews führen	• Tabelle anlegen
• Beschreiben	• Karten zeichnen	• Instrumente einsetzen
• Ereignisse notieren,	• Skizzieren/Zeichnungen	(z. B. Kompass, Zollstock,
Daten sammeln	anfertigen	...)

Abbildung 2.4. Handlungsmöglichkeiten am Lernort in Anlehnung an Dühlmeier (2014, S. 35 f.).

Damit jedoch nicht nur einzelne Phänomene, sondern auch die dazu gehörenden Zusammenhänge und Beziehungen bewusst wahrgenommen und verstanden werden, ist eine sich an den außerschulischen Lernprozess anschließende *Nachbereitungsphase* unabdingbar. Hier sollen die Primärerfahrungen, die Erlebnisse und Erfahrungen vor Ort, in eine sich vernetzende Wissensstruktur gebracht, das neu gewonnene, reguläre Wissen und Können gesichert und eingeordnet sowie die Inhalte reflektiert werden (vgl. z. B. Baar & Schönknecht, 2018, S. 93; Jürgens 1993, S. 4 f.). Der Einsatz von Protokollen als Mittel zum Erkenntnisgewinn am außerschulischen Lernort bietet sich hierzu, wie unter Abschnitt 3.2 noch deutlicher herausgearbeitet wird, besonders an.

Ob und inwiefern die hier vorgeschlagenen Planungsüberlegungen auch tatsächlich in der Unterrichtspraxis umgesetzt werden, soll im nächsten Abschnitt durch die Darstellung verschiedener Forschungsergebnisse untersucht werden.

2.4 Erkenntnisse aus Forschungen zu außerschulischen Lernorten

Zur Wirksamkeit, Gestaltung und Verbreitung außerschulischer Lernorte wurde in den letzten Jahren viel geforscht. Im deutschsprachigen Raum wurden in jüngster Zeit vor allem Untersuchungen zum naturwissenschaftlichen Lernen in Science Centern und Schülerlaboren sowie zu Einstellungen von Lehrpersonen und der Art der Gestaltung des Besuchs durch die Lehrkraft angestellt (Guderian & Priemer, 2008, S. 28; Klaes, 2008b, S. 263). „Trotz der nur bedingt vergleichbaren Konzepte und Operationalisierungen untersuchter Variablen" (Guderian & Priemer, 2008, S. 28) lassen sich Erkenntnisse für die vorliegende Arbeit ableiten. So zeigen sich hinsichtlich affektiver Persönlichkeitsmerkmale beispielsweise eher kurz- und mittelfristige Effekte. Eine anhaltende Interessensteigerung ist bei Schülerinnen und Schülern nicht festzustellen, wenngleich das Interesse in der Regel direkt nach den Besuchen durchaus gestiegen ist (vgl. hierzu z. B. Brandt, 2005; Engeln, 2004; Guderian, 2007; Guderian & Priemer, 2008; Scharfenberg, 2005). Die Ergebnisse Guderians (2007, S. 167 ff.) lassen jedoch vermuten, dass durch eine adäquate Einbindung der Besuche in den Klassenzimmerunterricht eine Stabilisierung des Interesses möglich ist. In Bezug auf kognitive Effekte zeichnet sich ein ähnliches Bild ab. So stellten unter anderem Lewalter und Geyer (2005, S. 781) nach einer Analyse des Forschungsstandes zu schulischen Museumsbesuchen im naturwissenschaftlichen Bereich fest, dass durch Museen und Science Center kognitive Prozesse bei Schülerinnen und Schülern gefördert werden können. Höhe und Ausprägung der Lernwirksamkeit hängen aber auch hier wieder in erheblichem Maße von den Rahmenbedingungen und Gestaltungsaspekten der Besuche (wie Einbettung in den Unterricht, Gestaltungsmethoden vor Ort) ab. So zeigten zum Beispiel D. Anderson und Lucas (1997), D. Anderson (1999) oder auch Orion und Hofstein

(1994), dass insbesondere die Vor- und die Nachbereitung der Besuche von grundlegender Bedeutung sind. Als besonders lernförderlich hat sich außerdem der konkrete Lehrplanbezug und damit verbunden die feste Einbindung der außerschulischen Besuche in die jeweilige Unterrichtseinheit herausgestellt (Orion & Hofstein, 1994). Ergebnisse von Untersuchungen zur tatsächlichen Einbettung und Gestaltung von Besuchen in den Unterricht geben jedoch Hinweise darauf, dass die unterrichtliche Vor- und Nachbereitung der Besuche insgesamt oft in einem nur unzureichenden Maße stattfindet (Klaes, 2008a, S. 128 ff. & 207 ff.). Die Mehrheit der bei Engeln (2004, S. 126) untersuchten Probanden (über 85 Prozent) berichteten so beispielsweise von nur wenig oder gar keiner Vorbereitung der Besuche des Schülerlabors. Ähnliches zeigte sich auch für die Nachbereitung. Hier gab lediglich ein Viertel der Schülerinnen und Schüler eine ausführliche Aufarbeitung der Inhalte im späteren Unterricht an (Engeln, 2004, S. 127 f.). Wenn Besuche zu außerschulischen Lernorten vorbereitet werden, dann vor allem hinsichtlich organisatorischer Aspekte (Griffin & Symington 1997, S. 769; Tal, Bamberg & Morag, 2005, S. 926). Nachbereitungen erfolgen hingegen oft zu kurz und unsystematisch sowie in Form von abschließenden Diskussionen und Frage-Antwort-Sitzungen (Storksdieck, 2004, S. 16; Storksdieck, Kaul & Werner, 2006, S. 45 ff. zitiert nach Klaes, 2008a, S. 134 f.). Spezifische Themen werden kaum bis gar nicht systematisiert oder vertieft (Tal u.a., 2005, S. 928). Was die konkrete Gestaltung des Lernprozesses vor Ort betrifft, so stellten Griffin und Symington (1997, S. 773 & 775) oder auch Kisiel (2003, S. 9) außerdem fest, dass das Lernen dort häufig „verschult" abläuft. Es werden Lehrstrategien angewendet, die denen in der Schule sehr ähnlich sind und Arbeitsaufträge gegeben, die stark aufgabenorientiert sind. Die Möglichkeiten des informellen Lernens werden folglich nicht optimal genutzt. M. Wilde (2004) bzw. M. Wilde, Urhahne und Klautke (2003) weisen ferner daraufhin, dass je nach Unterrichtsziel verschiedene Lernumgebungen unterschiedlich effektiv sein können. „Sollen planbar viele Inhalte vermittelt werden, die nach kurzer Zeit im zur Lernsituation ähnlichen Kontext abzuprüfen sind, führen kleinschrittige instruktionale Vorgaben zu recht guten kognitiven Erfolgen" (M. Wilde, 2004, S. 208). Geht es hingegen eher um einen Unterricht, der höhere kognitive Anforderungen an die Lernenden stellt, wie etwa die Selbstorganisation der Lernprozesse oder die Anwendung von Wissen, kann eine Mischung aus Konstruktion und Instruktion besonders anregend sein (M. Wilde, 2004, S. 207; M. Wilde u.a., 2003, S. 132). Das gilt im übertragenen Sinne auch für den schulischen Kontext.[16]

Was die Einbeziehung der unmittelbaren, natürlichen Lebenswirklichkeit der Kinder bei der Vermittlung von Fachinhalten aus dem Bildungsplan betrifft, so liefert unter anderem eine von Fägerstam und Blom (2012) in einer schwedischen High School mit Kindern im Alter von 13 bis 15 Jahren durchgeführte Untersuchung interessante Erkenntnisse für die vorliegende Arbeit. Im Vergleich zur Kontrollgruppe, die von den sechs geplanten Outdoor-Biologiestunden lediglich ein bis zwei Stunden im Freien verbrachte und sonst inhaltsgleich im Klassenzimmer unterrichtet wurde, zeigten sich bei der Interventionsgruppe deutliche Vorteile in Bezug auf den Lernerfolg. So erinnerten sich die Outdoor-Kinder selbst nach fünf Monaten noch wesentlich

---

[16] Eine umfassende Zusammenschau zum Stand der Forschung in diesem Bereich bietet u. a. Klaes, 2008a, S. 104 ff.)

differenzierter an die am außerschulischen Lernort vermittelten Inhalte und Erfahrungen als die vergleichbare Gruppe der Indoor-Kinder:

„The pupils in the outdoor classes gave richer descriptions of their experiences during the lessons. The outdoor context had a big impact on their long-term memory and they clearly remembered and discussed both the activities and the contents in an integrated way [...] The indoor classes talked about content and activities but seldom related them to each other. They were separate memories." (Fägerstam & Blom, 2012, S. 14 f.)

In Bezug auf affektive Merkmale kann festgehalten werden, dass die Schülerinnen und Schüler durchweg über positive Erfahrungen bezüglich des außerschulischen Lernens berichteten: Sie genossen die Arbeit an der frischen Luft, fühlten sich aktiver und aufmerksamer, der Unterricht im Freien war für sie abwechslungsreich und führte zu tieferem Verständnis (Fägerstam & Blom, 2012, S. 11 ff.). Positive Effekte hinsichtlich kognitiver wie auch affektiver Aspekte beschreibt auch das Heidelberger Draußenschule-Projekt „Ein Jahr im Wald", bei dem Schülerinnen und Schüler einer fünften Klasse an einem Schultag in der Woche ihren Unterricht in den Naturwissenschaften Biologie und Geographie sowie den Fächern Naturphänomene und Sport im Wald erlebten. Auch hier zeigten sich im Vergleich zur Kontrollgruppe, für die der Unterricht regulär im Schulgebäude stattfand, bereits nach kurzer Zeit des Draußenunterrichts deutliche Unterschiede in Bezug auf die Lernmotivation und die Transferleistungen der gelernten Inhalte. Die Wald-Schülerinnen und -Schüler schilderten ihre Erlebnisse ausführlicher, stellten einen emotionalen Bezug her und antworteten vermehrt in ganzen Sätzen, wohingegen Kinder im Regelunterricht ohne erkennbaren Anwendungsbezug weitestgehend Fakten auswendig lernten (Dettweiler & Becker, 2016, S. 102 ff.). Dass auch mathematische Inhalte das Potenzial haben, gewinnbringend in außerschulische Lernprozesse miteinbezogen zu werden, zeigen unter anderem Moffet (2011), Noorani und andere (2010) oder Fägerstam und Samuellson (2012) bzw. Jordet (2010). Während Moffet (2011) sowie Noorani und andere (2010) insbesondere positive Einstellungen von Schülerinnen und Schüler gegenüber Outdoor-Learning-Konzepten konstatierten, bestätigten Fägerstam und Samuellson (2012) sowie Jordet (2010) auch dessen Wirkung. In einem Prä-Post-Test-Kontrollgruppendesign verglichen Fägerstam und Samuellson die arithmetischen Leistungen 13-jähriger Schülerinnen und Schüler einer Junior High School in Schweden und stellten dabei fest, dass trotz anfänglich signifikanter Unterschiede im kognitiven Wissensbereich der Lernzuwachs im Rahmen der zehnwöchigen Intervention bei der Experimentalgruppe, die zusätzlich draußen unterrichtet wurde, deutlich steiler verlief als der der Kontrollgruppe (Fägerstam & Samuellson, 2012, S. 6). Jordet (2010), der Ergebnisse bei Kindern einer norwegischen Grundschule, die regelmäßig in Mathematik und anderen Fächern außerschulisch unterrichtet werden, analysierte, kommt zu folgendem Ergebnis: „Outdoor teaching had the potential to facilitate problem-based and practical, as well as cooperative and creative ways of learning in primary school." (zitiert nach Fägerstam und Samuellson, 2012, S. 2)

Einen zusammenfassenden Eindruck der Wirksamkeit außerschulischer Lernprozesse in der unmittelbaren, natürlichen Lebenswirklichkeit findet man bei Rickinson und Kollegen (2004).

Die Autoren fassen für die Kategorie der „fieldwork and outdoor visits" folgende Erkenntnis zusammen:

"Substantial evidence exists to indicate that fieldwork, properly conceived, adequately planned, well-taught and effectively followed up, offers learners opportunities to develop their knowledge and skills in ways that add value to their everyday experiences in the classroom.

[...]

Specifically, fieldwork can have a positive impact on long-term memory due to the memorable nature of the fieldwork setting. Effective fieldwork, and residential experience in particular, can lead to individual growth and improvements in social skills. More importantly, there can be reinforcement between the affective and the cognitive, with each influencing the other and providing a bridge to higher order learning." (Rickinson u.a., 2004, S. 24)

Wieder wird deutlich: Außerschulische Lernorte und hier im Besonderen der Einbezug der unmittelbaren, natürlichen Lebenswelt der Kinder sind durchaus in der Lage, positive Effekte im Sinne langfristiger Wirkung zu erzielen, sofern der Unterricht gut geplant sowie ausreichend vor- und nachbereitet wird. Die in diesem Zusammenhang von den Autoren betrachteten Studien beschränken sich aber auch hier wieder vorwiegend auf umweltbezogene, naturwissenschaftliche Lernprozesse im Sekundarstufenbereich. Welchen Einfluss ein außerschulischer Lernort ganz konkret im Vergleich zum Geometrieunterricht, der ausschließlich im Klassenzimmer erfolgt, auf den Lernerfolg jüngerer Schülerinnen und Schüler nimmt, bleibt weitestgehend offen. Zwar gibt es bereits heute verschiedene Unterrichtsvorschläge, die außerschulische Lernumgebung auch bei der Bearbeitung geometrischer Inhalte direkt miteinzubeziehen (vgl. z. B. Ladel, 2009; Minetola, Serr & Nelson, 2012; Nitsch, 2002), genutzt wird die außerschulische Lernumgebung in der alltäglichen Unterrichtspraxis gegenwärtig jedoch kaum bis gar nicht (vgl. Fägerstam & Samuelsson, 2012, S. 1; Wendel, 2014, S. 34).

Angesichts des Quellenstudiums könnte man vermuten, dass das außerschulische Lernen im Primarbereich vor allem zur gängigen Praxis im Sachunterricht gehört. Selbst hierzu gibt es jedoch Aussagen, die dies widerlegen: „Exkursionen erfreuen sich bei Grundschullehrerinnen und Grundschullehrern einer großen theoretischen Zustimmung, bleiben im Schulalltag aber eine seltene Sonderveranstaltung" (Mitzlaff, 2004, S. 140). Eine von Burk und Claussen (1998a) durchgeführte Erhebung bestätigt dieses Bild. Hier stimmten etwa 75 % der Befragten der Aussage „Lernorte außerhalb der Schule werden immer weniger und seltener in den Unterricht der Grundschule einbezogen und haben nur noch eine Randbedeutung" zu (Burk & Claussen, 1998a, S. 165). Neuere Befunde zur tatsächlichen Häufigkeit, mit der Lernorte im Primarbereich aufgesucht werden, gibt es hierfür nicht.

Auch in Bezug auf die Wirksamkeit außerschulischer Lernprozesse in Verbindung mit mathematischen Themen existieren nur sehr wenige empirische Studien: "There is limited research (or possibly no research) that examines the influence on performance on mathematics learning in an outdoor context" (Fägerstam & Samuelsson, 2012, S. 10, vgl. hierzu auch Baar & Schönknecht, 2018, S. 168).

3 Protokolle als Werkzeug für nachhaltigen Erkenntnisgewinn

Um wesentliche Erkenntnisse eines selbstständigkeitsorientierten, forschenden Erkenntnisprozesses in einer außerschulischen Lernumgebung in geeigneter Weise festzuhalten, sollten den Lernenden angemessene Werkzeuge zur Verfügung stehen. Beim mathematischen Erkenntnisprozess ist insbesondere die Fähigkeit wesentlich, Vorgehensweisen und Ergebnisse festzuhalten und so für weitere Verarbeitungsprozesse verfügbar zu machen. Als zentrales Mittel zur Reflexion und Schematisierung von Lernprozessen und ihren Ergebnissen sind Protokolle geeignet (Dörfler, 1989, S. 140). Was genau darunter zu verstehen ist (Abschnitt 3.1), welche Bedeutung das Protokollieren für einen nachhaltigen Erkenntnisgewinn haben kann (Abschnitt 3.2) und welche Protokollierhilfen sich dabei konkret ergeben (Abschnitt 3.3), soll im Folgenden näher dargestellt werden.

3.1 Begriffliche Klärung

Der Begriff *Protokoll* wird im alltäglichen Gebrauch sowie in der Schulpraxis oft unterschiedlich verwendet und definiert. Je nach Anlass und Nutzen des Protokolls ergeben sich verschiedene Protokolltypen. Eine erste grundlegende allgemeine Übersicht über die verschiedenen Protokolltypen bietet unter anderem Moll (2001, S. 27 ff.; 2003, S. 73). Eine Übersicht in Bezug auf den naturwissenschaftlichen Unterricht findet man bei Engl (2017, S. 6 ff.).

Im primarstufenbezogenen, mathematischen Bildungsbereich tauchen die Begriffe *Protokoll* bzw. *Protokollieren* nicht bzw. nur bedingt auf. Hier stößt man im Zusammenhang mit eigenständigen Verschriftlichungen vermehrt auf Bezeichnungen wie „Lerntagebuch" (Bartnitzky, 2004), „Reisetagebuch" (Gallin & Ruf, 1993 & 1998), „Lernwegebuch" (Selter & Sundermann, 2006, S. 62 ff.), „Forscherheft" (Schütz, 1994; Anders & Oerter, 2009; Perter-Koop, Selter & Wollring, 2002; Kehlbeck-Raupach, 2009) oder Ähnliches. Die dahinter stehenden Konzepte bzw. die Bedeutung sind allerdings nahezu identisch: In der Regel handelt es sich um Hefte, in die die Schülerinnen und Schüler schriftliche Eintragungen sowohl zu inhaltlichen Fragestellungen des Unterrichts (auf der kognitiven Ebene) als auch zur Reflexion ihres eigenen Lernweges sowie -verhaltens (auf der metakognitiven Ebene) vornehmen. Frequenz und Umfang der einzelnen Eintragungen oder das Ausmaß an inhaltlicher Vorstrukturierung können dabei je nach Inhaltsbereich und Zielsetzung erheblich variieren. (vgl. u.a. Bertold, Nückles & Renkl, 2003; Gallin & Ruf, 1993 & 1998; Hußmann, 2010, S. 75; Rathgeb-Schnierer & Schütte, 2009; Renkl, Nückles, Schwonke, Berthold & Hauser, 2004)

Erfolgt ein einmaliger Eintrag, schlagen Nückles, Schwonke, Berthold und Renkl (2004) in Anlehnung an den Lerntagebuchbegriff die Bezeichnung „Lernprotokoll" (englisch: learning protocol) vor (vgl. hierzu auch Renkl u.a., 2004, S. 101).

Dörfler (1989, S. 140 f.; 2003, S. 81 f.) wiederum versteht unter dem Begriff „(Handlungs-)Protokoll" ein kognitives und kommunikatives Mittel, das wesentliche Schritte, Phasen, Bedingungen, Ergebnisse und Produkte von Handlungen erfasst. Er geht dabei von einer weithin

© Springer Fachmedien Wiesbaden GmbH, ein Teil von Springer Nature 2019
K. Sitter, *Geometrische Körper an inner- und außerschulischen Lernorten*,
Landauer Beiträge zur mathematikdidaktischen Forschung,
https://doi.org/10.1007/978-3-658-27999-8_4

geteilten epistemologischen Position aus, die besagt, dass zahlreiche und vor allem die grundlegenden mathematischen Begriffe und Verfahren ihre genetischen Wurzeln in menschlichen Handlungen und deren (reflektiver) Abstraktion und Schematisierung haben (Dörfler, 2003, S. 81 f.; 2012, S. 45 f.; vgl. hierzu auch Abschnitt 1.3.1.4 Begriffsbildung Winter). Eine Möglichkeit, um zwischen den konkreten Handlungen, aus denen mathematische Begriffe entwickelbar sind, und den mathematischen Begriffen zu vermitteln, sieht er in der Erstellung von Notizen, Aufzeichnungen und Beschreibungen wichtiger Aspekte und Erkenntnisse ihrer Handlungen, also kurzum in der Anfertigung eines Protokolls der jeweiligen Handlung (Dörfler, 2003, S. 82). Neben stichwortartig aufgeschriebenen Erkenntnissen können dabei auch ausführliche Texte, Skizzen, tabellenartige Darstellungen oder dergleichen enthalten sein.

Diese Begriffsbestimmung wird in der vorliegenden Arbeit zugrunde gelegt: Wird das Wesentliche eines selbstständigkeitsorientierten, forschenden Erkenntnisprozesses in einer außerschulischen Lernumgebung in relativ freier Form mit Hilfe sprachlicher Beschreibungen, Skizzen, Symbolen, Tabellen oder anderen Inskriptionen erfasst sowie geeignet festgehalten und dargestellt, wird im Folgenden von *Protokollen* gesprochen und die entsprechende Fähigkeit wird *Protokollieren* genannt.

3.2 Bedeutung des Protokollierens für den Lernprozess

Schreiben und Protokollieren im engeren Sinne haben eine ganze Reihe von positiven Auswirkungen auf den Lernprozess und die Verständnisentwicklung (Roth, Schumacher & Sitter, 2016, S. 195). So führen unter anderem Morgan (1998) oder auch Bossé und Faulconer (2008) zahlreiche Studien an, die positive Effekte des Schreibens von Texten auf das Lernen von Mathematik belegen. Auch in der Lerntagebuch-Forschung gibt es mittlerweile zahlreiche Belege für das lernförderliche Potenzial eigenständiger Verschriftlichungen (für eine erste Übersicht vgl. z. B. Gläser-Zikuda, Rohde & Schlomske, 2010).

Ein erster, wesentlicher Vorteil wird insbesondere in der *intensiven, vertiefenden Auseinandersetzung mit fachlichen Inhalten* gesehen (vgl. z. B. Bossé & Faulconer, 2008, S. 9; Dörfler, 2003, S. 82 f.; Goetz & Ruf, 2007, S. 133 ff.; Kretschmer, 2009, S. 4; Kuntze & Prediger, 2005, S. 4; Link, 2012, S. 20 f.; H. Maier, 2000, S. 13; Renkl u.a., 2004, S. 102). Mit Hilfe sprachlicher Beschreibungen, Skizzen, Symbolen, Tabellen oder auch anderen Inskriptionen können die Schülerinnen und Schüler auf individuelle Art und Weise über Lernprozesse nachdenken, sie verarbeiten, (re-)konstruieren und organisieren (Dörfler, 2003, S. 83). Dabei kann davon ausgegangen werden, dass die neuen Lerninhalte tiefer durchdrungen und ein besserer bzw. differenzierterer Blick auf wichtige mathematische Eigenschaften und Zusammenhänge erreicht wird (Holzäpfel, Glogger, Schwonke, Nückles & Renkl, 2009; Siebel, 2004). Gleichzeitig werden durch den Akt der Versprachlichung bzw. Verschriftlichung die neuen Lerninhalte mit vorhandenen Wissensstrukturen verknüpft und der Prozess der Äußerung verlangsamt. Die Lernenden erhalten dadurch ausreichend Zeit, „ihre Beobachtungen zu strukturieren, ihre Gedanken zu sammeln sowie sorgfältig und überlegt darzustellen" (H. Maier, 2000, S. 13; vgl. auch Goetz & Ruf, 2007, S. 145). Das implizite Wissen wird explizit und dadurch dem Bewusstsein reflexiv verfügbar (Hübner, Nückles & Renkl, 2007, S. 121).

Lernpsychologische Studien gehen zudem davon aus, dass das Verschriftlichen – der Elaboration des Lerngegenstandes wegen – die Behaltens- und Lernleistungen unterstützt sowie zu einem besseren Erinnern und einem tieferen Verständnis und der Verinnerlichung des Lerngegenstandes führt (vgl. z. B. J. R. Anderson, 2007, S. 230 ff.). „Das gesprochene Wort ist – einmal ausgesprochen – nur über Tonträger wieder reproduzierbar" (Laakmann, 2013, S. 17).

Die Protokollierung mathematischer Phänomene gewinnt durch die Aufzeichnung hingegen an Stabilität und Dauerhaftigkeit und kann somit auf vielfältige Weise zum *Ausgangspunkt vertiefender Reflexionsphasen* sowie für die *Weiterarbeit im Unterricht* genutzt werden (vgl. z. B. Dörfler, 1989, S. 140 f; Dörfler, 2003, S. 83; B. Wittmann, 2009, S. 8 f.; Kuntze & Prediger, 2005, S. 4; Link, 2012, S. 21). Die Schülerinnen und Schüler können an ihre zu einem früheren Zeitpunkt niedergeschriebenen Gedanken und Ideen anknüpfen, sie gegebenenfalls überarbeiten, erweitern und verbessern. Die Lehrerinnen und Lehrer hingegen gewinnen wichtige Einblicke in die Vorstellungen und das Verständnis der Lernenden, die im weiteren Unterricht berücksichtigt und gegebenenfalls zur individuellen Leistungsbeurteilung herangezogen werden können. (Goetz & Ruf, 2007, S. 133 ff.; Kuntze & Prediger, 2005, S. 5; Link, 2012, S. 21; H. Maier, 2000, S. 13; Renkl u.a., 2004, S. 102; Selter, 1996, S. 19; Swinson, 1992; S. Wilde, 1991, S. 42)

Neben der Funktion als Denkwerkzeug fungieren Protokolle zudem als *Kommunikationsmittel mit anderen Lernenden oder auch Lehrenden* über den Lernprozess (Link, 2012, S. 24; Selter, 1996, S. 19; Goetz & Ruf, 2007, S. 133). Entdeckungen, Gedanken und Ideen können ausgetauscht, Bemühungen zur genaueren begrifflichen Beschreibung gegebenenfalls angestoßen oder ein vertiefendes Gespräch in Gang gesetzt werden (Link, 2012, S. 24; Selter, 1996, S. 19). Das Protokoll erfüllt also eine doppelte Funktion: Es ist zugleich kognitives und kommunikatives Denk- und Ausdrucksmittel für die Reflexion und Schematisierung von Lernprozessen und ihren Ergebnissen (Dörfler, 2003, 82 ff.). Diese beiden Funktionen lassen sich nicht voneinander isolieren, sondern befruchten sich gegenseitig.

Dass sich die Lernenden durch das Schreiben in Reisetagebüchern bzw. Mathematikjournalen nicht ausschließlich mit den Inhalten beschäftigen, sondern auch ihr *strategisches Vorgehen reflektieren und erweitern,* stellten unter anderem Gallin und Ruf (1993 & 1998) fest. Der Prozess des Protokollierens kann bei den Lernenden also auch dazu führen, sich beim eigenen Denken zuzuschauen sowie Denkprozesse und Lösungsideen in eine für andere verständliche Form zu bringen (Dedekind, 2012, S. 26; Selter, 1996, S. 19). Schweiger (1996, S. 44 ff.) betont in diesem Zusammenhang, dass das Bemühen um Verständigung mit Anderen den Lernprozess kognitiv aktivieren und unterstützen kann, ein Aspekt, der auch beim Protokollieren von Bedeutung ist.

Zusammenfassend lässt sich festhalten, dass Protokolle zugleich Träger von Wissen, Kommunikationsmittel und Mittel der Metakognition sind. Über die angestrebte Vertiefung des Wissens hinaus kann von den Schülerinnen und Schülern das eigene Lernen sinnvoll reflektiert werden. Zudem können durch die Lehrenden wichtige Einblicke in die Lernprozesse der Kinder gewonnen werden. Damit sind Protokolle insbesondere im Rahmen eigenverantwortlicher Lernprozesse von elementarer Bedeutung. Sie helfen den Schülerinnen und Schülern essenziell bei der Verarbeitung und Reflexion von selbstständigkeitsorientierten Lernprozessen und werden so zum Mittel nachhaltiger Erkenntnisgewinnung.

Ohne gezielte Anregung schöpfen Schülerinnen und Schüler das Potenzial eigenständiger Verschriftlichungen jedoch häufig nicht aus (Hübner u.a., 2007, S. 120; Morgan, 1998, S. 37 ff.). Mögliche Maßnahmen zur Verbesserung des Protokollierens sollen deshalb im nachstehenden Abschnitt näher beleuchtet werden.

3.3 Einsatz von Protokollierhilfen

Um den Einsatz von Protokollen im schulischen Kontext möglichst fruchtbar zu gestalten, werden in der fachdidaktischen Literatur und Forschung verschiedene Protokollierhilfen vorgeschlagen.

In der Lerntagebuch-Forschung haben sich *Prompts* (engl. Anregungen) als sehr nützliche Unterstützungsmaßnahme für Lernende und als eine strukturgebende Hilfe beim selbstständigen Erarbeiten mathematischer Inhalte herausgestellt. Hierbei handelt sich um Aufforderungen in Form von offenen Leitfragen, vorstrukturierten Satzanfängen, Tipps und Ähnlichem, die Lernende zu produktiven Lernaktivitäten bzw. zum produktiven Protokollieren anregen sollen. Man geht dabei davon aus, dass ein durch Prompts angeleitetes Protokollieren zu besseren Lernergebnissen sowohl auf Prozess-, Lernerfolgs- und motivationaler Ebene führt (vgl. z. B. Berthold, Nückles & Renkl 2004 & 2007; Glogger, Holzäpfel, Schwonke, Nückles & Renkl, 2008; Glogger, Schwonke, Holzäpfel, Nückles & Renkl, 2008; Hübner u.a., 2007; King 1992; Marschner, Thillmann, Wirth & Leutner, 2012; Reigeluth & Stein 1983). Das Schreiben von Protokollen wird durch den Einsatz von Prompts unterstützt, spezielle Aspekte noch einmal bewusst fokussiert und reflektiert und so der Wissenserwerb erhöht (Haug, 2012, S. 51 f.; Hübner u.a., 2007). Die Freiburger Psychologen Nückles, Hübner und Renkl (2006) stellten in diesem Zusammenhang allerdings fest, dass der positive Effekt der Prompts nur kurzfristig erhalten bleibt. Im längerfristigen Einsatz hatte die Vorgabe von Prompts bei Studierenden nicht mehr den gleichen Einfluss. Im Gegenteil: Prompts wirkten nicht mehr als „Strategie-Aktivatoren", sondern vielmehr als „Strategie-Inhibitoren" (vgl. hierzu auch Hübner u.a., 2007, S. 130 ff.). Der Grund dafür wird in einer Überdidaktisierung des Lerntagebuchschreibens vermutet (Hübner u.a., 2007, S. 131 ff.). Eine Möglichkeit, um die auf längere Sicht hemmenden Effekte der Prompts zu mindern, sieht das Forscherteam in einer so genannten „Fading-Prozedur", bei der Prompts nach einer gewissen Einarbeitungsphase im weiteren Verlauf des Unterrichts in Abhängigkeit vom individuellen Kompetenzzuwachs auf Seiten des Lernenden ausgeblendet oder schrittweise zurückgefahren werden (vgl. hierzu auch Haug, 2012, S. 51 f.). Was die Einarbeitungsphase betrifft, so hat sich weiterhin eine sorgfältige Einführung in das Lerntagebuch, bei der die Lernenden über den Sinn und Zweck der durch die Prompts angeregten Lernstrategien informiert wurden (Stichwort: „informiertes Promting") bzw. ein exemplarischer Lerntagebucheintrag zur ersten Orientierung an die Hand bekamen, als besonders wirksam erwiesen (Nückles, Hübner, Glogger, Holzäpfel, Schwonke & Renkl, 2010, S. 43 ff.). In beiden

Versuchsgruppen führten die einführenden Maßnahmen zu einer Verbesserung des Lerner-folgs (Nückles u.a., 2010, S. 47). Den größten Lernerfolg zeigte die Gruppe, die beide Maßnah-men erhalten hatte. (vgl. hierzu auch Krämer, 2011)

Die Effektivität des Protokollierens bzw. die Auswirkungen des Einsatzes von Prompts auf den Lernerfolg insbesondere von jüngeren Kindern sind bisher allerdings nur wenig erforscht. Wel-che Kompetenzen darüber hinaus maßgeblich zu einer erfolgreichen Erkenntnisgewinnung in eigenverantwortlichen Lernprozessen beitragen und wie diese bei Lernenden gemessen und in der Folge geschult werden können, dazu gibt es bisher kaum empirische Befunde (vgl. Engl u.a., 2015, S. 224 f.).

Verboom (2004) schlägt als weitere Protokollierhilfe im mathematischen Schreibprozess die Arbeit mit einem *Wortspeicher* vor, bei der die notwendige Begriffe zur Beschreibung der gerade im Unterricht behandelten Inhalte (im zitierten Fall der Beschreibung von Zahlenmustern) den Kindern als Angebot über ein Plakat zur Verfügung gestellt und im Unterrichtsverlauf gegebe-nenfalls durch weitere aufkommende Begriffe erweitert werden. Eine weitere mögliche Diffe-renzierungsmaßnahme sieht sie außerdem in *vorstrukturierten Aufgabenstellungen*, bei de-nen Beispielantworten, Lückentexte, Satzanfänge oder Auswahlmöglichkeiten vorgegeben sind (Verboom, 2004, S. 11; Verboom 2007, S. 176 f.).

Krauthausen (2007, S. 1031) setzt im Zusammenhang mit dem Schreiben von Texten im Ma-thematikunterricht auf eine *vertiefende (Weiter-)Arbeit an den schriftlichen Eigenproduktio-nen* der Kinder im Unterricht und dabei auf eine Auseinandersetzung mit insbesondere auch sprachlichen Qualitätskriterien. Er erhofft sich dadurch langfristig „länger[e] und substanziel-ler[e]" Texte (Krauthausen, 2007, S. 1031).

Eine im Zusammenhang mit Versuchsprotokollen im naturwissenschaftlichen Unterricht ein-gesetzte Protokollierhilfe stellt die *1-2-4-Alle-Methode* dar (Witteck & Eiks, 2004). Hier geht es darum, dass jeder Schüler bzw. jede Schülerin zunächst sein bzw. ihr eigenes Protokoll ver-fasst, welches anschließend vom jeweiligen Sitznachbar „korrigiert" und in einem zweiten Schritt mit einem weiteren Schülerpaar besprochen sowie letztlich durch Zerschneiden neu geordnet wird. Das Gesamtergebnis wird auf einem Overhead-Projektor der Klasse präsentiert und mit weiteren Ansätzen in Beziehung gesetzt. Empirisch belegen konnten die Autoren die Fortschritte beim Erstellen solcher Versuchsprotokolle allerdings nicht.

II Empirischer Teil

Der zweite Teil der Arbeit beschreibt die vorliegende empirische Untersuchung. In Kapitel 4 werden die auf dem vorgestellten theoretischen Hintergrund basierenden Ziele, Forschungsfragen und Hypothesen der Untersuchung dargelegt. Zu welchen methodischen Überlegungen und Entscheidungen dies geführt hat, wird in Kapitel 5 geschildert. Das gewählte Unterrichtskonzept und das Untersuchungsdesign werden vorgestellt, die Datenerhebung sowie – erfassung offen gelegt. Darüber hinaus wird die Durchführung der Untersuchung näher erläutert und die vorliegende Stichprobe charakterisiert. Hinweise und Begründungen zur Auswahl der für die Auswertung verwendeten statistischen Methoden schließen sich an. Im Ergebniskapitel (Kapitel 6) werden in Bezug auf die Forschungsfragen die Hypothesen beantwortet und im Kapitel 7 diskutiert. Implikationen für die Praxis sowie einen Ausblick runden den empirischen Teil und somit die vorliegende Arbeit ab.

4 Zielsetzung, Fragestellungen und Hypothesen

Im Zentrum der Untersuchung steht eine experimentelle Interventionsstudie im Geometrieunterricht der vierten Jahrgangsstufe, die auf den im ersten Teil der Arbeit dargestellten theoretischen Ausführungen basiert und im Kapitel 5 genauer erläutert wird. In den folgenden Abschnitten werden die Ziele, die mit dem Experiment verbunden sind, beschrieben (Abschnitt 4.1) und im Anschluss daran die Forschungsfragen sowie Hypothesen abgeleitet (Abschnitt 4.2).

4.1 Ziele der Interventionsstudie

Auf der Grundlage theoretischer Überlegungen sowie aktueller empirischer Erkenntnisse ist das Ziel der vorliegenden experimentellen Interventionsstudie, sich das Potenzial außerschulischer Lernorte in Verbindung mit dem Protokollieren für geometrischen Erkenntnisgewinn zunutze zu machen.

Geometrische Inhalte und insbesondere Körper sind, wie die Ausführungen unter Abschnitt 1.2.2 gezeigt haben, eng mit der Umwelt verbunden. Für den Begriffsbildungsprozess spielen Alltagserfahrungen eine wichtige Rolle. Sie sind der Ausgangspunkt begriffsbildender Prozesse, die nach Winter (1983b, S. 182 ff.) auf der Basis konkreter Aktivitäten allmählich zu mentalen, abstrakten Vorstellungen weiter entwickelt und schließlich wieder auf die Erfahrungswelt der Kinder zurückgeführt werden sollten (vgl. Abschnitt 1.3.1.4). In den Unterrichtsalltag miteinbezogen wird die unmittelbare Lebenswelt der Kinder bisher jedoch kaum bis gar nicht (vgl. Abschnitt 2.4). Eine adäquate Wechselbeziehung zum Klassenzimmerunterricht fehlt. Bisherige Untersuchungen zur Lernwirksamkeit außerschulischer Lernorte verweisen zudem auf nur kurzfristig positive Effekte (vgl. Abschnitt 2.4). In diese Forschungslücke ist die vorliegende Untersuchung einzuordnen. Schwerpunkt der Studie ist die Entwicklung von geometrischem Wissen und Können zu Körpern an außerschulischen Lernorten. Durch eine intensive Vernetzung mit dem Klassenzimmerunterricht soll bei Viertklässlern ein nachhaltiger Erkenntnisgewinn zu geometrischen Körpern erreicht werden. Die wichtigsten Körperformen und ihre Eigenschaften sollen kennengelernt und Beziehungen sowie Zusammenhänge zwischen ihnen hergestellt werden (vgl. Abschnitt 1.2.2). Als zentrales Mittel zur Reflexion und Schematisierung von selbstständigkeitsorientierten Lernprozessen sollen Protokolle dienen (vgl. Abschnitt 3.2).

Das Hauptaugenmerk der Untersuchung ist darauf gerichtet, herauszufinden, ob und inwiefern die Nutzung und Einbeziehung außerschulischer Lernorte in Verbindung mit dem Protokollieren den Lernerfolg von Viertklässlern bei der Bearbeitung geometrischer Inhalte zu Körpern beeinflussen kann.

Ein weiterer Schwerpunkt liegt auf der Erfassung von grundlegenden Protokollierfähigkeiten. Untersucht werden soll, ob und inwieweit der gezielte Einsatz von Protokollen im Rahmen der

© Springer Fachmedien Wiesbaden GmbH, ein Teil von Springer Nature 2019
K. Sitter, *Geometrische Körper an inner- und außerschulischen Lernorten*,
Landauer Beiträge zur mathematikdidaktischen Forschung,
https://doi.org/10.1007/978-3-658-27999-8_5

experimentellen Interventionsstudie einen Einfluss auf die Entwicklung der Protokollierfähigkeit von Viertklässlern haben kann.

4.2 Forschungsfragen und Hypothesen

Ausgehend von der Zielsetzung der Untersuchung ergeben sich nachfolgende Forschungsfragen.

Forschungsfrage 1: Effekt der Interventionsmaßnahme auf die Geometrieleistungen

*Welchen Einfluss hat der Einbezug der außerschulischen Lernumgebung in Verbindung mit
dem Protokollieren auf die Geometrieleistungen von Viertklässlern?*

Dass der Einbezug der unmittelbaren, natürlichen Lebenswelt der Kinder bei der Vermittlung
von Fachinhalten aus dem Lehrplan einen positiven Effekt auf den Lernerfolg von Schülerinnen
und Schüler haben kann, konnte unter anderem durch Studien von Fägerstam und Blom
(2012) oder Fägerstam und Samuellson (2012) mit schwedischen Schülerinnen und Schüler im
High-School Alter nachdrücklich belegt werden. Im Vergleich zur Kontrollgruppe, die je nach
Untersuchungsdesign wenige bis gar keine Unterrichtsstunden im Freien verbrachte, zeigten
sich bei den Outdoor-Kindern deutliche Vorteile in Bezug auf den Lernerfolg (vgl. Abschnitt
2.4). Langfristig positive Effekte werden allerdings nur dann erwartet, wenn der Unterricht
auch gut geplant sowie ausreichend vor- und nachbereitet wird. Daneben kann, wie unter Abschnitt 3.2 näher erörtert, auch im Protokollieren am außerschulischen Lernort eine wichtige
Grundlage für nachhaltiges Wissen gesehen werden. Durch das Verschriftlichen werden neue
Lerninhalte tiefer durchdrungen und ein besserer bzw. differenzierterer Blick auf wichtige mathematische Eigenschaften und Zusammenhänge erreicht (Holzäpfel u.a., 2009; Siebel, 2004).
Das Gelernte wird fassbarer und bewusster (Hussmann, Leuders & Barzel, o.J., S. 1).

Die Untersuchung basiert daher auf der Annahme, dass ein Geometrieunterricht, der die außerschulische Lernumgebung in Verbindung mit dem Protokollieren bei der Bearbeitung geometrischer Inhalte zu Körpern im vierten Schuljahr gezielt miteinbezieht, in seiner Wirksamkeit und Nachhaltigkeit einem Geometrieunterricht, der keinen der beiden Faktoren fokussiert, überlegen ist.

Folgende Hypothesen werden zugrunde gelegt:

1.1:   *Viertklässler, die im Rahmen außerschulischer Lernorte in Verbindung mit dem Proto-
         kollieren ihr geometrisches Wissen und Können zu Körpern erweitern, erzielen nach der
         Interventionsmaßnahme den größten Zuwachs an Geometrieleistungen und können
         diesen auch langfristig aufrechterhalten.*

1.2:   *Viertklässler, die weder an außerschulischen Lernorten lernen noch zum Protokollieren
         angehalten werden, steigern nach der Interventionsmaßnahme ihre Geometrieleistun-*

gen am geringsten. Auch in Bezug auf langfristige Effekte zeigen sie einen geringeren Erfolg.

Forschungsfrage 2: Effekt der Interventionsmaßnahme auf die Protokollierfähigkeit

Welchen Einfluss hat der Einbezug der außerschulischen Lernumgebung in Verbindung mit dem Protokollieren auf die Entwicklung der Protokollierfähigkeit von Viertklässlern?

Das Schreiben von Protokollen hat positive Auswirkungen auf den Lernprozess (vgl. Abschnitt 3.2). Insbesondere beim Aufbau inhaltlicher Kompetenzen wird dem Protokollieren ein lernförderliches Potenzial zugeschrieben. Durch den Einsatz von Protokollen werden jedoch nicht nur inhaltliche Kompetenzen beeinflusst. Das Schreiben kann auch den Erwerb prozessbezogener Kompetenzen gezielt unterstützen (Hussmann u.a., o.J., S. 1, vgl. dazu auch Abschnitt 3.2). So können die Schülerinnen und Schüler durch das Protokollieren unter anderem lernen, sich beim eigenen Denken zuzuschauen sowie Denkprozesse und Lösungsideen in eine für andere verständliche Form zu bringen (Dedekind, 2012, S. 26; Selter, 1996, S. 19). Die sprachliche Ausdrucksfähigkeit wird dabei geschult, kommunikative und argumentative Kompetenzen entwickelt. Schreibkompetenz kann man jedoch nicht selbstverständlich erwarten, sondern muss diese tatsächlich auch kontinuierlich und bewusst im Unterricht aufbauen (Hussmann u.a., o.J., S. 1).

Hieraus lässt sich schließen, dass bei Viertklässlern, die im Rahmen der Intervention gezielt zum Protokollieren angeleitet werden und bei denen auch auf sprachlicher Ebene an den schriftlichen Eigenproduktionen im Unterricht vertiefend weitergearbeitet wird, die Fähigkeiten im Protokollieren positiv gesteigert werden können. Lernende, die im Vergleich dazu nicht im Protokollieren trainiert werden, steigern ihre Protokollierfähigkeiten wie anzunehmen ist hingegen kaum bis gar nicht. Der gewählte Lernort selbst hat aller Voraussicht nach keinen Einfluss auf die Protokollierfähigkeit.

Daraus resultieren folgende Hypothesen:

2.1:   Viertklässler, die im Rahmen der Intervention gezielt zum Protokollieren angehalten werden, erzielen nach der Interventionsmaßnahme den größten Zuwachs an Protokollierfähigkeiten. Ob dabei außerschulisch oder innerschulisch gelernt wird, spielt keine Rolle.

2.2:   Viertklässler, die im Rahmen der Intervention nicht zum Protokollieren angehalten werden, erzielen nach der Interventionsmaßnahme den geringsten bzw. keinen Zuwachs an Protokollierfähigkeiten.

Ohne gezielte Unterstützungsmaßnahmen schöpfen Lernende, wie die Ausführungen unter Abschnitt 3.3 gezeigt haben, das Potenzial des Protokollierens jedoch häufig nicht aus (Hübner u.a., 2007, S. 120; Morgan, 1998, S. 37 ff.), weshalb mit den beiden nachstehenden Forschungsfragen dem Effekt von Protokollierhilfen auf die Entwicklung der Protokollierfähigkeit

(Forschungsfrage 3) bzw. auf die Geometrieleistungen (Forschungsfrage 4) von Viertklässlern nachgegangen werden soll.

Forschungsfrage 3: Effekt der Protokollierhilfen auf die Entwicklung der Protokollierfähigkeit

Welchen Einfluss hat der Einsatz von Protokollierhilfen auf die Entwicklung der Protokollierfähigkeit von Viertklässlern?

Studien zufolge können durch gezielte lernförderliche Maßnahmen Kinder im Protokollierprozess zusätzlich unterstützt werden (vgl. Abschnitt 3.3). Prompts (offene Leitfragen, vorstrukturierte Satzanfänge, Tipps und Ähnliches) scheinen dabei in besonderem Maße geeignet. Sie regen die Schülerinnen und Schüler zu produktiven Lernaktivitäten an, fördern das Schreiben von Protokollen und führen so langfristig, unter Berücksichtigung bestimmter Gestaltungsaspekte wie einer gezielten Einarbeitungsphase oder einer rechtzeitigen Fading-Prozedur, zu besseren Lernergebnissen (vgl. Abschnitt 3.3). Ob solche Protokollierhilfen auch bei Viertklässlern eine Wirkung auf die Entwicklung der Protokollierfähigkeit zeigen, gilt es zu prüfen.

Ausgehend von den oben aufgeführten Erkenntnissen, die primär aus der Sekundarstufe stammen, wird folgende Hypothese zugrunde gelegt:

3:      *Viertklässler, die zusätzlich durch Prompts zum Protokollieren animiert werden, erzielen nach der Interventionsmaßnahme einen größeren Zuwachs an Protokollierfähigkeiten als Viertklässler, die keine Protokollierhilfen erhalten.*

Forschungsfrage 4: Effekt der Protokollierhilfen auf die Geometrieleistungen

Welchen Einfluss hat der Einsatz von Protokollierhilfen auf die Geometrieleistungen von Viertklässlern?

Das durch Prompts angeleitete Protokollieren führt Studien zufolge jedoch nicht nur auf der Prozessebene zu besseren Lernergebnissen. Auch auf der Lernerfolgsebene können langfristig positive Effekte erwartet werden (vgl. Abschnitt 3.3). Gezielte kognitive Prozesse werden angeregt, spezielle Aspekte des Lerninhalts durch den Einsatz von Prompts noch einmal bewusst fokussiert bzw. reflektiert und so der Wissenserwerb erhöht (vgl. z. B. Haug, 2012, S. 51 f.; Hübner u.a., 2007).

Folgende Hypothese wird abgeleitet:

4:      *Viertklässler, die zusätzlich durch Prompts zum Protokollieren animiert werden, erzielen nach der Interventionsmaßnahme einen größeren Zuwachs an Geometrieleistungen als Viertklässler, die keine Protokollierhilfen erhalten.*

Interessant erscheint in diesem Zusammenhang auch die Frage nach der Korrelation zwischen der Qualität der Protokollierfähigkeit und der Geometrieleistungen.

Forschungsfrage 5: Einfluss der Qualität der Protokolle auf die Geometrieleistungen

Welchen Einfluss hat die Qualität der Protokolle auf die Geometrieleistungen von Viertkläss-
lern? Gibt es einen Zusammenhang zwischen Protokollierfähigkeit und Geometrieleistungen?

Bisherige Untersuchungen in Bezug auf das Protokollieren führen diesbezüglich keine Erkenntnisse auf. Zu vermuten ist, dass die Qualität der Protokolle tatsächlich mit den Geometrieleistungen korreliert. Das fachliche Wissen stellt die Grundlage für das Anfertigen eines Protokolls
dar: Ohne Inhalt kein Protokoll (vgl. Abschnitt 5.3.2). Je besser das Fachwissen, desto besser
also auch die Grundlage für das Protokollieren. Umgekehrt setzen sich die Lernenden in Anlehnung an Dörfler (2003, S. 83) und andere (vgl. Abschnitt 3.2) beim Protokollieren aber auch
noch einmal intensiv mit den fachlichen Inhalten auseinander. Je umfassender die Inhalte im
Protokollierprozess weiterverarbeitet, (re-)konstruiert und organisiert werden, desto differenzierter bzw. tiefer wird vermutlich auch das fachliche Wissen.

Folgende Hypothese wird zugrunde gelegt:

5:    *Die Qualität der Protokolle korreliert positiv mit der Wirksamkeit auf geometrische Leis-*
      tungen. Je höher die Protokollierfähigkeit, desto höher auch die Geometrieleistungen
      der Viertklässler.

5   Methode

In diesem Kapitel stehen die Methoden im Zentrum, mit denen die unter Abschnitt 4.2 dargestellten Forschungsfragen untersucht werden sollen. Zu Beginn wird das Unterrichtskonzept
(Abschnitt 5.1), dem die Interventionsstudie folgt, vorgestellt und das gewählte Untersuchungsdesign (Abschnitt 5.2) näher beschrieben. Im Fokus von Abschnitt 5.3 stehen die Messinstrumente. Einen Einblick in die Durchführungsmodalitäten sowie in die vorliegende Probandengruppe geben die Abschnitte 5.4 und 5.5. Hinweise und Begründungen für die jeweilig
genutzten statistischen Methoden sowie die Prüfung der zu erfüllenden Voraussetzungen
schließen sich an (Abschnitt 5.6) und runden den Methodenteil ab.

5.1 Unterrichtskonzept

Um einen nachhaltigen Erkenntnisgewinn zu geometrischen Körpern bei Grundschulkindern
zu erreichen, ist eine zielgerichtete Herangehensweise in klar strukturierten Unterrichtsphasen unabdingbar. Neben Unterrichtsphasen, in denen die Schülerinnen und Schüler auf individuellen Wegen entdecken und erkunden, sind Abschnitte, in denen gezeigt und erklärt wird,
ebenso wichtig (R. Rasch, in Druck). Als Unterrichtskonzept, das die in den Kapiteln 2 und 3 für
das außerschulische Lernen in Verbindung mit dem Protokollieren gennannten Erkenntnisse
berücksichtigt und optimal zur Entfaltung bringt, gleichzeitig aber auch im Sinne Winters
(1983b, S. 177) einen Zugang zu geometrischen Begriffen schafft, „der sowohl maximale Eigeninitiative begünstigt als auch die Bedeutungshaltigkeit des zu erwerbenden Begriffs von
vornherein erkennen lässt", wurde deshalb das Vier-Phasen-Unterrichtsmodell nach Bezold
(2009b, S. 182 ff.) gewählt. Es hat eine klare, für die Lernenden nachvollziehbare, sich wieder-
holende Struktur, die Sicherheit, aber auch Raum für individuelles und differenziertes sowie
gemeinsames Arbeiten am außerschulischen Lernort zu geometrischen Körpern bietet. Auf
welchen Grundbausteinen das Konzept beruht und wie dieses für die vorliegende Untersuchung adaptiert (Abschnitt 5.1.1) und schließlich in der außerschulischen Lernumgebung in
Verbindung mit dem Protokollieren konkret umgesetzt wurde (Abschnitt 5.1.2), soll im Folgenden dargestellt werden.

5.1.1 Unterrichtsphasen

Das Vier-Phasen-Unterrichtsmodell nach Bezold (2009b, S. 182 ff.) wurde ursprünglich zur Förderung von Argumentationskompetenzen im Zusammenhang mit Forscheraufgaben entwickelt. Wichtig waren der Autorin dabei insbesondere Unterrichtsmethoden, die eine Steige-
rung der individuellen Selbsttätigkeit bewirken, gleichzeitig aber auch für kooperatives bzw.
kommunikatives Arbeiten förderlich sind (Bezold, 2009b, S. 182). Geprägt vom Prinzip des ak-
tiv-entdeckenden Lernens nach Winter (1989) und unter Integration des ICH-DU-WIR-Modells
von Gallin und Ruf (1998) gliederte sich jede „Forscherstunde" bei Bezold in vier Phasen (siehe

© Springer Fachmedien Wiesbaden GmbH, ein Teil von Springer Nature 2019
K. Sitter, *Geometrische Körper an inner- und außerschulischen Lernorten*,
Landauer Beiträge zur mathematikdidaktischen Forschung,
https://doi.org/10.1007/978-3-658-27999-8_6

Abbildung 5.1). Jede dieser Phasen verfolgte dabei bestimmte Ziele, die wiederum Einfluss auf die Rolle der Lehrkraft hatten (Bezold, 2009b, S. 187).

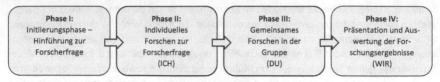

Phase I:
Initiierungsphase –
Hinführung zur
Forscherfrage

Phase II:
Individuelles
Forschen zur
Forscherfrage
(ICH)

Phase III:
Gemeinsames
Forschen in der
Gruppe
(DU)

Phase IV:
Präsentation und Aus-
wertung der For-
schungsergebnisse
(WIR)

Abbildung 5.1. Vier-Phasen-Unterrichtsmodell nach Bezold (2009b).

Für die vorliegende Untersuchung wurde das Unterrichtsmodell von Bezold (2009b) modifiziert, indem Phase II und III vertauscht wurden und Phase IV stets am Anfang der neuen Unterrichtsstunde stattfand:

Phase I: Reflexion

Phase II: Initiierungsphase

Phase III: Gemeinsames Erkunden – skizzenhaftes Protokollieren

Phase IV: Individuelles Darstellen – Protokollieren

Inhaltlich lag der Schwerpunkt auf der Entwicklung geometrischen Wissens und Könnens zu Körpern. Zeitlich umfasste jede „Forscherstunde" 90 Minuten (eine Doppelstunde). Die einzelnen Phasen sollen nachfolgend näher charakterisiert werden.

Phase I: Reflexion

Im Fokus der Phase des Stundeneinstiegs (Phase I) stand stets die Reflexion zur vorangegangenen Geometriestunde. Wichtige Erkenntnisse und Erfahrungen, die die Lernenden im Rahmen außerschulischer Lernprozesse (siehe Phase III & IV) machten, wurden auf der Basis ausgewählter Aufzeichnungen der Kinder im Sitzkreis noch einmal gemeinsam betrachtet und besprochen. Ziel war es dabei, die Erlebnisse und Erfahrungen in Anlehnung an Jürgens (1993, S. 4 f., vgl. Abschnitt 2.3) bzw. das modulare Konzept von R. Rasch und Sitter (2016) so aufzubereiten, dass die Kinder Zusammenhänge wahrnehmen können. Das neu gewonnene Wissen und Können zu Körpern sollte stets gesichert und beziehungshaltig eingeordnet sowie sinnvoll reflektiert werden (vgl. hierzu auch Abschnitt 1.2.2).

Die Reflexionsphase nicht direkt an das außerschulische Lernen anzuschließen, sondern verzögert zu Beginn der neuen Stunde stattfinden zu lassen, hatte dabei den Vorteil, dass die Versuchsleiterin die Eigenproduktionen der Kinder noch einmal gezielt in den Blick nehmen konnte. Eine Selektion der in den Aufzeichnungen der Kinder steckenden Ideen konnte so zielgerichtet vorgenommen und zur Diskussion in der Klasse gestellt werden. Die Kinder hingegen gewannen Zeit, ihre Erfahrungen und Erlebnisse zu verinnerlichen sowie neue Kraft für den gemeinsamen Austausch im Klassenplenum zu tanken (vgl. hierzu z. B. auch R. Rasch, 2012a, S. 11).

Bei der Auswahl der Eigenproduktionen der Kinder wurde darauf geachtet, möglichst unterschiedliche, aber zum Reflexionsschwerpunkt passende Protokolle auszuwählen. Die Namen der Protokollanten blieben dabei anonym, sofern sie nicht selbst offenlegten, dass es sich um ihr Protokoll handelte. Neben einer Reflexion fachlicher Aspekte war auch eine vertiefende Weiterarbeit an den Eigenproduktionen der Kinder auf sprachlicher oder zeichnerischer Ebene denkbar: Wie zeichne ich einen Quader? Wie stelle ich Tiefe in meiner Zeichnung dar? Was zeichne ich zuerst, was folgt anschließend? Wie schaffe ich es meine Entdeckungen so darzustellen, dass auch andere Kinder sich diese gut vorstellen können? Was macht ein gutes Protokoll aus? Getragen wurde diese Phase von der Lehrkraft, die einerseits Verständnis für die Denkprozesse, Eigenproduktionen und Erklärungen ihrer Schülerinnen und Schüler mitbringen, andererseits aber auch durch wohlüberlegte Frage- und Impulstechniken eine gezielte, vertiefende Auseinandersetzung anregen musste. Zeitlich umfasste die Reflexion in der Regel 20 Minuten.

Phase II: *Initiierungsphase*

Innerhalb der Initiierungsphase wurden organisatorische Aspekte, wie Zeit- und Gruppeneinteilung für den sich anschließenden außerschulischen Lernprozess, geplant sowie der jeweilige Forscherauftrag und die damit verbundenen Tätigkeiten für die Erkundungen in der außerschulischen Lernumgebung gemeinsam besprochen. Bei Verständnisschwierigkeiten oder sonstigen Problemen, gab es die Möglichkeit, Fragen zu stellen bzw. diese offen anzusprechen. Für diese Unterrichtsphase wurden ca. 5 Minuten eingeplant.

Phase III: *Gemeinsames Erkunden – skizzenhaftes Protokollieren*

Im Zentrum von Phase III stand das außerschulische, gemeinsame Lernen. Verschiedene Gebäude, gegebenenfalls auch Parkanlagen oder Wohn- und Arbeitsräume, wurden unter geometrischen Gesichtspunkten in Kleingruppen von vier bis sechs Kindern genauer betrachtet, erste Entdeckungen unter Gleichaltrigen ausgetauscht und skizzenhaft protokolliert. Dazu hatte jedes Kind einen Skizzenblock sowie Bleistift zur Hand.

Ziel des Austausches war es, den Erkenntnisprozess der Lernenden zu unterstützen. In der gemeinsamen Interaktion sollten die Lernenden nicht nur möglichst viele geometrische Entdeckungen sammeln, sondern sich auch mit den Ideen und Sichtweisen ihrer Mitschülerinnen und Mitschüler auseinandersetzen, diese hinterfragen, diskutieren und vergleichen. Dabei kann davon ausgegangen werden, dass durch den Austausch vor Ort in Verbindung mit ersten skizzenhaften Notizen als Mittel zum Erkenntnisgewinn bedeutende Verstehensprozesse angeregt werden können, die sich wiederum gewinnbringend für die sich anschließende individuelle Unterrichtsphase nutzen lassen (Dörfler, 1989, S. 140; Götze, 2007, S. 31; Leiß, Blum & Messner, 2007, S. 226).

Als Lernort ausgewählt wurde die nahe Umgebung der Schule. Begleitet und betreut wurden die Kinder durch die Versuchsleiterin, die die Auswahl der zu untersuchenden Objekte stets so vornahm, dass ähnliche Grundformen repräsentiert wurden (z. B. quaderförmiger Korpus, pyramidenförmiges Dach – wobei immer auch Raum für weitere Entdeckungen war), die in unmittelbarer Nähe zueinander standen. In den Lernprozess der Kinder eingegriffen hat die Versuchsleiterin dabei nicht. Vielmehr bestand ihre Funktion rein in der Begleitung und Wegbereitung (Steinbring & Nührenbörger, 2010, S. 169).

Der Forscherauftrag in der außerschulischen Lernumgebung lautete beispielsweise wie folgt:

> *Geht in die Mustermannstraße und sucht das Haus mit der Nummer XX. Betrachtet alles ganz genau.*
>
> * *Welche geometrischen Körper könnt ihr am und um das Gebäude entdecken?*
> * *Welche Eigenschaften sind kennzeichnend?*
> * *Was ist das Besondere?*
>
> *Tauscht euch in der Forschergruppe aus und macht euch mit Hilfe eures Skizzenblocks erste Notizen und Skizzen zu euren Entdeckungen.*

Durch entsprechende Satzbausteine wurde der Auftrag stets an den Erkundungsort angepasst. Der Begriff „Forscherauftrag" bzw. „Forschergruppe" wurde aus motivationalen Gründen gewählt. Wie echte Forscher sollten sich die Kinder auf geometrische Entdeckungsreise begeben und ihre Beobachtungen schriftlich festhalten.

Neben Skizzenblock und Bleistift hatte jede Gruppe außerdem einen Fotoapparat dabei, um wichtige Entdeckungen im Original einzufangen. Die Aufnahmen dienten dabei nicht nur der Präsentation für die anderen Forschergruppen sondern insbesondere auch noch einmal dem Abgleich notierter bzw. skizzierter Erkenntnisse im späteren Unterricht. Als Zeitvorgabe wurden ca. 45 Minuten angesetzt.

Phase IV: Individuelles Darstellen – Protokollieren

Zurück im Klassenzimmer hatten die Lernenden noch einmal die Gelegenheit, ihre an außerschulischen Lernorten gemachten und mit Gleichaltrigen ausgetauschten Entdeckungen auf individuelle Art und Weise im so genannten Forscherheft (linienlos, DIN-A4, vgl. Anhang C) auszuarbeiten und zu vertiefen. Für diese Phase wurden ca. 20 Minuten eingeplant. Der Auftrag dazu lautete wie folgt:

> *Schreibe und skizziere alles auf, was du gesehen hast. Notiere und skizziere es so, dass sich andere Kinder deine Entdeckungen gut vorstellen können.*

Die Aufgabenstellung wurde eher offen formuliert, um den Lernenden möglichst viel Spielraum beim Protokollieren zu lassen. Als Adressaten andere Kinder zu wählen, lag darin begründet, dass sich aus eigener Unterrichtspraxis gezeigt hatte, dass sich Lernende oft gut in eine solche Situation hineinversetzen können und die Darstellungen für andere in Anlehnung an R. Cox (1999, S. 347) auch meist mit mehr Details als für den eigenen Gebrauch versehen werden.

Gestützt wurde diese letzte Phase durch ein so genanntes Körperlexikon (vgl. Anhang D), das als zentrales Nachschlagewerk für wichtige Begriffe und Eigenschaften sowie für Schritte im Zeichenprozess rund um geometrische Körper diente (vgl. hierzu auch Abschnitt 5.1.3).

Die Forscherhefte wurden durch die Versuchsleiterin am Ende der Stunde eingesammelt, die Einträge in Bezug auf die Reflexionsphase (Phase I) gesichtet und durch Lob und Ermutigungen, Tipps und Ratschläge wertschätzend aufgenommen.

Pilotierung

Die Pilotierung des Unterrichtskonzeptes wurde in einer vierten Klasse mit 15 Schülerinnen und Schülern der Grundschule Neuburg am Rhein (August/September 2012) durchgeführt. Um Feinabstimmungen und Optimierungen im Hinblick auf die Hauptuntersuchung vornehmen zu können, wurden insbesondere die organisatorische und zeitliche Struktur der Interventionsmaßnahme sowie die Verständlichkeit der Forscheraufträge überprüft.

Als eine angemessene Zeitspanne haben sich im Rahmen der Pilotierung sechs Doppelstunden (eine Doppelstunde wöchentlich) erwiesen, die wie folgt in der Hauptstudie implementiert wurden:

(1) Basiskurs – Ein Video zum Einstieg
(2) Entdeckungen an einem Gebäude mit einem pyramidenförmigen Dach und einer quaderförmigen Grundform
(3) Entdeckungen an einem Gebäude mit einem prismenförmigen Dach und einer quaderförmigen Grundform
(4) Entdeckungen an einem weiteren komplexen Gebäude (z. B. Kirche)
(5) Entdeckungen in Gebäuden (z. B. Supermarkt, Postamt, Rathaus oder Ähnliches)
(6) Abschluss – Gestaltung und Präsentation von Plakaten

In einer ersten Stunde wurde die Schülerinnen und Schüler durch ein Video, das gleichzeitig als Messinstrument zur Erfassung der Protokollierfähigkeit diente (vgl. Abschnitt 5.3.2), in das außerschulische Lernen und das Arbeiten vor Ort eingeführt. Wichtige Begrifflichkeiten wurden wiederholt. In den vier folgenden Stunden ging es hinaus in die schulnah gelegene außerschulische Lernumgebung. Verschiedene Gebäude und Objekte wurden in Kleingruppen genauer erforscht, wichtige Entdeckungen und Erkenntnisse protokolliert und ausgearbeitet. Im Zentrum der letzten Stunde stand die Plakatgestaltung. Die wichtigsten Erkenntnisse der letzten Wochen wurden noch einmal in Kleingruppen zusammengefasst und präsentiert.

5.1.2 Unterrichtsbeispiele[17]

Einen Einblick in die außerschulische Lerneinheit soll anhand dreier exemplarisch ausgewählter Stunden gegeben werden. Die Reflexionsphase, die immer verzögert zu Beginn der darauffolgenden Stunde stattfand, wurde jeweils direkt angeschlossen. Für eine Übersicht aller sechs Doppelstunden wird auf Anhang F verwiesen.

1. Doppelstunde: Basiskurs – Ein Video zum Einstieg

Phase II: Initiierungsphase

Zum Einstieg in das Unterrichtskonzept sowie zur Erfassung der Vorerfahrungen der Kinder wurde ein eigens erstelltes Video herangezogen, das einen außerschulischen Lernort repräsentiert (vgl. hierzu auch Abschnitt 5.3.2). Innerhalb der Initiierungsphase wurde dieses kurz eingeführt, indem den Lernenden erklärt wurde, was sie im Folgenden erwartet, worum es konkret geht und was ihre Aufgabe dabei ist.

Phase III: Gemeinsames Erkunden – skizzenhaftes Protokollieren

Im Zentrum des Videos stand ein Wohngebäude. Dieses und weitere interessante Objekte um das Gebäude herum, wie zum Beispiel der quaderförmige Anbau des Hauses, die einzelnen quaderförmigen Stufen der Treppe, die zylinderförmigen Pfähle an den Bäumen oder der kugelförmige Ball im Vorgarten, wurden unter geometrischen Gesichtspunkten vorgestellt (siehe Abbildung 5.2). Zentrale Blickwinkel konnten so von den Kindern gezielt erfasst und die bevorstehenden eigenverantwortlichen Erkundungen in der außerschulischen Lernumgebung vorbereitet werden.

Abbildung 5.2. Bildausschnitte aus dem vorangestellten Video-Item (Prä- und Follow-up-Test; eigene Aufnahme; vgl. hierzu auch Abschnitt 5.3.2).

Phase IV: Individuelles Darstellen – Protokollieren

Im Anschluss an das Video sollten die Schülerinnen und Schüler alles aufschreiben und skizzieren, was sie gesehen hatten – und zwar so, dass sich andere Kinder, die das Video nicht gesehen haben, das Gebäude sowie die Umgebung gut vorstellen können. Mehr Instruktion gab es nicht, auch nicht in den darauffolgenden Stunden.

---

[17] In Anlehnung an R. Rasch & Sitter, 2016, S. 171-178

Phase I: Reflexion

In der verzögerten Reflexionsphase zu Beginn der nächsten Doppelstunde wurde der Fokus auf eine fachliche Hinführung zu geometrischen Körpern sowie eine Einführung in das Protokollieren gelegt. Im Plenum wurden noch einmal ausgewählte Protokolle genauer betrachtet, die dargestellten Inhalte reproduziert, wichtige Begrifflichkeiten wiederholt, dargestellte Figuren durch die Kinder beschrieben und benannt, treffende Skizzen und Notizen herausgehoben und das Wesentliche einer erfolgreichen Erkundung und Protokollierung gemeinsam mit den Schülerinnen und Schülern erörtert.

2. Doppelstunde: Entdeckungen an einem Gebäude mit einem pyramidenförmigen Dach und einer quaderförmigen Grundform

Phase II: Initiierungsphase

Für die zweite Doppelstunde, bei der es für die Lernenden zum ersten Mal hinaus in die außerschulische Lernumgebung ging, wurden verschiedene Gebäude mit einem pyramidenförmigen Dach und einer quaderförmigen Grundform ausgewählt (vgl. z. B. Abbildung 5.3).

Abbildung 5.3. Beispielgebäude mit pyramidenförmigem Dach und quaderförmiger Grundform (eigene Aufnahme).

Im Sitzkreis im Klassenzimmer wurde das außerschulische Lernen initiiert. Der „aktuelle" Forscherauftrag wurde vermittelt (vgl. Abschnitt 5.1.1, S. 100), der ausgewählte Lernort kurz vorgestellt, zentrale, in der heutigen Forscherstunde im Mittelpunkt stehende Blickwinkel – die Dach- und Grundform des Gebäudes – angesprochen und die Gruppen eingeteilt.

Phase III: Gemeinsames Erkunden – skizzenhaftes Protokollieren

Verteilt auf vier Häuser in derselben Straße machten sich die Schülerinnen und Schüler auf geometrische Entdeckungsreise. Entsprechend des Forscherauftrags tauschten sich die Lernenden vor Ort aus, stellten sich gegenseitig ihre Entdeckungen und Ideen vor und setzten sich mit ersten Erkenntnissen auseinander. Dabei stellten einige Kinder fest, dass das pyramidenförmige Dach ausgewählter Gruppen nicht der reinen Form, wie im Modell aus dem Unterricht, entsprach. Im oben aufgeführten Beispiel (Abbildung 5.3) ergaben sich aufgrund der beiden Kamine keine vier dreieckigen Seitenflächen, die von der Grundfläche nach oben hin spitz zuliefen, sondern – wenn überhaupt – nur zwei. Die anderen beiden Flächen hatten die Form eines Trapezes. Dadurch hatte sich auch die Anzahl der Kanten verändert. Statt die Formabweichungen zu akzeptieren und vordergründig geometrische Eigenschaften zu betrachten, diskutierten die Schülerinnen und Schüler vor Ort über Unterschiede und Gemeinsamkeiten, indem sie ihr begriffliches Wissen zu Körpern nutzten.

Phase IV: *Individuelles Darstellen – Protokollieren*

Im Rahmen der individuellen Protokollierung im Klassenzimmer setzten sich die Schülerinnen und Schüler vollkommen selbstständig und auf individuellen Wegen noch einmal vertiefend mit den Entdeckungen am außerschulischen Lernort auseinander. Dass geometrische Körper ideale Gebilde sind und in der Umwelt nicht in ihrer reinen Form vorkommen, wurde dabei vereinzelt erneut von den Kindern in den Protokollen aufgenommen (siehe Abbildung 5.4). Notiert und skizziert werden sollte auch hier wieder so, dass sich andere Kinder die Entdeckungen gut vorstellen können.

Abbildung 5.4. Beispielprotokoll I *(eigene Untersuchung).*

Phase I: Reflexion

In der Reflexionsphase wurde vertiefend auf die Erkenntnis der Schülerinnen und Schüler eingegangen. Die Entdeckungen der Kinder wurden dem Pyramidenmodell aus der Schule gegenübergestellt, Gemeinsamkeiten und Abweichungen in Bezug auf die in der außerschulischen Lernumgebung und zum Teil auch in den Protokollen der Kinder festgestellten veränderten Eigenschaften besprochen. Aufgegriffen wurde außerdem der Aspekt, dass es ganz verschiedene Pyramidenformen gibt: Pyramiden mit dreieckiger Grundfläche, Pyramiden mit viereckiger (quadratischer, rechteckiger, …) Grundfläche und so fort. Die Anzahl der gleichschenkligen (im Sonderfall sogar gleichseitigen) dreieckigen Seitenflächen hängt davon ab (vgl. Abschnitt 1.2.2). Auf die Thematisierung der Zugehörigkeit der Pyramiden zu den Spitzkörpern wurde verzichtet und in einer der späteren Stunden zurückgegriffen, bei der der Kegel als weiterer Gruppenangehöriger behandelt wurde. Stattdessen wurde der Korpus des Gebäudes zusätzlich genauer unter die Lupe genommen. Viele Kinder waren sich unsicher, ob dieser würfel- oder doch quaderförmig war. Gemeinsam wurde überlegt, was der Unterschied zwischen Quader und Würfel ist und welcher der Begriffe im Grenzfall der bessere sein kann. Die Eigenproduktionen der Kinder boten diesbezüglich reichlich Anlass für ganz unterschiedliche interessante, gewinnbringende Gespräche.

4. Doppelstunde: Entdeckungen an einem weiteren komplexen Gebäude (z. B. Kirche)

Phase II: Initiierungsphase

Im Zentrum der vierten Stunde stand ein komplexes Gebäude. Mit dem Ziel, die Kinder zu weiteren, im Rahmenplan meist vernachlässigten, für eine adäquate Vorstellung und Herstellung von Körpergruppen jedoch wichtigen Körperformen zu führen, wurde unter anderem ein geometrisch sehenswerter Kirchenbau (siehe Abbildung 5.5), gekennzeichnet durch eine sechsseitige Turmspitze und einen entsprechend prismenförmigen Turm mit sechseckiger Grundfläche, ausgewählt.

Abbildung 5.5. Beispielgebäude komplexe Grundform (Kirche Herxheim bei Landau; eigene Aufnahme).

Innerhalb der Initiierungsphase wurde auch hier wieder das außerschulische Lernen vorbereitet, indem der Forscherauftrag besprochen und Organisatorisches geklärt wurde.

Phase III: *Gemeinsames Erkunden – skizzenhaftes Protokollieren*

Im Austausch unter Gleichaltrigen stellten die Kinder schnell fest, dass es sich bei der Turm-spitze um eine Pyramide handeln musste. Ihr Wissen aus der zweiten Doppelstunde wurde eingebracht. Das Skizzieren der Dachform bereitete vielen Lernenden jedoch Probleme. Dis-kussionspotenzial bot außerdem die Form des Turmes. Zur Bestimmung der Grundfläche ori-entierten sich einige Schülerinnen und Schüler an der bereits entdeckten, sechsseitigen Pyra-midenform.

Phase IV: *Individuelles Darstellen – Protokollieren*

In der sich anschließenden individuellen Notationsphase im Klassenzimmer stachen vor allem die Skizzen der sechsseitigen Pyramide heraus. Einigen Schülerinnen und Schülern gelang diese bereits sehr gut (siehe Abbildung 5.6). Andere Kinder hatten aber auch Probleme beim Skizzieren. Sie zogen das bereitgestellte Körperlexikon (vgl. Anhang D bzw. Abschnitt 5.1.3) zur Unterstützung im Zeichenprozess heran. In den Beschreibungen der Kinder wurden wich-tige Eigenschaften aufgenommen und vermehrt auch Besonderheiten hervorgehoben.

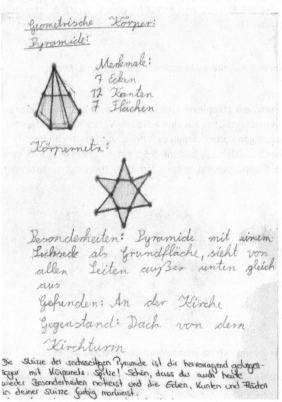

Abbildung 5.6. Beispielprotokoll II *(eigene Untersuchung).*

Phase I: *Reflexion*

Im Rahmen der verzögerten Reflexionsphase wurde zunächst über die am Kirchturm entdeckten Formen, deren Körpergruppenzugehörigkeiten und Beziehungen zu bereits in den vorausgegangenen Stunden entdeckten Körperformen gesprochen. Mit der pyramidenförmigen
Spitze des Kirchturms der Dorfkirche wurde an die Entdeckungen aus der zweiten Doppelstunde angeknüpft. Beziehungen zur dritten, aber auch zweiten Doppelstunde (Prismen, Säulen mit Kanten) ließ die prismenförmige Turmform entstehen.

In Bezug auf die in Phase III und IV gemachten Beobachtungen wurden zudem die Vorgehensweisen der Kinder beim Zeichnen bzw. Skizzieren noch einmal gezielt in den Blick genommen.
Die Eigenschaften räumlicher Figuren zu kennen und eine klare Vorstellung davon zu haben,
reicht für eine erfolgreiche Zeichnung allein nicht aus. Der Zeichenprozess muss, wie unter
Abschnitt 1.3.2.3 bereits geschildert, von den Kindern in seinen Sequenzen verfolgt werden
können bzw. die einzelnen Teilstadien müssen ihnen gezeigt werden. Nur so ergibt sich nach
Philips und anderen (1985, S. 127) ein klarer und auch nachhaltiger Trainingseffekt. Bei der
Besprechung und auch bei den Anleitungen zum räumlichen Zeichnen im Körperlexikon (vgl.
Anhang D) wurde dies deshalb berücksichtigt. Ausgewählte Kinder führten ihre Schrittfolgen
vor, machten dabei auf wesentliche Zeichenschritte aufmerksam und gaben ihren Mitschülerinnen und Mitschülern Tipps und Ratschläge, wie die Skizzen beispielsweise durch farbige
Hervorhebungen der Ecken, Kanten und Flächen noch aussagekräftiger werden können. Folglich kam es auch bei der Reflexion auf zeichnerischer Ebene zu fachlichen Diskussionen, die
den Begriffsbildungs- bzw. Erkenntnisprozess vorantrieben, gleichzeitig aber auch eigene Strategien und Ideen berücksichtigten.

5.1.3 Körperlexikon

Das Körperlexikon (Sitter, 2014; vgl. Anhang D) stellte, wie bereits angemerkt, ein zentrales
Nachschlagewerk für wichtige Begriffe und Eigenschaften sowie eine Lernunterstützung für
den Zeichenprozess dar, das von den Lernenden auf freiwilliger Basis im Rahmen des eigenverantwortlichen Lernprozesses (vgl. Phase IV, Abschnitt 5.1.1) genutzt werden konnte. Ziel
dabei war es, den Kindern eine Hilfe und gegebenenfalls Kontrolle anzubieten, die dennoch
Raum für eigenes Wissen, individuelle Ideen und Strategien rund um geometrische Körper
ließ.

Allgemeine Grundlagen standen im Zentrum der ersten Seiten. Wichtige Begrifflichkeiten wie
Fläche, Kante und Ecke wurden aufgegriffen, die Körper begrenzenden Flächen und ihre Eigenschaften wiederholt und zuletzt auch zentrale Eigenschaften wie Parallelität, Orthogonali-
tät oder Rechtwinkligkeit thematisiert. Auf den folgenden Seiten wurden die für den Grundschulunterricht relevanten Körper und ihre Eigenschaften unter Berücksichtigung ihrer Kör-
pergruppen-Zugehörigkeit näher charakterisiert. Einfache Schrittfolgen für den Zeichenprozess sowie „schnelle Körper" aus Papier (vgl. R. Rasch & Sitter, 2016, S. 68; Anhang E) als Falt-
modelle und für eine erste dreidimensionale Vorstellung schlossen sich jeweils an.

Um zum Würfel zu gelangen, wurden den Kindern beispielsweise folgende Zeichenschritte angeboten:

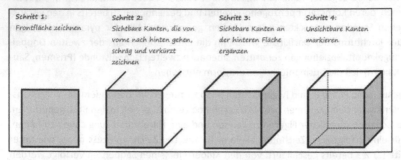

Abbildung 5.7. Schrittfolge Würfel.

Dabei handelte es sich um ganz einfache Zeichenschritte. Die Kinder sollten bewusst behutsam in die Welt des räumlichen Zeichnens eingeführt werden und Schritt für Schritt ihre Fähigkeiten im Zeichnen ausbauen. Je nach Entwicklungsstand der Kinder wurden die Zeichenschritte im Rahmen der vertiefenden Unterrichtsphase (vgl. Phase I, Abschnitt 5.1.1) mit Details, wie zum Beispiel der exakten Form der Grundfläche, ergänzt.

5.2 Untersuchungsdesign

Zum Nachweis der Wirkung des Lernkonzeptes am außerschulischen Lernort in Verbindung mit dem Protokollieren (vgl. Abschnitt 5.1) wurde ein Prä-Post-Test-Kontrollgruppendesign mit zwei Experimental- und einer Kontrollgruppe (N = 119 Grundschulkinder der vierten Jahrgangsstufe) gewählt.

Quasi-Experimentelles Prä-Post-Test-Kontrollgruppendesign auf Klassenebene
N = 119 Grundschulkinder, 4. Jahrgangsstufe; Interventionszeitraum: sechs Wochen, wöchentlich eine Doppelstunde

Unabhängige Variable	Unterrichtskonzept EG	Abhängige Variable
ExperimentalGruppe 1	Reflexion	Geometrieleistungen
ExperimentalGruppe 2	Initiierungsphase	Protokollierfähigkeit
KontrollGruppe	Gemeinsames Erkunden – skizzenhaftes Protokollieren	
Zeit vorher vs. nachher	Individuelles Darstellen - Protokollieren	

EG 1: Geometrische Entdeckungen in der nahen Umgebung der Schule in Verbindung mit dem Protokollieren
EG 2: Geometrische Entdeckungen anhand von Abbildungen im Klassenzimmer in Verbindung mit dem Protokollieren
KG: Traditioneller Geometrieunterricht (inhaltlich und zeitlich an EG angepasst, ohne außerschulischen Lernort, ohne Protokollieren)

Abbildung 5.8. Untersuchungsdesign im Überblick.

Durch die Datenerhebung über drei Messzeitpunkte hinweg (vgl. Abschnitt 5.4) liegt der Untersuchung ein 3 (Gruppen) x 3 (Zeit) – faktorielles Design mit Messwiederholung auf dem letzten Faktor zugrunde. Inwiefern die unabhängigen Variablen (Gruppen) die abhängigen Variablen (*Geometrieleistungen, Protokollierfähigkeit*) beeinflussen, wurde anhand eines Quasi-Experiments[18] erprobt.

Über einen Zeitraum von sechs Wochen (eine Doppelstunde pro Woche, Oktober/November 2012) erweiterten und vertieften 119 Schülerinnen und Schüler ihr geometrisches Wissen und Können zu Körpern.

Die Experimentalgruppe 1 (EG 1, N = 51) wurde dabei nach dem unter Abschnitt 5.1 dargestellten Unterrichtskonzept unterrichtet und betrachtete sowie erforschte verschiedene Gebäude aus der nahen Umgebung der Schule unter geometrischen Gesichtspunkten genauer. Erste Entdeckungen wurden dabei skizzenhaft von den Lernenden protokolliert und im späteren Unterricht ausgearbeitet sowie vertieft.

Die Experimentalgruppe 2 (EG 2, N = 50) entwickelte ihre geometrischen Kompetenzen zu Körpern anhand von Abbildungen aus Lehrwerken und Körpermodellen an Stationen im Klassenzimmer weiter. Die Abbildungen zeigten hierbei ausgewählte geometrische Bauwerke, typische Repräsentanten bzw. Gegenstände aus der Erfahrungswelt der Kinder, Körpermodelle und ihre Netze sowie reale Aufnahmen verschiedener Gebäude (vgl. Anhang G). Die Körpermodelle in Form von Kantenmodellen, Flächenmodellen, Vollmodellen und „schnellen Körpern" wurden von den Kindern aus Papier, mit Styroporkügelchen und Holzstäbchen oder Knetmasse hergestellt. Die einzelnen Arbeitsschritte waren identisch mit denen der Experimentalgruppe 1. Auch hier wurde nach den vier Phasen ((1) Reflexion, (2) Initiierungsphase, (3) gemeinsames Erkunden – skizzenhaftes Protokollieren, (4) individuelles Darstellen – Protokollieren) unterrichtet und wichtige Erkenntnisse protokolliert. Die für das Aufsuchen außerschulischer Lernorte der Experimentalgruppe 1 zusätzlich benötigte Zeit, wurde bei der Experimentalgruppe 2 durch das individuelle Herstellen von Körpermodellen im Anschluss an den Protokollierprozess (Phase IV) kompensiert.

Beide Gruppen wurden durch die gleiche Lehrkraft (Versuchsleiterin) unterrichtet. Um den Einsatz und die Wirkung von Protokollierhilfen auf den Protokollierprozess sowie die Geometrieleistungen näher untersuchen zu können, wurde in den Experimentalgruppen 1 und 2 jeweils eine Unterteilung in „mit Protokollierhilfen" und „ohne Protokollierhilfen" vorgenommen (siehe Abbildung 5.9).

Das heißt, das Protokollieren wurde innerhalb der Gruppen zum Teil gezielt über Prompts (vgl. Anhang H) angeleitet, zum Teil aber auch durch einen simplen Arbeitsauftrag initiiert. Als Prompts ausgewählt wurden zum Beispiel folgende Satzanfänge, Leitfragen und Aufforderungen:

---

[18] Eine zufällige Zuweisung (Randomisierung) der Probanden zu den Vergleichsgruppe/den Untersuchungsbedingungen war aus organisatorischen Gründen nicht möglich. Die Zuordnung zu den einzelnen experimentellen Bedingungen erfolgte deshalb auf Klassenebene (EG 1 = zwei Klassen; EG 2 = zwei Klassen, KG = eine Klasse).

Satzanfänge:

- *Folgende Körper habe ich heute entdeckt ...*
- *Mir ist aufgefallen, dass ...*
- *Heute habe ich festgestellt, dass ...*

Leitfragen:

- *Welche Körper hast du entdeckt?*
- *Was ist das Besondere an deiner Entdeckung?*
- *Stimmen die Eigenschaften deiner draußen entdeckten Form exakt mit der Form, wie wir sie aus dem Unterricht kennen, überein?*

Aufforderungen:

- *Skizziere deine Entdeckung. Schreibe die Namen der Körper, die du schon kennst, daran.*
- *Wähle eine Entdeckung aus und beschreibe diese ganz genau.*
- *Beschreibe das Besondere deiner Entdeckung (spezielle Eigenschaften, Fundort, ...).*

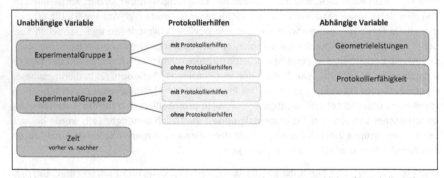

Abbildung 5.9. Erweitertes Untersuchungsdesign der Experimentalgruppen im Hinblick auf Protokollierhilfen.

Auch innerhalb der bereit gestellten Körperlexika wurde eine Unterteilung in „mit Protokollierhilfen" und „ohne Protokollierhilfen" vorgenommen, indem die dort dargebotenen wichtigen Begrifflichkeiten und Eigenschaften je nach Gruppe mehr oder weniger ausführlich (in Form von Sätzen oder eher stichpunktartigen Aufführungen) dargeboten wurden. Die Anleitungen zum Skizzieren entfielen in den Gruppen „ohne Protokollierhilfen" komplett.

Lernende der Kontrollgruppe (KG, N = 18) erweiterten ihr geometrisches Wissen und Können zu Körpern nach dem „traditionellen Unterrichtsstil" anhand von Kopiervorlagen aus verschiedenen Lehrbüchern sowie Prototypen und Unterrichtsmodellen zu Körpern (ohne außerschulischen Lernort, ohne Protokollieren). Offene Unterrichtsformen wie Stationenarbeit wurden integriert. Inhaltlich sowie zeitlich war der Unterricht der Kontrollgruppe an die Experimental-

gruppen angepasst. Die Lehrkraft der Kontrollgruppe[19] bekam in Anlehnung an den Teilrahmenplan Rheinland-Pfalz vorab eine konkrete Vorgabe, über welches Wissen und Können die
Schülerinnen und Schüler am Ende der Einheit verfügen sollen und welche Ziele es zu erreichen galt. Figuren und Eigenschaften, die so im Teilrahmenplan nicht aufgeführt waren, wurden ergänzt.

5.3 Messinstrumente

Um die Wirksamkeit der Interventionsmaßnahmen untersuchen zu können, wurden zwei
Messinstrumente zu verschiedenen Diagnosezwecken entwickelt und erprobt. Sie sollen im
Folgenden näher dargestellt werden.

5.3.1 Test zur Erfassung geometrischen Wissens und Könnens[20]

Zur Erfassung geometrischen Wissens und Könnens (Stichwort: *Geometrieleistungen*) wurde
ein eigens erstellter Leistungstest (vgl. Anhang I) herangezogen. Auf einen empirisch erprob-
ten Test konnte aufgrund fehlender Angebote in diesem Bereich (vgl. Abschnitt 1.1.2.3) nicht
zurückgegriffen werden.

Konzeption des Leistungstests

Der Test umfasste insgesamt 14 Items (siehe Tabelle 5.1), die alle inhaltsbezogenen mathematischen Kompetenzen aus der Leitidee Raum und Form (vgl. KMK 2005, S. 10) abbildeten,
wobei der Fokus entsprechend der inhaltlichen Zielsetzung der vorliegenden Untersuchung
auf der Kompetenz „Geometrische Figuren erkennen, benennen und darstellen" lag (vgl.
hierzu auch Abschnitt 1.2.1.1). Als eine theoretische Grundlage zur Konzeption der Testaufgaben diente unter anderem das van-Hiele-Modell zur Entwicklung geometrischen Denkens bei
Schulkindern (van Hiele, 1986, S. 53 ff., vgl. hierzu auch Abschnitt 1.3.1.4). Zugrundegelegt
wurden außerdem die Elementar- und Grundhandlungen Identifizieren und Realisieren sowie
das Beschreiben und Begründen (vgl. Bruder 2001, S. 16 f.; Bruder & Brückner 1988, S. 14;
Bruder & Brückner, 1989, S. 79 f.; Grassmann u.a., 2010, S. 140 f.). Die Begriffsidentifizierung
beinhaltet dabei die Festlegung der Zugehörigkeit bzw. Nichtzugehörigkeit von Objekten zu
bestimmten Begriffen. Bei der Begriffsrealisierung sollen auf der Grundlage der Kenntnis der
Merkmale des Begriffs Repräsentanten hergestellt bzw. ergänzt und untersucht werden.

Welche Figuren die Schülerinnen und Schüler ganzheitlich, ohne dass dabei erste Eigenschaften eine nachweisbare Rolle spielen, benennen (identifizieren) und darstellen (realisieren)

---

[19] Aus Kapazitätsgründen konnte der Unterricht der Kontrollgruppe nicht von der Versuchsleiterin durchgeführt
      werden. Aufgrund der freiwilligen Teilnahme der Kontrollgruppenlehrkraft kann jedoch von einer relativ ho-
      hen Motivation und von einem relativ großen Interesse an geometrischen Inhalten ausgegangen werden.
[20] Die unter diesem Abschnitt aufgeführten Darstellungen zum Leistungstest beziehen sich auf den Posttest. Im
      Prä- und Follow-up-Test wurde die Reihenfolge der Aufgaben bzw. die darin enthaltenen Abbildungen zum
      Teil vertauscht (vgl. hierzu auch S. 113).

können (0. Niveaustufe nach van-Hiele), wird vor allem in den *Aufgaben 1, 2, 5a* und *5b* erfasst.

Mit den *Aufgaben 3* und *5c*, die zum Beschreiben ausgewählter Körper auffordern, wird die Entwicklung von Kenntnissen zu Eigenschaften ausgewählter Körper in den Blick genommen (1. Niveaustufe nach van-Hiele). Dass innerhalb der Beschreibungen auch Beziehungen zwischen Eigenschaften und Figuren vorkommen können (2. Niveaustufe nach van-Hiele), ist dabei nicht auszuschließen. Auch vordergründig ganzheitlich wahrgenommene Beschreibungen der Körper (0. Niveaustufe nach van-Hiele) sind denkbar.

Niveaustufe 1 des van-Hiele-Modells entsprechende Testaufgaben stellen außerdem die *Aufgaben 6* und *7a* dar, bei denen explizit Eigenschaften ausgewählter Körper bzw. das Körpernetz eines Zylinders identifiziert werden sollen.

Inwiefern die Schülerinnen und Schüler gezielte, sich auf das Niveau 2 des van-Hiele-Modells beziehende Aussagen treffen können, soll mit den *Aufgaben 4, 5d* und *7b*, bei denen die Kinder zum Begründen geometrischer Sachverhalte aufgefordert werden, genauer untersucht werden.

Aufgabe 8, 9 und *10* stellen Aufgaben dar, die Fähigkeitsbereiche aufgreifen, die so im Rahmen der Untersuchung nicht direkt trainiert wurden, aber implizit im Unterrichtsgeschehen eine Rolle spielten. Dazu zählen zum Beispiel Fähigkeiten und Fertigkeiten im Erkennen räumlicher Beziehungen oder im Verkleinern und Vergrößern ebener Abbildungen.

Tabelle 5.1 zeigt die Testaufgaben noch einmal im Überblick und verweist dabei auf den jeweils primären, der Konzeption zugrunde gelegten theoretischen Hintergrund[21].

Tabelle 5.1
Die Testaufgaben im Überblick

TESTAUFGABEN		HINTERGRUND
F1	Welche geometrischen Körper und Flächen findest du in diesem Bild wieder? Notiere!	✓ Zentrale Kompetenz: Geometrische Figuren erkennen, benennen und darstellen; Körper und ebene Figuren in der Umwelt wiedererkennen (und Fachbegriffe zuordnen) ✓ Van-Hiele-Niveau 0 ✓ Identifizieren
F2	Wähle dir einen geometrischen Körper aus dem Bild oben aus und zeichne ihn!	✓ Zentrale Kompetenz: Geometrische Figuren erkennen, benennen und darstellen; Zeichnungen mit Hilfsmittel sowie Freihandzeichnungen anfertigen ✓ Van-Hiele-Niveau 0 ✓ Realisieren
F3	Beschreibe den Körper aus Aufgabe 2!	✓ Zentrale Kompetenz: Geometrische Figuren erkennen, benennen und darstellen ✓ Van-Hiele-Niveau 1 ✓ Beschreiben

---

[21] Dass weitere Kompetenzbereiche (insbesondere z. B. das räumliche Vorstellungsvermögen betreffend; vgl. hierzu auch Abschnitt 1.3.3) oder auch weitere Handlungsanforderungen durch die Aufgabenstellungen mit angesprochen werden, ist nicht auszuschließen.

F4	Tim behauptet: Das Dach des Gebäudes im Bild ist kegelförmig. Was meinst du? Stimmt das? Begründe deine Antwort, so gut du kannst.	✓ Zentrale Kompetenz: Geometrische Figuren erkennen, benennen und darstellen ✓ Van-Hiele-Niveau 2 ✓ Begründen
F5a	Erkennst du bei diesen Abbildungen die geometrischen Körper? Schreibe zu jeder Abbildung den Namen des Körpers!	✓ Zentrale Kompetenz: Geometrische Figuren erkennen, benennen und darstellen; Körper und ebene Figuren in der Umwelt wiedererkennen (und Fachbegriffe zuordnen) ✓ Van-Hiele-Niveau 0 ✓ Identifizieren
F5b	Wähle einen der oberen Gegenstände aus und zeichne diesen.	✓ Zentrale Kompetenz: Geometrische Figuren erkennen, benennen und darstellen; Zeichnungen mit Hilfsmittel sowie Freihandzeichnungen anfertigen ✓ Van-Hiele-Niveau 0 ✓ Realisieren
F5c	Beschreibe diesen näher!	✓ Zentrale Kompetenz: Geometrische Figuren erkennen, benennen und darstellen ✓ Van-Hiele-Niveau 1 ✓ Beschreiben
F5d	Wähle einen Körper von oben aus, bei dem du Symmetrien erkennst. Begründe deine Entscheidung.	✓ Zentrale Kompetenz: Einfache geometrische Abbildungen erkennen, benenne und darstellen; Eigenschaften der Achsensymmetrie erkennen, beschreiben und nutzen ✓ Van-Hiele-Niveau 2 ✓ Begründen
F6	Nenne geometrische Eigenschaften der folgenden Gegenstände!	✓ Zentrale Kompetenz: Geometrische Figuren erkennen, benennen und darstellen; Körper und ebene Figuren in der Umwelt wiedererkennen (und Fachbegriffe zuordnen) ✓ Van-Hiele Niveau 1 ✓ Identifizieren
F7a	Du möchtest aus Papier diese Werbesäule nachbauen: Kreuze alle Formen an, die du zum Bauen benötigst!	✓ Zentrale Kompetenz: Geometrische Figuren erkennen, benennen und darstellen; Modelle von Körpern (herstellen und) untersuchen ✓ Van-Hiele Niveau 1 ✓ Identifizieren
F7b	Warum hast du genau diese Formen ausgewählt? Begründe!	✓ Zentrale Kompetenz: Geometrische Figuren erkennen, benennen und darstellen; Modelle von Körpern (herstellen und) untersuchen ✓ Van-Hiele-Niveau 2 ✓ Begründen
F8	Marie möchte ihre Spielwürfel in einem Karton verstauen. Sie hat bereits damit begonnen. Wie viele Würfel passen insgesamt in den Karton?	✓ Zentrale Kompetenz: Flächeninhalt und Rauminhalt vergleichen und messen; Rauminhalt vergleichen und die Anzahl von Einheitswürfeln bestimmen ✓ Realisieren
F9	Welches Kind sieht das Haus so, wie es unten abgebildet ist? Schreibe jeweils den richtigen Namen unter die Abbildungen!	✓ Zentrale Kompetenz: Sich im Raum orientieren: über räumliches Vorstellungsvermögen verfügen; räumliche Beziehungen erkennen, beschreiben und nutzen (Ansichten) ✓ Identifizieren
F10	Verkleinere das Haus durch eine Skizze, ohne dass es seine Form verändert!	✓ Zentrale Kompetenz: Einfache geometrische Abbildungen erkennen, benennen, darstellen; Figur im Gitternetz abbilden (verkleinern, vergrößern) ✓ Realisieren

Die Anzahl der Testaufgaben waren zu den drei Messzeitpunkten (vgl. Abschnitt 5.4) identisch. Um einen Wiedererkennungswert zu senken und Erinnerungseffekte zu vermeiden, wurden im Prä- und Follow-up-Test die Reihenfolge der Items bzw. die darin verwendeten Abbildungen zu den Messzeitpunkten variiert.

Entwicklung eines Kodierleitfadens

Zur Auswertung der Daten wurde ein Kodierplan (vgl. Anhang J) erstellt, in welchem jeder Aufgabenstellung des Testbogens ein passender Name (Variablenlabel) und jeder Variablenausprägung ein eindeutiger Punktewert (Wertelabel) zugewiesen wurde, der möglichst wenig Interpretationsspielraum zulässt und objektive Entscheidungen ermöglicht. Zur Bewertung der Freihandzeichnungen der Schülerinnen und Schüler (*Aufgabe 2 und 5a*) wurden auf der Grundlage vorhandener theoretischer Erkenntnisse (in diesem Fall auf der Basis der Untersuchungen zum räumlichen Zeichnen von Lewis (1963) und Mitchelmore (1976), vgl. hierzu auch Abschnitt 1.3.2.2) vier Entwicklungsstadien als Variablenausprägung festgelegt. Zur Bewertung der Beschreibungen von Körpern wurden in Anlehnung an die qualitative Inhaltsanalyse nach Mayring (2008), auf die im Zusammenhang mit dem Messinstrument zur Erfassung der Protokollierfähigkeit (Abschnitt 5.3.2) noch einmal vertiefend eingegangen wird, auf der Basis des Datenmaterials unter Berücksichtigung vorhandener theoretischer Erkenntnisse Beschreibungsniveaus zugeordnet. Dazu wurden die Beschreibungen der Kinder zunächst induktiv nach Ähnlichkeit sortiert und im Anschluss an die Analyse von Gemeinsamkeiten und Unterschieden in Bezug auf das van-Hiele-Modell (1984, 1986) Kategorien bzw. Niveaustufen gebildet. Ähnlich wurde auch für die Festlegung der Begründungsniveaus vorgegangen. Die Aufgabe 5d, die die Kinder selbst zum Nachtest zum Teil noch stark überforderte, wurde mit den Variablenausprägungen „begründet" oder „nicht begründet" erfasst. Bei anderen Aufgaben wurde wiederum die Anzahl an Antworten bzw. an richtig identifizierten Körpern und Merkmalen kodiert. Tabelle 5.2 zeigt einen Auszug aus dem Kodierplan. Für eine detaillierte Darstellung der Niveaustufen wird auf Anhang J verwiesen.

Tabelle 5.2
Auszug Kodierplan zur Auswertung der Testhefte

F5a	Geometrische Körper erkennen	0	kein Körper richtig identifiziert	zu identifizierende Figuren:
		1	ein Körper richtig identifiziert	
		2	zwei Körper richtig identifiziert	Kegel, Zylinder,
		3	drei Körper richtig identifiziert	Quader, Würfel,
		4	vier Körper richtig identifiziert	Kegel, Kugel,
		5	fünf Körper richtig identifiziert	Quader, Pyra-
		6	sechs Körper richtig identifiziert	mide
		7	sieben Körper richtig identifiziert	
		8	acht Körper richtig identifiziert	
F5b	Geometrischer Körper skizzieren	0	keine Skizze	vgl. Phasen des
		1	eben-schematische Skizze	Zeichnens nach
		2	körperlich-schematische Skizze	Lewis (1963)
		3	prärealistische Skizze	und Mitchel-
		4	realistische Skizze	more (1976)
F5c	Geometrischer Körper beschreiben	0	Beschreibungsniveau 0	Definition mit
		1	Beschreibungsniveau 1	Ankerbeispielen
		2	Beschreibungsniveau 2	siehe Kodieran-
		3	Beschreibungsniveau 3	hang S. 209 ff.
		4	Beschreibungsniveau 4	
		5	Beschreibungsniveau 5	
		6	Beschreibungsniveau 6	
F5d	Symmetrie begründen	0	nicht begründet	
		1	begründet	

Um die Punktewerte (Aufgabenscores) schließlich sinnvoll interpretieren, mit Punktewerten anderer Aufgaben vergleichen und zu einem gemeinsamen Testscore, bei dem alle Mittelwerte aus den einzelnen erzielten Punktwerten mit gleichem Gewicht eingehen, zusammenfassen zu können, wurde nach der Eingabe in die Datenmaske eine Skalierung der Daten auf einen einheitlichen Wertebereich von 0 bis 8 vorgenommen. Das heißt, bei einer zweistufigen Skala (0, 1) wurden die einzelnen Werte mit 8 multipliziert, bei einer fünfstufigen Antwortskala (0, 1, 2, 3, 4) mit 2 und so fort.

Ob die Aufgaben klar und eindeutig formuliert, inhaltlich und sprachlich korrekt sowie vom Anforderungsniveau her für die Probandengruppe geeignet sind, wurde im Rahmen einer Vorstudie mit 15 Schülerinnen und Schüler der Grundschule Neuburg am Rhein pilotiert. Für die Hauptuntersuchung optimiert wurden dabei bei Aufgabe 1 und 4 die Abbildung, bei Aufgabe 6 die Aufgabenformulierung und bei Aufgabe 5d, wie bereits angedeutet, der Erwartungshorizont. Auch in Bezug auf den Kodierleitfaden wurden im Rahmen der Vorstudie erste Variablenausprägungen erfasst und zusammengestellt, die später auf das Datenmaterial der Hauptuntersuchung angewendet und weiter ausdifferenziert wurden.

Gütekriterien des Leistungstests

Als Hauptgütekriterien für die Beurteilung eines Tests gelten

- die Objektivität,
- die Reliabilität und
- die Validität.

Die Objektivität eines Tests wird durch den Grad der Unabhängigkeit der Ergebnisse vom Untersucher und Auswerter bestimmt (Lienert & Raatz, 1998, S. 7 f.; Rost, 2013, S. 175). Zur Sicherung der Durchführungsobjektivität erfolgte die Erhebung unter möglichst standardisierten Bedingungen. Das heißt, alle Klassen wurden zu einem ähnlichen Zeitpunkt im Tagesverlauf und durch dieselbe Versuchsleiterin, der ausführlich schriftlich fixierte Durchführungsanweisungen vorlagen, getestet. Die Objektivität der Auswertung wurde durch den bereits erwähnten Kodierleitfaden gesichert. Zur Überprüfung des Kodierleitfadens wurden zusätzlich 40 zufällig ausgewählte Testhefte von drei geschulten Ratern[22] unabhängig voneinander bewertet, um anschließend die Beobachterübereinstimmungen zu ermitteln. Als Übereinstimmungsmaß wurde der Fleiss´ Kappa-Koeffizient κ_m gewählt. Die κ_m-Werte lagen zwischen 0.68 und 1.00, was für eine gute bis sehr gute Übereinstimmung spricht (Bortz & Döring, 2006, S. 277; Wirtz & Caspar, 2002, S. 59; vgl. hierzu auch Abschnitt 5.3.2, S. 121 f.).

Zur Kontrolle der Reliabilität, die den Grad der Genauigkeit der Messung hinsichtlich eines bestimmten Merkmals angibt, wurde eine Reliabilitätsbestimmung in Form der internen Konsistenz mit Hilfe des Cronbach α Koeffizienten durchgeführt (Lienert & Raatz, 1998, S. 9 f. & 180 ff.; Rammstedt, 2010, S. 248 f.). Als Schwellenwert für einen guten Bereich gilt Bortz und Döring (2006, S. 199) zufolge α = .80. Für Gruppenvergleiche werden aber auch Reliabilitäts-

---

[22] Zu den drei Ratern zählten eine promovierte Grundschullehrerin, eine promovierte Mathematikdidaktikerin im Primarstufenbereich sowie die Versuchsleiterin.

koeffizieten ab .50 bzw. .55 als akzeptabel angesehen (Lienert & Raatz, 1998, S. 14, Rost, 2013, S. 179). Mit Kennwerten ab .62 lagen für den Leistungstest zu den drei Messzeitpunkten somit annehmbare Reliabilitäten vor (siehe Tabelle 5.3).

Tabelle 5.3
Reliabilitäten Leistungstest (Cronbachs Alpha für standardisierte Items)

	Prätest	Posttest	Follow-up-Test
Geometrieleistungen	.62	.76	.77

Wenn an dieser Stelle zusätzlich berücksichtigt wird, dass mit dem Leistungstest verschiedene Fähigkeitsbereiche der Geometrie aufgegriffen und die Kinder mit unterschiedlich komplexen Anforderungen – insbesondere zum Messzeitpunkt 1, bei dem die Kinder nur wenig Vorwissen mitbringen – konfrontiert wurden, so lassen sich die geringen Reliabilitäten für den Geometrietest weiter relativieren (Lienert & Raatz, 1998, S. 177).

Die Validität gibt den Grad der Genauigkeit an, mit dem der Test tatsächlich das misst, was er zu messen vorgibt (Lienert & Raatz, 1998, S. 10; Rammstedt, 2010, S. 250; Rost, 2013, S. 180). Ein kompetentes Expertenteam, bestehend aus Mitgliedern der Arbeitsgruppe Didaktik der Mathematik für die Primarstufe der Universität Koblenz-Landau, beurteilte in Bezug auf die inhaltliche Validität die Auswahl der Testaufgaben und kam zu dem Schluss, dass die Testaufgaben inhaltlich eine repräsentative Auswahl für das zu erfassende Merkmal „geometrisches Wissen und Können zu Körpern" darstellte. „Vielfach werden Tests [...] auch in der Weise auf ihre Validität hin geprüft, daß sie mit anderen für dasselbe Persönlichkeitsmerkmal valide anerkannten Tests korreliert werden" (Lienert & Raatz, 1998, S. 222). Aufgrund fehlender vergleichbarer Testinstrumente in diesem Bereich war dies jedoch leider nicht möglich. Auch die Korrelation mit einem so genannten Außenkriterium (Lienert & Raatz, 1998, S. 11; Rost, 2013, S. 181), wie beispielsweise der Mathematiknote, machte wenig Sinn. In welchem Umfang geometrische Leistungen tatsächlich in die Mathematiknote miteinfließen und so als repräsentativ für das zu erfassende Merkmal „geometrisches Wissen und Können zu Körpern" gelten können, bleibt fraglich.

5.3.2 Video-Item zu Erfassung der Protokollierfähigkeit[23]

Für die Analyse der Protokollierfähigkeit wurden in interdisziplinärer, gruppenübergreifender Zusammenarbeit mit einem Forscherteam sogenannte „Video-Items" sowie ein entsprechendes Analyseschema entwickelt (vgl. Engl u.a., 2015). Dieses Forscherteam bestand aus Fachdidaktikern (Mathematik, Naturwissenschaften und Geographie), Pädagogen und Psycholo-

---

[23] Reprinted (adapted) by permission from Springer Nature Customer Service Center GmbH: Springer Nature, Zeitschrift für Didaktik der Naturwissenschaften: Entwicklung eines Messinstrumentes zur Erfassung der Protokollierfähigkeit – initiiert durch Video-Items (21(1), 223-229). Lisa Engl, Stefan Schumacher, Kerstin Sitter, Matthias Größler, Engelbert Niehaus, Renate Rasch, Jürgen Roth & Björn Risch, Copyright (2015).

gen, die sich im Rahmen der vom rheinlandpfälzischen Wissenschaftsministerium geförderten Forschungsinitiative II (Förderperiode 2012-2013)[24] an der Universität Koblenz-Landau im Bereich der Bildungswissenschaften zusammengefunden haben, um eine systematische Vernetzung schulischer und außerschulischer Lernorte zu konzipieren, zu implementieren und zu evaluieren. Dazu zählte unter anderem auch die Entwicklung des im Folgenden dargestellten Prototyps eines Messinstrumentes zur fach- und altersunabhängigen Erfassung der Protokollierfähigkeit.

Konzeption des Video-Items

Die Konzeption des Video-Items beruhte auf der Idee, Schülerinnen und Schülern ein kurzes Video (Dauer: ca. drei Minuten) als Grundlage für das Erstellen eines Protokolls in Testsituationen zu zeigen. Nach Berthold, Nückles und Renkl (2004, S. 195 f.) kann davon ausgegangen werden, dass Videosequenzen ein geeigneter Ausgangspunkt für das Testen der Protokollierfähigkeit sind. Im Video des vorliegenden Teilprojektes (eigene Aufnahme) wurde in Anlehnung an das außerschulische Lernen ein Wohngebäude unter geometrischen Gesichtspunkten betrachtet. Bei der Produktion des Videos wurde darauf geachtet, dass die wichtigsten geometrischen Körper und Flächen enthalten sind. Im Protokoll erkannt und benannt werden sollten zum Beispiel die Grundform des gezeigten Gebäudes, die Form des Daches und weitere geometrische Formen der unmittelbaren Umgebung, so zum Beispiel die prismenförmigen Dächer des Anbaus, der zylinderförmige Baumstamm oder der quaderförmige Briefkasten mit seinen ebenfalls quaderförmigen Stützen im Vorgarten (siehe Abbildung 5.10).

Abbildung 5.10. Bildausschnitte aus dem Video-Item (Post-Test; eigene Aufnahme).

Um Erinnerungseffekte zu vermeiden, wurde für das Video im Prä- und Follow-up-Test ein anderes Gebäude ausgewählt (vgl. 1. Doppelstunde, Abschnitt 5.1.2). Eine hohe strukturelle und inhaltliche Übereinstimmung zwischen den Videos wurde jedoch angestrebt. So waren die Anzahl der geometrischen Figuren, die Videodauer sowie die Sprachinformationen identisch zum Video im Posttest.

Der sich an das Video anschließende Arbeitsauftrag, der in Kombination mit der gezeigten Videosequenz im Folgenden als Video-Item bezeichnet wird, forderte die Lernenden zum Protokollieren des Gesehenen auf:

---

[24] Aufgrund fehlender Fördermittel konnte das Projekt leider nicht fortgeführt werden, weshalb es auch bei einem Prototyp eines möglichen Messinstrumentes für die Erfassung der Protokollierfähigkeit blieb (vgl. hierzu auch Abschnitt 7.2).

Schreibe und skizziere alles auf, was du gesehen hast. Notiere und skizziere es so,
dass sich andere Kinder das Gebäude sowie die Umgebung gut vorstellen können.

Die Offenheit der Aufgabenstellung sollte den Lernenden möglichst viel Spielraum beim Protokollieren lassen, damit sie ihre unterschiedlichen Voraussetzungen bezüglich des geometrischen Vorwissens, des Wahrnehmungs- und Vorstellungsvermögens optimal einsetzen konnten. Im Arbeitsauftrag andere Kinder als Adressaten vorzusehen, beruht auf der Erkenntnis,
dass Darstellungen, die für Dritte erzeugt werden, oft mit mehr Details versehen werden, als
Darstellungen für den eigenen Gebrauch (R. Cox, 1999, S. 347). Der Bezug zu Dritten, die das
Video nicht gesehen haben, ist aus der eigenen Unterrichtserfahrung heraus für Kinder im
Grundschulalter zudem gut herstellbar.

Entwicklung eines Kategoriesystems

Um die Ausprägung und die Entwicklung der Protokollierfähigkeiten bei Lernenden auf der
Basis der Videoprotokolle erfassen zu können, bot es sich an, die Daten einer qualitativen Inhaltsanalyse (Mayring, 2008) zu unterziehen. Dabei werden aus dem Datenmaterial einige wenige Kategorien abgeleitet, unter denen möglichst viele Daten zusammengefasst werden können. Idealtypisch werden die Kategorien entweder induktiv aus dem Material gewonnen oder
deduktiv (theoriegeleitet) an das Material herangetragen (Mayring, 2008, S. 74 ff.). In der vorliegenden Untersuchung wurde eine Mischform gewählt, bei der zunächst induktiv Kategorien
aus dem Material gewonnen und auf der Grundlage vorhandener theoretischer Erkenntnisse
ergänzt und verfeinert wurden. Dass bei einer induktiven Vorgehensweise sich schon erarbei-
tetes theoretisches Wissen nicht restlos ausblenden lässt und möglicherweise implizit bereits
erste Kriterien vorlagen, ist ein in diesem Zusammenhang oft hervorgebrachter Kritikpunkt.
Allerdings gilt zu bedenken, dass dieses Vorwissen den Prozess der Identifizierung wichtiger
Aspekte in den vorliegenden Materialen ebenso unterstützen kann.

Den Anfang des beschriebenen qualitativ-inhaltsanalytischen Vorgehens bildete die Sichtung
der Videoprotokolle. Dadurch entstand ein erster Gesamteindruck. Kognitionspsychologisch
betrachtet (vgl. z. B. Pichert & Anderson, 1977) ist es die Perspektive einer Person, die bestimmt, was sie bei der Lektüre eines Textes für wichtig hält und was für unwichtig (vgl. auch
Rüede & Weber, 2012, S. 5). Im Rahmen der Untersuchung lag die Perspektive entsprechend
des Auftrags zum Video-Item auf den Fähigkeiten der Lernenden zur Reproduktion der Vi-
deoinhalte. In mehreren Arbeitsschritten wurde versucht, erste Kategorien zu formulieren,
die das Konstrukt der Protokollierfähigkeit genauer beschreiben. Dazu wurden zunächst je
zwei Protokolle herausgegriffen, die sich hinsichtlich der Qualität stark unterschieden. Besonderheiten und Auffälligkeiten wurden in Form zweier möglichst gegensätzlicher Merkmalspaare formuliert (Rüede & Weber, 2012, S. 10). Dabei wurden beispielsweise die Darstellung,
der Aufbau oder auch die inhaltliche Vollständigkeit berücksichtigt. Ein Beispiel (siehe Tabelle 5.4) soll das Vorgehen illustrieren.

Tabelle 5.4
Gegensätzliche Merkmalspaare am Beispiel zweier Videoprotokolle (eigene Untersuchung)

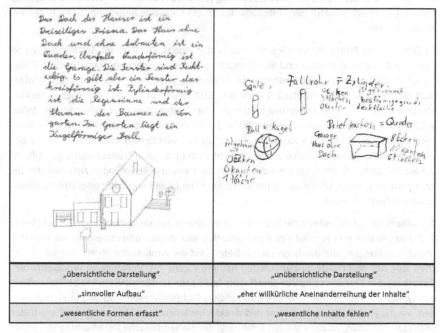

„übersichtliche Darstellung"	„unübersichtliche Darstellung"
„sinnvoller Aufbau"	„eher willkürliche Aneinanderreihung der Inhalte"
„wesentliche Formen erfasst"	„wesentliche Inhalte fehlen"

Die so entstandenen gegensätzlichen Merkmalspaare wurden im Anschluss nach Ähnlichkeit sortiert und Kategorien, die folglich als Variablen bzw. Variablenausprägungen für Protokollierfähigkeit angenommen werden können, in Anlehnung an einschlägige Literatur (z. B. Becker-Mrotzek & Böttcher, 2011; Bruner, 1971; Langer, Schulz von Thun & Tausch, 1981) gebildet. Auf diese Weise entstanden vier Kategorien.

Die Kategorie *Gliederung* wurde an das Hamburger-Verständlichkeitsmodell der Psychologen Langer, Schulz von Thun und Tausch (1981) angelehnt. Auf der Suche nach Eigenschaften, die einen Text verständlich machen, haben die genannten Autoren vier Verständlichkeitsdimensionen definiert, darunter auch das Merkmal Gliederung, das zunächst sowohl äußere Gliederung als auch innere Ordnung berücksichtigt. Ersteres bezieht sich dabei auf die rein äußere Struktur des Textes wie beispielsweise die Verwendung von Absätzen oder Strukturierungselementen wie Aufzählungszeichen, Beschriftungen, Pfeile, farbliche Hervorhebungen oder Ähnliches. Zusammenhängende Teile werden übersichtlich gruppiert, Wesentliches von weniger Wichtigem unterschieden. Bei der Kategorie „Innere Ordnung" geht es um Fragen wie: Stehen die Sätze beziehungshaltig nebeneinander und werden sie folgerichtig aufeinander bezogen? Ist die gewählte Reihenfolge der Darstellung sinnvoll (Langer u.a., 1981, S. 15 f.)? Beide Aspekte spielen auch bei der Reproduzierbarkeit von Protokollen eine wichtige Rolle und sind nicht nur auf die reine Textform beschränkt. Auch durch Skizzen oder Tabellen werden Darstellungen gegliedert und die Verständlichkeit kann erhöht werden. Unter der Kategorie *Gliederung* wurde in der vorliegenden Untersuchung jedoch rein die äußere Form der Darstellung gefasst. Die innere Struktur der Protokolle floss in die Kategorie *Beziehung* (siehe folgender Absatz) mit ein.

Im Zentrum der Protokolle standen die Inhalte der Videos. Die Qualität der Inhalte wurde durch die Kategorien *Produkt* und *Beziehungen zwischen den Inhalten* charakterisiert. Diese Dimensionen finden sich auch häufig bei der Bewertung von Schülertexten im Deutschunterricht wieder (z. B. Becker-Mrotzek & Böttcher, 2011, S. 95, 140 & 184; Böttcher & Becker-Mrotzek, 2009, S. 54). In Anlehnung an das Züricher Textanalyseraster (Nussbaumer, 1996, S. 108 f.) und das Modell von Baurmann (2002, S. 136) zählen beispielsweise die Autoren Böttcher und Becker-Mrotzek die Kategorie „Inhalt" zu den wichtigen Basisdimensionen zur Bewertung von Schülertexten im Deutschunterricht. In der Kategorie *Produkt* wurde geprüft, ob die wesentlichen Inhalte erfasst wurden. Durch die Kategorie *Beziehungen zwischen den Inhalten* wurde geprüft, ob die einzelnen Inhaltsbereiche beziehungshaltig oder isoliert voneinander dargestellt wurden.

Als weitere Kategorie wurden die *Repräsentationsformen* aufgenommen. Nach Bruner (1971, S. 21) lassen sich drei Formen der Repräsentation von Wissen unterscheiden: die enaktive (durch Handlungen), die ikonische (durch Bilder) und die symbolische (durch Zeichen, Sprache). Jede der drei Darstellungsmethoden hat ihre eigene Art, Vorgänge zu repräsentieren. Dabei hat jedes Medium seine Vor- und Nachteile. So kann zum Beispiel ein Beziehungsgefüge, das symbolisch repräsentiert ist, in ein räumliches Bild (ein Vorstellungsbild) übersetzt werden, um die gestellte Aufgabe besser und direkter verarbeiten zu können. Vorstellungsbilder enthalten Beziehungen zur visuellen Erfahrung, die die symbolische Verarbeitung von Informationen unterstützen kann. Andererseits gehen in der Simultaneität eines Bildes die zeitlichen Segmente, welche den Ablauf einer Handlung steuern, unter. Gewisse Zusammenhänge können also nur in Worten leicht und treffend ausgedrückt werden (Schnotz, 1994). Die Kategorie „Repräsentationsform" wurde deshalb rein deskriptiv erfasst und nicht normativ bewertet. Für die Protokollierung relevant waren dabei lediglich die ikonische und symbolische Repräsentationsform. Die enaktive Repräsentationsform spielte für die Protokollierung keine Rolle. Die Kategorien „Gliederung", „Produkt" und „Beziehungen" wiederum unterlagen normativen Auswertungskriterien.

Die Auswertung der Kategorien erfolgte durch die Erfassung der verschiedenen Aspekte jeder Kategorie. Beispielsweise bestand die Kategorie Gliederung aus den Aspekten Absätze, Strukturierungselemente und Genauigkeit (siehe Tabelle 5.5). Jeder Aspekt wurde durch ein Item repräsentiert. Die Kategorien „Repräsentationsform" und „Gliederung" waren unabhängig vom Inhalt und hatten deshalb über die Domänen/Teilprojekte hinweg eine feste Anzahl an Items. Die Itemanzahl der Kategorien „Produkt" und „Beziehungen" ergab sich wiederum für jede Videosequenz der Teilprojekte aus den dargestellten Inhalten. Jedes Item wurde dabei in der Regel dichotom kodiert (0 = nicht vorhanden, 1 = vorhanden). Bei der Kategorie Produkt wurde im vorliegenden Teilprojekt jedoch zum Beispiel eine dreistufige Skala (0 = nicht erfasst, 1 = zum Teil erfasst, 2 = erfasst) gewählt, um differenziertere Aussage über die Erfassung der wichtigsten Inhalte treffen zu können. Ähnlich wurde auch für ausgewählte Items der Kategorie „Beziehungen" vorgegangen. Eine Kodieranleitung definiert anhand von Ankerbeispielen die Ausprägungen der Items (vgl. Anhang K).

Tabelle 5.5
Kategorien und beinhaltete Aspekte der Auswertung

KATEGORIEN	ASPEKTE
Gliederung	• Absätze • Strukturierungselemente • Genauigkeit
Produkt	• Korrekte Darstellung wesentlicher Inhalte
Beziehungen	• Korrekte Darstellung wesentlicher Beziehungen zwischen Inhalten • Innere Struktur, Systematik des Aufbau
Repräsentationsform (deskriptiv)	• Art der gewählten Repräsentationsform (Skizze, Tabelle, Text, Fachsymbole) • Verwendung mehrerer Repräsentationen

Für eine gezielte Aussage über die Qualität der Protokolle wurden die einzelnen Items nach der Kodierung gewichtet und zu einem Gesamtwert für die jeweilige Kategorie (einem Aufgabenscore), der zwischen 0 und 1 lag, aggregiert. Mit Hilfe dieses Wertes konnten Bewertungen über die jeweilige Kategorie getroffen werden. Für die Bewertung des gesamten Protokolls wurden die drei Werte addiert und durch drei geteilt (Testscore), womit der maximal zu erreichende Wert für ein Protokoll ebenfalls bei 1 lag. Diese Auswertung ermöglichte allgemeine Rückschlüsse über die Güte eines Protokolls.

Gütekriterien des Messinstruments

Zur Überprüfung der Objektivität des Kategoriensystems wurden alle Kategorien von mehreren geschulten Ratern[25] unabhängig voneinander eingeschätzt. Anhand der Kodieranleitung wurden die Beurteilungen vorgenommen und anschließend auf Übereinstimmung mithilfe der Interrater-Reliabilität überprüft. Als Übereinstimmungsmaß wurde der Fleiss'Kappa-Koeffizient κ_m gewählt. Bezüglich der Interpretation geben Wirtz und Caspar (2002, S. 59) oder auch Bortz und Döring (2006, S. 277) in Anlehnung an Fleiss und Cohen den Bereich zwischen 0.60 und 0.75 als „gute" Reliabilität an. Die Kategorie „Gliederung", als eine fach- bzw. inhaltsunabhängige Kategorie, wurde dabei über alle Teilprojekte der Universität Landau hinweg von vier identischen Ratern (für 60 Protokolle) eingeschätzt. Für die Kategorie „Gliederung" liegt der κ_m-Wert zwischen 0.66 und 0.73, was nach Bortz und Döring (2006) oder Wirtz und Caspar (2002) für eine gute Übereinstimmung spricht. Für die Kategorien „Produkt" und „Beziehungen" haben jeweils drei (fachspezifische) Rater, insgesamt rund 70 Protokolle unabhängig voneinander ausgewertet. Für die Kategorie „Produkt" liegen die κ_m-Werte über die verschiedenen Fachinhalte hinweg zwischen 0.67 und 0.92. Ähnliche κ_m-Werte wurden auch für die

---

[25]   Zu den Ratern gehörten Studierende des lehramtsbezogenen Bachelor- und Masterstudiums sowie der jeweilige Versuchsleiter bzw. die jeweilige Versuchsleiterin der Teilprojekte.

Kategorie „Beziehungen" erzielt. Hier liegt der κ_m-Wert zwischen 0.74 und 0.89. Nahezu perfekt (κ_m= 0.82 bis 0.92) wurde die Kategorie „Repräsentationsformen" eingeschätzt. Auf der Basis der Beurteilerübereinstimmung ist das Kategoriensystem als objektiv einzuschätzen.

Zur Reliabilitätsbestimmung wurde die Test-Retest-Methode herangezogen, bei der einer ausgewählten Probandengruppe derselbe Test nach einem angemessenen Zeitabstand ein zweites Mal vorgelegt und schließlich die Korrelation der beiden Ergebnisreihen ermittelt wird (Lienert & Raatz, 1998, S. 9 & 180 f.; Rost, 2013, S. 177). Voraussetzung dafür ist, dass „sich die Ausprägung einer Person in dem zu erfassenden Merkmal [...] zwischen den beiden Zeitpunkten nicht (oder nur unwesentlich) ändert" (Rammstedt, 2010, S. 244; vgl. auch Lienert & Raatz, 1998, S. 179; Rost, 2013, S. 177). Aus diesen Überlegungen heraus, wurde die Analyse mit den Daten der Kontrollgruppe, die wie unter Abschnitt 5.2 geschildert, nicht direkt in ihrer Protokollierfähigkeit trainiert wurde, durchgeführt. Im Nachhinein stellte sich die Wahl der Gruppe zur Reliabilitätsbestimmung mittels Test-Retest-Methode jedoch als eher ungeeignet heraus. Genau wie die Experimentalgruppen, wurde auch die Kontrollgruppe über den Interventionszeitraum hinweg in ihrem geometrischen Wissen und Können trainiert, weshalb in Bezug auf die Kategorie Produkt nicht davon ausgegangen werden kann, dass das zu erfassende Merkmal Protokollierfähigkeit bei den Lernenden der Kontrollgruppe über die Zeit hinweg konstant bleibt. Sinnvoller wäre es gewesen, eine von der Untersuchung unabhängige Lerngruppe zu wählen. Auch der „Testwiederholungs"-Abstand war insgesamt sehr groß, die Stichprobenzahl wiederum sehr klein gewählt, was eine statistisch bedeutsame Reliabilitätsbestimmung zusätzlich erschwerte. Aus Zeitgründen sowie fehlenden Mitteln für weitere Analysen konnte die Reliabilität für das vorliegende Messinstrument jedoch nicht erneut bestimmt werden. In Folgeanalysen müsste diese deshalb noch einmal zwingend mit einer passenden Lerngruppe oder gar anderen Methode überprüft und sichergestellt werden.

In Bezug auf die Beurteilung der inhaltlichen Validität des Messinstrumentes wurde das bereits erwähnte Expertenteam, bestehend aus erfahrenen Fachdidaktikern, Pädagogen und Psychologen der Universität Koblenz-Landau, Campus Landau herangezogen. Im regelmäßigen Austausch und im Einklang aller Beteiligter wurde das Messinstrument mit dem Fokus auf die Erfassung der Protokollierfähigkeit, die theoretisch beleuchtet und erörtert wurde, konzipiert und erprobt. Folglich ist davon auszugehen, dass mit dem Messinstrument tatsächlich auch das gemessen wird, was es zu messen vorgibt, die Protokollierfähigkeit.

5.4 Durchführung der Untersuchung

Die Untersuchung gliederte sich in vier Teile, die sich insgesamt über drei Messzeitpunkte von Mitte Oktober 2012 bis Februar 2013 erstreckte (siehe Abbildung 5.11). Erhoben wurden die Daten sowohl in den Experimentalgruppen als auch in der Kontrollgruppe. Unterschiede innerhalb der Gruppen gab es ausschließlich in den Interventionsmaßnahmen (vgl. Abschnitt 5.2).

Prätest		Posttest	Follow-up-Test
Test zur Erfassung geometrischen Wissens und Könnens		Test zur Erfassung geometrischen Wissens und Könnens	Test zur Erfassung geometrischen Wissens und Könnens
Video-Item zur Erfassung der Protokollierfähigkeit	**Intervention** KW 43-48, 2012	Video-Item zur Erfassung der Protokollierfähigkeit	Video-Item zur Erfassung der Protokollierfähigkeit
(unmittelbar vor Projektstart)		(unmittelbar nach Projektende)	(zwölf Wochen nach Projektende)
KW 42, 2012		KW 49, 2012	KW 08, 2013

Abbildung 5.11. Koordination der Datenerhebung.

Die Erhebung des Prätests zur Erfassung des Ausgangsniveaus der Viertklässler sowie zur Kontrolle der Vergleichbarkeit der Versuchsgruppen fand eine Woche vor Interventionsbeginn statt. Die sechswöchige Intervention, der Kern der Untersuchung, schloss sich an, woraufhin eine Woche später der Posttest durchgeführt wurde. Der Posttest sollte dabei aufklären, ob ein Wissenstransfer stattfand und inwiefern sich die Gruppen diesbezüglich unterschieden. Hinweise in Bezug auf die Nachhaltigkeit des Lernens sollte ein Follow-up-Test liefern, der zwölf Wochen nach der Intervention, in denen die Lernenden den regulären Mathematikunterricht (mit Unterbrechung durch die Weihnachtsferien) absolvierten, erfolgte.

Durchgeführt wurde die Testung zu den drei Messzeitpunkten durch die Versuchsleiterin. Der Unterricht der Experimentalgruppen 1 und 2 wurde ebenfalls durch die Versuchsleiterin gestaltet. Den Unterricht der Kontrollgruppe übernahm aus Kapazitätsgründen die reguläre Mathematiklehrkraft.

5.5 Probandengruppe

Durchgeführt wurde die Untersuchung mit fünf vierten Klassen (N = 119) aus zwei rheinland-pfälzischen Grundschulen in den Landkreisen Landau und Südliche Weinstraße.

Die 119 Schülerinnen und Schüler setzten sich aus 54 Mädchen (45,4 %) und 65 Jungen (54,6 %) zusammen, die einen durchschnittlichen sozioökonomischen Status aufwiesen. Das Alter der Viertklässler lag zwischen 8 und 11 Jahren (M = 9.17, SD = 0.46). Ähnliche Zahlen ergaben sich auch innerhalb der drei Versuchsgruppen (siehe Tabelle 5.6).

Bezüglich der Verteilung der Schülerinnen und Schüler auf die drei Bedingungen wurde aufgrund organisatorischer Gegebenheiten klassenweise vorgegangen. Je zwei Klassen bildeten eine Experimentalgruppe ($N_{EG\ 1}$ = 51; $N_{EG\ 2}$ = 50). Auch die Kontrollgruppe entsprach einer Klasse. Durch die geringe Schülerzahl der Kontrollgruppe (N_{KG} = 18) sind die diesbezüglichen Ergebnisse (vgl. Kapitel 6) in ihrer Aussagekraft begrenzt und unter Vorbehalt zu interpretieren.

Tabelle 5.6
Übersicht über die Verteilung der Probanden in den Versuchsgruppen

	Experimentalgruppe 1	Experimentalgruppe 2	Kontrollgruppe
N (gesamt)	51	50	18
Mädchen	22 (43,1 %)	22 (44 %)	10 (55,6 %)
Jungen	29 (56,9 %)	28 (56 %)	8 (44,4 %)
Durchschnittsalter	9.14 (SD = 0.40)	9.22 (SD = 0.47)	9.11 (SD = 0.58)

Wie jede Schulklasse waren auch die der Untersuchung durch Heterogenität geprägt. Nennenswerte Auffälligkeiten gab es jedoch nicht. Basierend auf der Zeugnisnote Mathematik sowie den Einschätzungen der Lehrkräfte konnte bei allen fünf Klassen von einem durchschnittlichen mathematischen Wissen und Können ausgegangen werden. In den vergangenen Schuljahren machten bereits alle Schülerinnen und Schüler gemäß der im Teilrahmenplan Mathematik (vgl. Ministerium für Bildung, Frauen und Jugend 2002 bzw. Ministerium für Bildung, Wissenschaft, Weiterbildung und Kultur 2014) verankerten Inhalte erste Erfahrungen mit Körperformen. Quader und Würfel oder auch Kugel wurden beispielsweise bereits kennengelernt und näher behandelt. Ein Basiswissen war vorhanden. Die Ergebnisse des Prätests belegten vergleichbare Ausgangsbedingungen für die Experimental- und Kontrollgruppe. In keinem der untersuchungsrelevanten Bereiche konnten zum Messzeitpunkt 1 signifikante Unterschiede zwischen den Gruppen gefunden werden (vgl. Abschnitt 6.1).

5.6 Statistische Methoden

Zur Auswertung der Daten wurden je nach Fragestellung und Zielsetzung der vorliegenden Arbeit primär zwei verschiedene statistische Verfahren genutzt: Die einfaktorielle Varianzanalyse mit und ohne Messwiederholung. Zur Analyse der Mittelwerte zweier Gruppen wurde zusätzlich der t-Test als weiteres parametrisches Verfahren herangezogen.

Die einfaktorielle Varianzanalyse ohne Messwiederholung

Um sicherzustellen, dass sich die drei experimentellen Bedingungen in ihren Prätest-Leistungen nicht unterscheiden und somit vergleichbare Ausgangsbedingungen vorliegen, wurden die zwei zum Messzeitpunkt 1 erhobenen abhängigen Variablen (*Geometrieleistungen, Protokollierfähigkeit*) separaten einfaktoriellen Varianzanalysen (ANOVA) unterzogen (vgl. Abschnitt 6.1).

Zu den zentralen Voraussetzungen der Varianzanalyse ohne Messwiederholung zählt unter anderem die Intervallskalenqualität der abhängigen Variablen (Voraussetzung 1). Sowohl die abhängige Variable *Geometrieleistungen* als auch die abhängige Variable *Protokollierfähigkeit* gingen als aggregierte Testscores und demnach als Mittelwerte über alle Aufgaben bzw. Kategorien in die Varianzanalysen ein. Folglich kann von intervallskalierten Daten ausgegangen werden. Zusätzlich zum Intervallskalenniveau muss die Normalverteilung erfüllt sein (Voraussetzung 2). Diese wurde durch den Shapiro-Wilk-Test überprüft und kann ebenfalls für beide Variablen angenommen werden. Eine weitere Voraussetzung (Voraussetzung 3) stellt die Varianzhomogenität dar, die besagt, dass die Varianzen der untersuchten Gruppe gleich sein müssen. Die Überprüfung der Varianzhomogenität erfolgte mit dem Levene-Test, gemäß dem für beide Variablen eine Gleichheit der Varianz vorlag. Auch die Voraussetzung der Unabhängigkeit der zu vergleichenden Messwerte (Voraussetzung 4), galt als erfüllt. Statistisch analysiert wurden jeweils die Mittelwertunterschiede eines Messzeitpunkts. Jeder Klasse wurde eine konkrete Bedingung zugeordnet und deren *Geometrieleistungen* und *Protokollierfähigkeiten* zum Messzeitpunkt 1 verglichen. Alle Grundvoraussetzungen für die Varianzanalyse ohne Messwiederholung waren demnach gegeben.

(Eid, Gollwitzer & Schmitt, 2015, S. 408 f.; Field, 2013, S. 168 ff.; B. Rasch, Friese, Hofmann & Naumann, 2014b, S. 30 f.; Stevens, 2007, S. 56 ff.)

Die einfaktorielle Varianzanalyse mit Messwiederholung

Um die zeitliche Veränderung der Merkmale *Geometrieleistungen* und *Protokollierfähigkeit* erfassen zu können, wurden diese dreimal an den gleichen Versuchspersonen gemessen (Prä-, Post- und Follow-up-Testung). Die zu den verschiedenen Zeitpunkten erfassten Daten sind folglich voneinander abhängig, weshalb die Varianzanalyse mit Messwiederholung (RM-ANOVA oder auch within-subjects ANOVA) als inferenzstatistisches Verfahren gewählt wurde (vgl. Abschnitt 6.2).

(Eid u.a., 2015, S. 462 ff.; B. Rasch u.a., 2014b, S. 66 ff.)

Ähnlich wie bei der Varianzanalyse ohne Messwiederholung sind auch an die Varianzanalyse mit Messwiederholung Voraussetzungen geknüpft. In den ersten drei Voraussetzungen stimmen die beiden Verfahren überein: „Intervallskaliertheit der Daten, Normalverteilung des Merkmals sowie Homogenität der Varianzen in den Stufen des Faktors bzw. der Bedingungskombinationen mehrerer Faktoren" (B. Rasch u.a., 2014b, S. 71). Statt der Unabhängigkeit der zu vergleichenden Messwerte gilt für die Analyse mit Messwiederholung die Voraussetzung, „dass alle Korrelationen zwischen den einzelnen Stufen des messwiederholten Faktors homogen sein müssen" (B. Rasch u.a., 2014b, S. 71). Überprüft werden kann diese Annahme mit dem Mauchly-Test auf Sphärizität. In Fällen der Verletzung der Sphärizität wurden die Freiheitsgrade mit Hilfe des Korrekturverfahrens nach Huynh und Feldt (wenn $\varepsilon > .75$) vorgenommen (Eid u.a., 2015, S. 476 f.; Field, 2013, S. 548; B. Rasch u.a., 2014b, S.71 ff. & 143). Für den vorliegenden Analyseschritt waren alle Voraussetzungen erfüllt.

Der t-Test für unabhängige Strichproben

Um zu prüfen, ob Geschlechterunterschiede hinsichtlich der abhängigen Variablen *Geome-*

trieleistungen bzw. *Protokollierfähigkeit* vorliegen, wurde der t-Test für unabhängige Stichproben herangezogen (vgl. Abschnitt 6.1 & 6.2). Dieser untersucht, ob sich die Mittelwerte zweier Gruppen systematisch unterscheiden oder nicht (B. Rasch, Friese, Hofmann & Naumann, 2014a, S. 34).

Als zentrale Voraussetzungen für die Anwendung des t-Tests gelten auch hier die Intervallskalenqualität des untersuchten Merkmals, die Normalverteilung sowie Varianzhomogenität. Alle drei Voraussetzungen waren erfüllt (B. Rasch u.a., 2014a, S. 43).

Korrelation

Um die Qualität des Protokolls in Zusammenhang mit den Geometrieleistungen zu bringen, wurde eine Korrelation berechnet. Je nach Skalenniveau existieren unterschiedliche Korrelationskoeffizienten (Eid u.a., 2015, S. 535 ff.). Im vorliegenden Fall wurde die Produkt-Moment-Korrelation nach Pearson herangezogen, die die Stärke des linearen Zusammenhangs zwischen zwei metrischen Variablen angibt.

6 Ergebnisse

Das folgende Kapitel stellt die Ergebnisse der Datenanalyse vor. Die Ergebnisse werden für die fünf Forschungsfragen separat präsentiert und folgen dabei den unter Abschnitt 4.2 aufgestellten Hypothesen. Bevor jedoch im Einzelnen auf die Forschungsfragen eingegangen werden kann (Abschnitt 6.2), werden die Ergebnisse der Vor-Analysen zur Vergleichbarkeit der Interventionsgruppen dargestellt (Abschnitt 6.1).

Durchgeführt wurde die Datenanalyse mithilfe von SPSS 25 sowie R. Das allgemeine Signifikanzniveau wurde auf $\alpha = .05$ festgelegt. Bei einer Verletzung der Sphärizität wurde eine Korrektur der Freiheitsgrade nach Huynh und Feldt (wenn $\varepsilon > .75$) vorgenommen (Eid u.a., 2015, S. 476 f.; Field, 2013, S. 548; B. Rasch u.a., 2014b, S.71 ff. & 143). Das partielle Eta-Quadrat η_p^2 wird zur Quantifizierung der Effekte berichtet. Nach Cohen (1988, S. 285 f.) lauten die Konventionen für η_p^2:

- $\eta_p^2 \approx .01$: »kleiner« Effekt
- $\eta_p^2 \approx .06$: »mittlerer« Effekt
- $\eta_p^2 \approx .14$: »großer« Effekt

Als Maß für den linearen Zusammenhang zweier metrischer Daten wird der Korrelationskoeffizient r verwendet. Für die Interpretation des Korrelationskoeffizienten wird den Richtlinien von Cohen (1988, S. 79 f.) gefolgt, welcher Korrelationen um .10 als klein, Korrelationen um .30 als moderat und Korrelationen ab .50 als groß einstuft (vgl. hierzu auch Eid u.a., 2015, S. 540).

6.1 Vor-Analyse zur Vergleichbarkeit der Stichproben

Prätest-Leistungen

Um zu untersuchen, ob sich die Interventionsgruppen zum Zeitpunkt des Prätests in ihren *Geometrieleistungen* sowie ihrer *Protokollierfähigkeit* unterscheiden bzw. ob von gleichen Populationsmittelwerten ausgegangen werden kann, wurden die Prätest-Ergebnisse des Geometrie-Tests sowie des Video-Items herangezogen.

Rein deskriptiv ließ sich zum Zeitpunkt des Prätests festhalten, dass die erzielten Testscores (unter Berücksichtigung der jeweiligen Skala) sowohl in den *Geometrieleistungen* als auch in der *Protokollierfähigkeit* in allen drei Gruppen nahe beieinander liegen (siehe Tabelle 6.1).

Die Ergebnisse der einfaktoriellen Varianzanalyse bestätigten die deskriptiven Ergebnisse. Sowohl hinsichtlich der *Geometrieleistungen* (F (2, 116) = 1.975, $p = .143$, $\eta_p^2 = .03$) als auch der *Protokollierfähigkeit* (F (2, 116) = 1.548, p = .217, $\eta_p^2 = .03$) lag zum Messzeitpunkt 1 Vergleichbarkeit vor. Infolgedessen konnte davon ausgegangen werden, dass sich die drei experimentellen Bedingungen in Bezug auf ihre Prätest-Leistungen nicht unterschieden.

© Springer Fachmedien Wiesbaden GmbH, ein Teil von Springer Nature 2019
K. Sitter, *Geometrische Körper an inner- und außerschulischen Lernorten*,
Landauer Beiträge zur mathematikdidaktischen Forschung,
https://doi.org/10.1007/978-3-658-27999-8_7

Tabelle 6.1.
Deskriptive Ergebnisse der drei experimentellen Bedingungen in den Geometrieleistungen sowie der Protokollierfähigkeit zum Messzeitpunkt 1

| | Geometrieleistungen | | Protokollierfähigkeit | |
| | Prä | | Prä | |
	M	SD	M	SD
EG 1[a]	2.40	0.96	0.54	0.19
EG 2[b]	2.05	0.91	0.48	0.22
KG[c]	2.15	0.75	0.56	0.23
Gesamt[d]	2.21	0.92	0.52	0.21

Anmerkung. Prä = Prätest; EG 1 = Experimentalgruppe 1; EG 2 = Experimentalgruppe 2; KG = Kontrollgruppe. Skala Geometrieleistungen: 0-8; Skala Protokollierfähigkeit: 0-1.
[a]N = 51. [b]N = 50. [c]N = 18. N[d] = 119.

Geschlechterunterschiede

In Bezug auf Geschlechterunterschiede ließen sich auf deskriptiver Ebene keine gravierenden Unterschiede feststellen. Die erzielten Testcores der Mädchen und Jungen lagen zum Messzeitpunkt 1 sowohl für die *Geometrieleistungen* als auch für die *Protkollierfähigkeit* in einem ähnlichen Bereich (siehe Tabelle 6.2).

Tabelle 6.2.
Deskriptive Ergebnisse der Mädchen und Jungen in den Geometrieleistungen sowie der Protokollierfähigkeit zum Messzeitpunkt 1

| | Geometrieleistungen | | Protokollierfähigkeit | |
| | Prä | | Prä | |
	M	SD	M	SD
Mädchen[a]	2.15	0.89	0.55	0.19
Jungen[b]	2.27	0.94	0.49	0.22
Gesamt[c]	2.21	0.92	0.52	0.21

Anmerkung. Prä = Prätest; Skala Geometrieleistungen: 0-8; Skala Protokollierfähigkeit: 0-1.
[a]N = 54. [b]N = 65. [c]N = 119.

Der t-Test für unabhängige Stichproben belegte die deskriptiven Ergebnisse. Mädchen und Jungen unterschieden sich zum Zeitpunkt des Prätests weder in ihren *Geometrieleistungen* ($t(117) = -.700$, $p = .485$) noch in ihrer *Protokollierfähigkeit* ($t(117) = 1.719$, $p = .088$) signifikant voneinander.

6.2 Analyse der abhängigen Variablen

Die Analyse der abhängigen Variablen erfolgt gemäß der Reihenfolge der unter Abschnitt 4.2 aufgestellten Forschungsfragen. Im Zuge der ersten Forschungsfrage wurde varianzanalytisch untersucht, ob sich der Einbezug der außerschulischen Lernumgebung in Verbindung mit dem Protokollieren positiv auf die *Geometrieleistungen* von Viertklässlern auswirkt. Die Ergebnisse werden in Abschnitt 6.2.1 berichtet. Welchen Einfluss die Interventionsmaßnahme in der außerschulischen Lernumgebung in Verbindung mit dem Protokollieren auf die Entwicklung der *Protokollierfähigkeit* von Viertklässlern hatte, wird in Abschnitt 6.2.2 aufgezeigt. Abschnitt 6.2.3 sowie 6.2.4 widmen sich der Beantwortung von Forschungsfrage 3 und 4. Überprüft wird der Effekt des Einsatzes von Protokollierhilfen auf die vorstehend genannten abhängigen Variablen. Korrelationsanalysen stehen im Zentrum von Abschnitt 6.2.5. Hier wird der Einfluss der Qualität der Protokolle auf die Geometrieleistungen von Viertklässlern untersucht.

Bevor jeweils die inferenzstatistische Ergebnisdarstellung erfolgt, wird eine deskriptive Analyse der Daten vorangestellt. In Bezug auf die *Geometrieleistungen* erfolgt neben einer Darstellung der Ergebnisse des Geometrie-Tests eine aufgabenspezifische Analyse. Diese soll aufdecken, ob es gegebenenfalls Unterschiede in der Entwicklung ausgewählter geometrischer Kompetenzbereiche (Markeritems[26]) gab. Aufgrund verletzter Voraussetzungen für die Anwendung inferenzstatistischer Verfahren erfolgt die Ergebnisdarstellung hier rein auf deskriptiver Ebene[27].

6.2.1 Forschungsfrage 1: Effekt der Interventionsmaßnahme auf die Geometrieleistungen

Die erste Forschungsfrage fokussierte den Effekt der außerschulischen Interventionsmaßnahme auf die *Geometrieleistungen* von Viertklässlern. Zu untersuchen galt, ob sich die Gruppe, die außerschulisch in Verbindung mit dem Protokollieren ihr geometrischen Wissen und Können zu Körpern erweiterte (EG 1), in ihren *Geometrieleistungen* von den beiden anderen Gruppen, die entweder innerschulisch anhand von Abbildungen (EG 2) oder im traditionellen Unterrichtsstil (KG) lernten, abhebt und wie deren Entwicklung jeweils verläuft.

Hypothese 1.1: Viertklässler, die im Rahmen außerschulischer Lernorte in Verbindung mit dem Protokollieren ihr geometrisches Wissen und Können zu Körpern erweitern, erzielen nach der

---

[26] Markeritems stellen in der vorliegenden Arbeit Items dar, die einen ausgewählten geometrischen Kompetenzbereich repräsentieren bzw. bestimmte Handlungsanforderung an die Kinder stellen. Insgesamt gibt es vier Markeritems: Markeritem Identifizieren, Markeritem Realisieren, Markeritem Beschreiben und Markeritem Begründen. Nicht alle 14 Items (vgl. Abschnitt 5.3.1) lassen sich zuordnen. Welche Items zu Markeritems zusammengefasst wurden, wird an entsprechender Stelle geschildert (vgl. hierzu S. 132-139).

[27] Verletzt war unter anderem die Voraussetzung der Varianzhomogenität. Dadurch, dass die gebildeten Markeritems für aufgabenspezifische Analysen lediglich zwei Items umfassten (z. B. Markeritem „Identifizieren" – bestehend aus Item F1 und Item F5a), wurden relativ schlechte Reliabilitäten erzielt und folglich auch relativ große Varianzen erzeugt. Je nach Messzeitpunkt ist im Boxplot viele Ausreißer zu beobachten und zusätzlich stoßen die Skalen teilweise mit relativ vielen Beobachtungen bei der Nulllinie an, was zu einer künstlichen Einschränkung der Varianz führte.

Interventionsmaßnahme den größten Zuwachs an Geometrieleistungen und können diesen auch langfristig aufrechterhalten.

Hypothese 1.2: Viertklässler, die weder an außerschulischen Lernorten lernen noch zum Protokollieren angehalten werden, steigern nach der Interventionsmaßnahme ihre Geometrieleistungen am geringsten. Auch in Bezug auf langfristige Effekte zeigen sie einen geringeren Erfolg.

Die *Geometrieleistungen* wurden anhand von 14 Items mit einer Skala von jeweils 0 bis 8 erfasst (vgl. Abschnitt 5.3.1). Der Mittelwert aller 14 Aufgabenscores bildet sich im Testscore ab.

Über alle drei Gruppen hinweg steigerten im Mittel alle Viertklässler über die Zeit ihre *Geometrieleistungen* und konnten diese auch zum Follow-up-Test hin aufrechterhalten.

Vor der Interventionsmaßnahme lag der durchschnittliche Testscore bei M = 2.21 (SD = 0.92), zum Zeitpunkt des Posttests bei M = 4.36 (SD = 1.22) und zum Zeitpunkt des Follow-up-Tests bei M = 4.33 (SD = 1.24) (siehe Tabelle 6.3).

Tabelle 6.3.
Deskriptive Ergebnisse der drei experimentellen Bedingungen in den Geometrieleistungen zu allen Messzeitpunkten

	Prä		Post		Follow-up	
	M	SD	M	SD	M	SD
EG 1[a]	2.40	0.96	4.83	1.11	4.81	1.03
EG 2[b]	2.05	0.91	4.11	1.20	4.09	1.36
KG[c]	2.15	0.75	3.73	1.12	3.65	0.89
Gesamt[d]	2.21	0.92	4.36	1.22	4.33	1.24

Anmerkung. Prä = Prätest; Post = Posttest; Follow-up = Follow-up-Test; EG 1 = Experimentalgruppe 1; EG 2 = Experimentalgruppe 2; KG = Kontrollgruppe. Skala Geometrieleistungen: 0-8.
[a]N = 51. [b]N = 50. [c]N = 18. N[d] = 119.

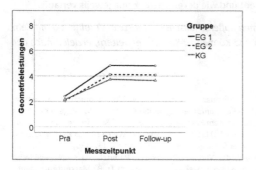

Abbildung 6.1. Mittlerer Testscore der Geometrieleistungen der drei experimentellen Bedingungen zu den drei Messzeitpunkten. Skala: 0-8.

Das Leistungsprofil verlief innerhalb der drei experimentellen Bedingungen jedoch nicht parallel. Den größten geometrischen Kompetenzzuwachs vom Prä- zum Posttest erreichten mit 2.43 hypothesenkonform die Kinder der Experimentalgruppe 1 und den geringsten mit 1.58 die Kontrollgruppe (siehe Tabelle 6.3), was auch im Interaktionsdiagramm durch die unterschiedlichen Steigungen sichtbar wird (siehe Abbildung 6.1). Zum Follow-up-Test war in allen drei Gruppen nahezu keine Veränderung zu verzeichnen. Sowohl die Experimentalgruppe 1 als auch die Experimentalgruppe 2 sowie die Kontrollgruppe konnten die erzielten Testscores über einen Zeitraum von 12 Wochen aufrechterhalten.

Dass sich die *Geometrieleistungen* der Viertklässler unabhängig von den drei experimentellen Bedingungen im Mittel über die Zeit unterschieden, bestätigt der signifikante Haupteffekt Zeit der Varianzanalyse mit Messwiederholung, $F(2, 232) = 278.305$, $p < .001$, $\eta_p^2 = .71$. Geplante Kontraste deckten dabei insbesondere einen signifikanten Leistungszuwachs vom Prä- zum Posttest auf, $F(1, 116) = 398.454$, $p < .001$, $\eta_p^2 = .78$). Vom Post- zum Follow-up-Test war keine signifikante Veränderung zu verzeichnen, $F(1, 116) = .207$, $p = .650$, $\eta_p^2 = .00$.

Darüber hinaus gab es einen signifikanten Unterschied zwischen den drei Gruppen, $F(2, 116) = 7.731$, $p = .001$, $\eta_p^2 = .12$ (Haupteffekt Gruppe). Im paarweisen Vergleich war die Experimentalgruppe 1 den beiden anderen Gruppen überlegen (Mittelwertsdifferenz zur EG 2 von 0.60, $p = .005$; Mittelwertsdifferenz zur KG von 0.83, $p = .004$). Zwischen Experimentalgruppe 2 und Kontrollgruppe gab es keinen signifikanten Unterschied (Mittelwertsdifferenz von 0.24, $p = .628$).

Ebenfalls statistisch signifikante Effekte zeigten sich bei der Betrachtung der Wechselwirkung der Faktoren Gruppe und Zeit ($F(4, 232) = 3.906$, $p = .004$, $\eta_p^2 = .06$). Der Effekt war nach Cohen (1988, S. 287) von mittlerer Stärke ($\eta_p^2 \approx .06$). Daraus lässt sich schließen, dass sich die *Geometrieleistungen* auch über die Zeit zwischen den untersuchten Gruppen unterschieden. Mit Hilfe der geplanten Kontraste konnte bestätigt werden, dass nur der Zuwachs an *Geometrieleistungen* vom ersten zum zweiten Messzeitpunkt zugunsten der Experimentalgruppe 1 signifikant voneinander abwich, $F(2, 116) = 5.123$, $p = .007$, $\eta_p^2 = .08$. Vom zweiten zum dritten Messzeitpunkt differierten die Gruppen nicht, $F(2, 116) = .034$, $p = .966$, $\eta_p^2 = .00$. Folglich hatten die Lernenden, bei denen die außerschulische Lernumgebung in Verbindung mit dem Protokollieren bei der Bearbeitung geometrischer Inhalte zu Körpern miteinbezogen wurde, einen stärkeren Zugewinn im Bereich der *Geometrieleistungen* zu verzeichnen als die Kinder, die rein im Klassenzimmer ihr geometrisches Wissen und Können zu Körpern erweiterten. Der erwartete Gruppenunterschied in Bezug auf die Nachhaltigkeit der Effekte konnte statistisch nicht nachgewiesen werden. Alle drei Gruppen konnten ihren Kompetenzzuwachs auch über einen Zeitraum von 12 Wochen aufrechterhalten, wenngleich der erzielte Mittelwert der Outdoor-Kinder (EG 1) zum Follow-up-Test im Vergleich zu den beiden anderen Gruppen signifikant höher ausfiel, $F(2, 116) = 8.429$, $p < .001$, $\eta_p^2 = .13$; Mittelwertsdifferenz zur EG 2 von 0.72, $p = .007$; Mittelwertsdifferenz zur KG 1.15, $p = .001$ (Varianzanalyse ohne Messwiederholung, MZP 3).

Die Hypothese 1.1 gilt demzufolge als bestätigt, die Hypothese 1.2 hingegen nur zum Teil.

Geschlechterunterschiede konnten über die Zeit hinweg nicht festgestellt werden, $F(2, 234)$ = 1.720, $p = .181$, $\eta_p^2 = .01$ (Interaktionseffekt Geschlecht x Zeit). Weder zum Zeitpunkt des Posttests ($t(117) = .495$, $p = .622$), noch zum Follow-up-Test ($t(117) = .898$, $p = .371$) unterschieden sich Jungen und Mädchen in ihren *Geometrieleistungen* signifikant voneinander.

Aufgabenspezifische Analyse (Markeritems)

Ob sich die eben beschriebenen Effekte zugunsten der Experimentalgruppe 1 auch für ausgewählte Kompetenzbereiche (Markeritems) beobachten lassen, soll eine aufgabenspezifische Analyse zeigen. Als zentrale Kompetenzbereiche herausgegriffen wurden die Elementar- und Grundhandlungen Identifizieren und Realisieren (Skizzieren) sowie das Beschreiben und Begründen (vgl. Bruder 2001, S. 16 f.; Grassmann u.a., 2010, S. 140 f.).

Markeritem Identifizieren

Das Markeritem Identifizieren setzt sich zusammen aus den Items F1 und F5a (vgl. Abschnitt 5.3.1). Erfasst werden Fähigkeiten im Wiedererkennen geometrischer Körper. Die von den Lernenden der drei experimentellen Bedingungen erzielten Aufgabenscores (Skala 0 bis 8) wurden addiert und zu einem gemeinsamen Aufgabenscore aggregiert.

Nach der Interventionsmaßnahme konnte in allen drei Gruppen ein Zuwachs an Fähigkeiten im Identifizieren verzeichnet werden. Im direkten Vergleich war der Zuwachs in allen drei Gruppen nahezu identisch. Der Scoreanstieg lag bei den Kindern der Experimentalgruppe 1 im Mittel bei 2.64, bei den Kindern der Experimentalgruppe 2 bei 2.48 und bei den Kindern der Kontrollgruppe bei 2.81 (siehe Tabelle 6.4).

Tabelle 6.4.
Deskriptive Ergebnisse der drei experimentellen Bedingungen beim Identifizieren zu allen Messzeitpunkten

	Prä		Post		Follow-up	
	M	SD	M	SD	M	SD
EG 1[a]	2.50	1.74	5.14	0.98	5.04	0.99
EG 2[b]	1.78	1.10	4.26	1.34	4.53	1.33
KG[c]	2.48	1.53	5.29	0.73	4.70	1.14
Gesamt[d]	2.20	1.50	4.80	1.20	4.77	1.18

Anmerkung. Prä = Prätest; Post = Posttest; Follow-up = Follow-up-Test; EG 1 = Experimentalgruppe 1; EG 2 = Experimentalgruppe 2; KG = Kontrollgruppe. Skala Identifizieren: 0-8.
[a]$N = 51$. [b]$N = 50$. [c]$N = 18$. $N^d = 119$.

Während die Lernenden der Experimentalgruppe 2 mit einem geringfügig niedrigeren Testscore starteten, zeichnete sich für die Experimentalgruppe 1 und Kontrollgruppe ein beinah paralleles Kompetenzprofil zwischen dem ersten und zweiten Messzeitpunkt ab (siehe Abbildung 6.2). Zum Follow-up-Test konnten die Experimentalgruppen 1 und 2 ihren Zuwachs halten, während es der Kontrollgruppe weniger gut gelang. Hier sank der erzielte Testscore minimal um 0.59 ab.

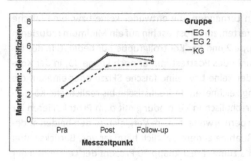

Abbildung 6.2. Mittlerer Testscore beim Identifizieren der drei experimentellen Bedingungen zu den drei Messzeitpunkten. Skala: 0-8.

Die Leistungsentwicklung aller Gruppen hinsichtlich der Fähigkeiten im Identifizieren verlief folglich annähernd vergleichbar. Ein deutlicher Vorteil zugunsten der Outdoor-Kinder (EG 1) konnte trotz minimal höherem Nachhaltigkeitseffekt gegenüber der Kontrollgruppe auf deskriptiver Ebene für diesen Kompetenzbereich nicht festgestellt werden.

Markeritem Realisieren

Zu den Items, die Fähigkeiten im Darstellen geometrischer Körper erfassen, zählen die Items F2 und F5b (vgl. Abschnitt 5.3.1). Sie wurden zu einem weiteren Markeritem zusammengefasst, indem die von den Lernenden erzielten Aufgabenscores addiert und zu einem neuen Wert auf einer Skala von 0 bis 8 aggregiert wurden.

Rein deskriptiv wurde in allen drei Gruppen eine positive Leistungssteigerung im Realisieren deutlich, wobei den beiden Experimentalgruppen ein Vorteil zugesprochen werden konnte. Ihr Scoreanstieg vom Prä- zum Posttest lag bei 4.31 (EG 1) bzw. 4.26 (EG 2), hingegen bei 2.95 in der Kontrollgruppe (siehe Tabelle 6.5).

Tabelle 6.5.
Deskriptive Ergebnisse der drei experimentellen Bedingungen beim Realisieren zu allen Messzeitpunkten

	Prä		Post		Follow-up	
	M	SD	M	SD	M	SD
EG 1[a]	2.98	2.16	7.29	1.30	7.20	1.36
EG 2[b]	2.10	1.59	6.36	2.04	5.76	2.35
KG[c]	2.11	2.00	5.06	2.53	5.50	2.07
Gesamt[d]	2.48	1.95	6.56	1.99	6.34	2.06

Anmerkung. Prä = Prätest; Post = Posttest; Follow-up = Follow-up-Test; EG 1 = Experimentalgruppe 1; EG 2 = Experimentalgruppe 2; KG = Kontrollgruppe. Skala Realisieren: 0-8.
[a]N = 51. [b]N = 50. [c]N = 18. N[d] = 119.

Zieht man ergänzend die relativen Häufigkeiten (siehe Abbildung 6.3) der von den Lernenden zu den drei Messezeitpunkten im Mittel erzielten Phasen des Skizzierens nach Lewis (1963) und Mitchelmore (1976, 1978) hinzu (vgl. Abschnitt 1.3.2.2), so fällt Folgendes auf: Während die Experimentalgruppe 1 ihren Anteil an Lernenden, die entweder keine bzw. eine falsche oder eine eben-schematische Skizze ablieferten, zum Posttest hin auf ein Minimum reduzieren konnte, gelang dies der Experimentalgruppe 2 und der Kontrollgruppe nur bedingt. In der Experimentalgruppe 2 waren es zum Zeitpunkt des Posttest immer noch knapp 15, in der Kontrollgruppe sogar 30 Prozent, die entweder keine bzw. eine falsche Skizze oder eine auf die Front des Körpers beschränkte Darstellung zeichneten. Prärealistische bis realistische Körperskizzen kamen bei den Kindern, die außerschulisch in Verbindung mit dem Protokollieren ihr geometrisches Wissen und Können zu Körpern erweiterten, im Vergleich zu den beiden anderen Gruppen, nach der Interventionsmaßnahme zudem deutlich häufiger vor. Berücksichtigt werden muss dabei allerdings, dass bereits zum Prätest knapp 20 Prozent der Lernenden der Experimentalgruppe 1 eine realistische Skizze anboten, was in den beiden anderen Gruppen weniger zu beobachten war (EG 2 ≈ 7 Prozent, KG ≈ 6 Prozent). Welche Körper die Lernenden jeweils skizzierten, wurde nicht erfasst.

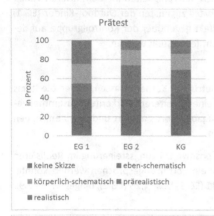

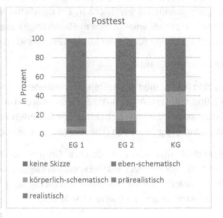

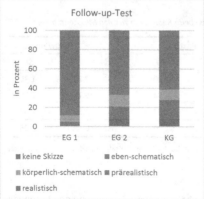

Abbildung 6.3. Relative Häufigkeiten der erzielten Phasen des Skizzierens in Anlehnung an Lewis (1963) und Mitchelmore (1976, 1978) innerhalb der drei experimentellen Bedingungen zu den drei Messzeitpunkten.

Vom Post- zum Follow-up-Test ergab sich für die Experimentalgruppe 1 und die Kontroll-gruppe keine Verschlechterung. Sie konnten ihre Fähigkeiten im Skizzieren auch über einen Zeitraum von 12 Wochen beibehalten. Bei der Experimentalgruppe 2 sank der erzielte Kom-petenzzuwachs hingegen minimal ab (siehe Abbildung 6.4) und der Anteil an Lernenden, die Skizzen anboten, die eher den unteren Phasen des Skizzierens nach Lewis (1963) und Mitchel-more (1976, 1978) entsprechen, nahm zu.

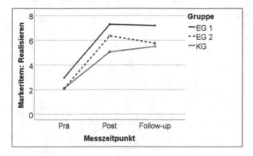

Abbildung 6.4. Mittlerer Testscore beim Realisieren der drei experimentellen Bedingungen zu den drei Messzeit-punkten. Skala: 0-8.

Insgesamt zeigten die Outdoor-Kinder die beste Entwicklung. Sie erzielten insbesondere im Vergleich zur Kontrollgruppe einen höheren Kompetenzzuwachs im Skizzieren und konnten diesen auch zum Follow-up-Test hin aufrechterhalten, was der Experimentalgruppe 2 weniger gut gelang.

Markeritem Beschreiben

Zum Markeritem Beschreiben zählten die Items F3 und F5c (vgl. Abschnitt 5.3.1). Sie forderten die Schülerinnen und Schüler zum Beschreiben geometrischer Körper heraus und wurden auf einer Skala von 0 bis 8 erfasst. Der Mittelwert beider Aufgabenscores bildet sich im neu ag-gregierten Aufgabenscore ab.

Tabelle 6.6.
Deskriptive Ergebnisse der drei experimentellen Bedingungen beim Beschreiben zu allen Messzeitpunkten

	Prä		Post		Follow-up	
	M	SD	M	SD	M	SD
EG 1[a]	1.46	1.28	5.57	1.66	5.45	1.31
EG 2[b]	1.13	1.18	4.80	1.87	4.28	1.80
KG[c]	0.85	0.91	3.48	2.32	3.37	1.69
Gesamt[d]	1.23	1.20	4.93	1.97	4.64	1.75

Anmerkung. Prä = Prätest; Post = Posttest; Follow-up = Follow-up-Test; EG 1 = Experimentalgruppe 1; EG 2 = Experimental-gruppe 2; KG = Kontrollgruppe. Skala Beschreiben: 0-8.
[a]N = 51. [b]N = 50. [c]N = 18. N[d] = 119.

Ähnlich wie für den Kompetenzbereich des Realisierens zeigten auch hier die Lernenden der Experimentalgruppen mit 4.11 (EG 1) bzw. 3.67 (EG 2) den größten Leistungsanstieg von Prä- zu Posttest. In der Kontrollgruppe betrug der Scoreanstieg im Mittel nur 2.63 (siehe Tabelle 6.6). Zum Messzeitpunkt 3 blieben die von der Experimentalgruppe 1 und der Kontrollgruppe erzielten Fähigkeiten im Beschreiben nahezu gleich, wohingegen bei der Experimentalgruppe 2 ein minimales Absinken zu verzeichnen war (siehe Abbildung 6.5).

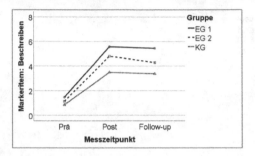

Abbildung 6.5. Mittlerer Testscore beim Beschreiben der drei experimentellen Bedingungen zu den drei Mess-zeitpunkten. Skala: 0-8.

Die relativen Häufigkeiten in Bezug auf die erzielten Beschreibungsniveaus (vgl. Anhang J) zu den verschiedenen Messzeitpunkten machen dabei deutlich, dass Viertklässler, die außer-schulisch in Verbindung mit dem Protokollieren lernten, nach der Interventionsmaßnahme und auch 12 Wochen später deutlich häufiger Beschreibungen anboten, die über ausgewählte Eigenschaften, wie zum Beispiel der Anzahl an Ecken oder Flächen, hinausreichten. Auch erste Beziehungen zu verwandten Körper- oder Flächenformen wurden vermehrt aufgegriffen (Be-schreibungsniveau 4, 5 & 6). Innerhalb der Kontrollgruppe wurde Beschreibungsniveau 5 oder 6 über die Zeit hinweg hingegen kaum bis gar nicht erreicht (siehe Abbildung 6.6).

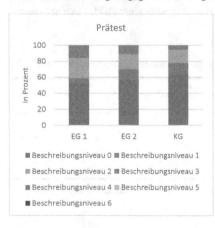

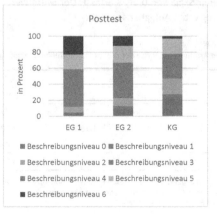

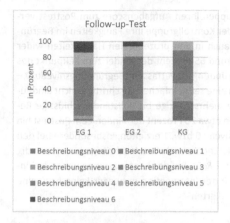

Abbildung 6.6. Relative Häufigkeiten der erzielten Beschreibungsniveaus innerhalb der drei experimentellen Bedingungen zu den drei Messzeitpunkten.

Festzuhalten bleibt folglich, dass auch hier die Experimentalgruppe 1, die außerschulisch in Verbindung mit dem Protokollieren lernte, in ihren erzielten Leistungen über die Zeit dominierte.

Markeritem Begründen

Begründungsaufgaben stellten die Items F4, F5d und F7b dar (vgl. Abschnitt 5.3.1). Zu einem repräsentativen Markeritem auf einer Skala von 0 bis 8 für den genannten Kompetenzbereich zusammengefasst wurden jedoch lediglich die Items F4 und F7b. Item F5d überforderte die Kinder selbst nach der Intervention stark und wurde deshalb rein dichotom (begründet – nicht begründet) kodiert und für das Markeritem Begründen ausgeschlossen.

Tabelle 6.7.
Deskriptive Ergebnisse der drei experimentellen Bedingungen beim Begründen zu allen Messzeitpunkten

	Prä		Post		Follow-up	
	M	SD	M	SD	M	SD
EG 1[a]	1.54	1.74	3.08	2.51	2.95	2.42
EG 2[b]	1.44	1.86	2.88	2.38	2.72	2.47
KG[c]	1.78	2.14	2.37	2.53	2.15	1.89
Gesamt[d]	1.54	1.84	2.89	2.45	2.73	2.37

Anmerkung. Prä = Prätest; Post = Posttest; Follow-up = Follow-up-Test; EG 1 = Experimentalgruppe 1; EG 2 = Experimentalgruppe 2; KG = Kontrollgruppe. Skala Begründen: 0-8.
[a] $N = 51$. [b] $N = 50$. [c] $N = 18$. $N^d = 119$.

Vor der Interventionsmaßnahme lag der erreichte Aufgabenscore in allen drei Gruppen nahe 1.5 (siehe Tabelle 6.7), was darauf hindeutet, dass das Begründen im Vortest nur wenigen

Kindern gelang. Während die Experimentalgruppen ihren Aufgabenscore zum Posttest verdoppeln konnten, erweiterten die Lernenden der Kontrollgruppe ihre Fähigkeiten im Begründen nur minimal um 0.59. Dies spiegelt sich auch in den prozentualen Häufigkeiten wider (siehe Abbildung 6.7). Im Durchschnitt waren rund 65 Prozent der Kinder zum Zeitpunkt des Prätests nicht in der Lage, eine adäquate Begründung zu verfassen (Begründungsniveau 0 – vgl. hierzu Anhang J). Rund 15 Prozent lieferten eine sehr einfache, einschrittige, nicht eindeutige Begründung (Begründungsniveau 1). Eine mehrschrittige bis vollständig schlüssige Begründung (Begründungsniveau 2 & 3) verfassten etwa 20 Prozent der Kinder. Zum Posttest hin nahm der Anteil an Kindern, die Begründungsniveau 0 bzw. 1 erzielten, insbesondere bei den Experimentalgruppen ab. Sie verfassten stattdessen vermehrt mehrschrittige bis vollständig schlüssige Begründungen (Begründungsniveaus 2 & 3). Bei der Kontrollgruppe waren es hingegen immer noch knapp 67 Prozent, die nach der Intervention entweder keine bzw. eine falsche oder eine einfache Begründungen formulierten.

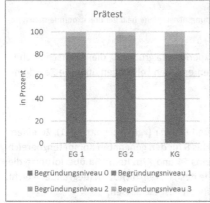

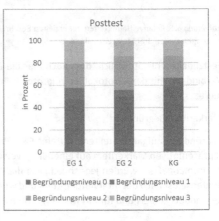

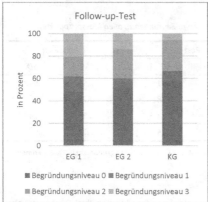

Abbildung 6.7. Relative Häufigkeiten der erzielten Begründungsniveaus innerhalb der drei experimentellen Bedingungen zu den drei Messzeitpunkten.

Für den Zeitraum vom Post- zum Follow-up-Test konnten keine gravierenden Veränderungen verzeichnet werden, weder in den Experimentalgruppen noch in der Kontrollgruppe (siehe Abbildung 6.8).

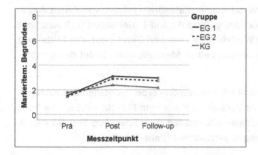

Abbildung 6.8. Mittlerer Testscore beim Begründen der drei experimentellen Bedingungen zu den drei Messzeitpunkten. Skala: 0-8.

Im Vergleich zu den drei vorangegangenen Kompetenzbereichen fällt auf, dass der Scoreanstieg im Begründen im Mittel über alle Gruppen hinweg relativ gering ausfiel. Lernende der Experimentalgruppen zeigten dabei über die drei Messzeitpunkte hinweg die besseren Leistungen. In der Kontrollgruppe war die Entwicklung am geringsten.

In der Summe geht aus den Veranschaulichungen für die *Geometrieleistungen* hervor, dass auf den kompletten Geometrietest bezogen die Lernenden der Experimentalgruppe 1 die größte Kompetenzentwicklung erwirken konnte. Sie war in ihren Leistungen der Experimentalgruppe 2 und insbesondere der Kontrollgruppe deutlich überlegen.

In Bezug auf ausgewählte Kompetenzbereiche hat sich gezeigt, dass das Identifizieren, das vor allem Fähigkeiten im Wiedererkennen verlangt, den Schülerinnen und Schülern über alle Gruppen hinweg ähnlich gut gelang. Die Förderung von Fähigkeiten im deutlich anspruchsvolleren Realisieren, Beschreiben oder Begründen schien hingegen bei den Lernenden, die ihr geometrisches Wissen und Können in Verbindung mit dem Protokollieren im Freien erweiterten (EG 1), effektiver zu sein als bei den Kindern, die rein innerschulisch lernten (EG 2 & KG).

6.2.2 Forschungsfrage 2: Effekt der Interventionsmaßnahme auf die Protokollierfähigkeit

Im Zentrum der zweiten Forschungsfrage stand der Effekt der außerschulischen Interventionsmaßnahme in Verbindung mit dem Protokollieren auf die *Protokollierfähigkeit* der drei experimentellen Bedingungen. Es galt zu untersuchen, ob die beiden Gruppen, die zum Protokollieren gezielt angehalten wurden (EG 1 & EG 2), über die Zeit dominieren.

Hypothese 2.1: Viertklässler, die im Rahmen der Intervention gezielt zum Protokollieren angehalten werden, erzielen nach der Interventionsmaßnahme den größten Zuwachs an Protokollierfähigkeiten. Ob dabei außerschulisch oder innerschulisch gelernt wird, spielt keine Rolle.

Hypothese 2.2: Viertklässler, die im Rahmen der Intervention nicht zum Protokollieren ange-
halten werden, erzielen nach der Interventionsmaßnahme den geringsten bzw. keinen Zu-
wachs an Protokollierfähigkeiten.

Die *Protokollierfähigkeit* wurde anhand verschiedener Kategorien erfasst, von denen drei in
den gemittelten Testscore eingingen: Gliederung, Produkt und Beziehungen (vgl. Abschnitt
5.3.2). Alle drei Kategorien wiesen einen Wertebereich zwischen 0 und 1 auf. Der Mittelwert
der drei aggregierten Aufgaben-/Kategorienscores eines Messzeitpunkts bildet den entsprechenden Testscore ab.

Im Mittel steigerten die Viertklässler, unabhängig von den drei experimentellen Bedingungen,
über die Zeit ihre *Protokollierfähigkeit*. Die Veränderung war vom Prä- (M = 0.52, SD = 0.21)
zum Posttest (M = 0.62, SD = 0.18) am größten einzustufen. Zum Follow-up-Test (M = 0.68,
SD = 0.17) war eine minimale Verbesserung zu verzeichnen (siehe Tabelle 6.8).

Tabelle 6.8.
Deskriptive Ergebnisse der drei experimentellen Bedingungen in der Protokollierfähigkeit zu allen Messzeitpunk-
ten

	Prä		Post		Follow-up	
	M	SD	M	SD	M	SD
EG 1[a]	0.54	0.19	0.67	0.17	0.72	0.17
EG 2[b]	0.48	0.22	0.58	0.18	0.67	0.17
KG[c]	0.56	0.23	0.57	0.19	0.60	0.15
Gesamt[d]	0.52	0.21	0.62	0.18	0.68	0.17

Anmerkung. Prä = Prätest; Post = Posttest; Follow-up = Follow-up-Test; EG 1 = Experimentalgruppe 1; EG 2 = Experimentalgruppe 2; KG = Kontrollgruppe. Skala Protokollierfähigkeit: 0-1.
[a]N = 51. [b]N = 50. [c]N = 18. [d]N = 119.

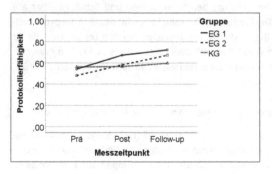

Abbildung 6.9. Mittlerer Testscore der Protokollierfähigkeit der drei experimentellen Bedingungen zu den drei
Messzeitpunkten. Skala: 0-1.

Die Viertklässler der drei experimentellen Bedingungen zeigten wie erwartet jedoch kein paralleles Lösungsprofil. Von allen Gruppen erreichten die beiden Experimentalgruppen, die

während der Intervention gezielt zum Protokollieren angehalten wurden, vom Prä- zum Posttest mit 0.13 (EG 1) bzw. 0.10 (EG 2) den größten Kompetenzzuwachs. Beide Gruppen verbesserten ihre *Protokollierfähigkeit* weiterhin leicht um 0.05 (EG 1) bzw. 0.09 (EG 2) zum Messzeitpunkt 3. In der Kontrollgruppe waren über die drei Messzeitpunkte hinweg kaum bis gar keine Veränderungen zu beobachten (vgl. hierzu auch Abbildung 6.9).

Die univariate Varianzanalyse mit Messwiederholung belegte, dass sich die *Protokollierfähigkeiten* der Viertklässler im Mittel über die Zeit unterschieden, $F(2, 232) = 19.896$, $p < .001$, $\eta_p^2 = .15$ (Haupteffekt Zeit). Ergänzende Kontrastanalysen zeigten, dass die Probanden zum Posttest signifikant höhere *Protokollierfähigkeiten* vorwiesen als zum Prätest, $F(1, 116) = 11.653$, $p = .001$, $\eta_p^2 = .09$. Auch zwischen dem zweiten und dritten Messzeitpunkt konnte ein signifikanter Unterschied identifiziert werden, $F(1, 116) = 8.332$, $p = .005$, $\eta_p^2 = .07$.

Dass Unterschiede zwischen den Gruppen vorhanden waren, kann aus dem signifikanten Haupteffekt Gruppe abgeleitet werden, $F(2, 116) = 3.723$, $p = .027$, $\eta_p^2 = .06$. Im paarweisen Vergleich war die Experimentalgruppe 1 der Experimentalgruppe 2 signifikant überlegen (Mittelwertsdifferenz von 0.07, $p = .036$). Zwischen Experimentalgruppe 1 und Kontrollgruppe sowie Experimentalgruppe 2 und Kontrollgruppe gab es entgegen der Erwartung keinen signifikanten Unterschied (Mittelwertsdifferenz EG 1 zur KG von 0.07, $p = .140$; Mittelwertsdifferenz EG 2 zur KG von 0.00, $p = .995$).

Über die Zeit hinweg bestätigten sich die Gruppenunterschiede nur marginal, $F(4, 232) = 2.379$, $p = .053$, $\eta_p^2 = .04$ (Interaktionseffekt der Faktoren Gruppe x Zeit). Dieser Effekt ist nach Cohen (1988, S. 285 f.) als eher klein einzustufen ($.01 < \eta_p^2 < .06$). Die identifizierten Diskrepanzen zwischen den Gruppen wurden in der Kontrastanalyse weder für den Zeitraum vom Prä- zum Posttest, $F(2, 116) = 2.160$, $p = .120$, $\eta_p^2 = .04$, noch für den vom Post- zum Follow-up-Test, $F(2, 116) = .871$, $p = .421$, $\eta_p^2 = .02$, signifikant.

Der deskriptiv identifizierte Vorteil zugunsten der Lernenden, die während der Intervention gezielt zum Protokollieren angehalten wurden, konnte folglich varianzanalytisch nicht bzw. nur bedingt bestätigt werden. Obwohl deskriptiv gezeigt werden konnte, dass die Experimentalgruppen nach der Interventionsmaßnahme erwartungsgetreu den größten und die Kontrollgruppe den geringsten Kompetenzzuwachs erreichten, müssen aufgrund fehlender Signifikanz die Hypothesen 2.1 und 2.2 verworfen werden.

Geschlechterunterschiede in Bezug auf die *Protokollierfähigkeit* konnten über die Zeit hinweg nicht festgestellt werden, $F(2, 234) = .486$, $p = .616$, $\eta_p^2 = .00$ (Interaktionseffekt Geschlecht x Zeit).

6.2.3 Forschungsfrage 3: Effekt der Protokollierhilfen auf die Entwicklung der Protokollierfähigkeit

Welchen Einfluss der Einsatz von Protokollierhilfen auf die Entwicklung der *Protokollierfähigkeit* hat, stand im Fokus von Forschungsfrage 3. Zu untersuchen galt, ob Viertklässler, die zusätzlich durch gezielte Unterstützungsmaßnahmen wie Prompts zum Protokollieren animiert werden, einen größeren Zuwachs an Protokollierfähigkeiten erzielen als Lernende, die solche Hilfen nicht erhalten.

Hypothese 3: Viertklässler, die zusätzlich durch Prompts zum Protokollieren animiert werden, erzielen nach der Interventionsmaßnahme einen größeren Zuwachs an Protokollierfähigkeiten als Viertklässler, die keine Protokollierhilfen erhalten.

Analysiert wurden hierzu rein die Ergebnisse der Experimentalgruppen 1 und 2, die zusätzlich in Lernende mit und ohne Protokollierhilfen unterteilt wurden (vgl. Abschnitt 5.2). Die Kontrollgruppe erhielt keinerlei Gelegenheiten zum Protokollieren und wurde deshalb aus der Analyse ausgeschlossen.

Über beide Experimentalgruppen hinweg zeigten sich auf deskriptiver Ebene in der Entwicklung der *Protokollierfähigkeit* zunächst keine großen Unterschiede zwischen Lernenden mit und ohne Protokollierhilfen. Beide Gruppen erhöhten ihre *Protokollierfähigkeiten* im Mittel um 0.13 (− PH) bzw. 0.10 (+ PH) (siehe Tabelle 6.9).

Tabelle 6.9.
Deskriptive Ergebnisse der Lernenden mit und ohne Protokollierhilfen in der Protokollierfähigkeit zu allen Messzeitpunkten

	Prä		Post		Follow-up	
	M	SD	M	SD	M	SD
− PH[a]	0.52	0.22	0.65	0.16	0.71	0.16
+ PH[b]	0.50	0.19	0.60	0.19	0.69	0.18
Gesamt[d]	0.51	0.20	0.63	0.18	0.70	0.17

Anmerkung. Prä = Prätest; Post = Posttest; Follow-up = Follow-up-Test; − PH = ohne Protokollierhilfen, + PH = mit Protokollierhilfen. Skala Protokollierfähigkeit: 0-1.
[a]$N = 49$. [b]$N = 52$. $N^d = 101$.

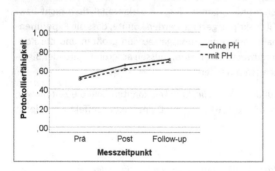

Abbildung 6.10. Mittlerer Testscore der Protokollierfähigkeit der Lernenden mit und ohne Protokollierhilfen zu den drei Messzeitpunkten. Skala: 0-1.

Vom Post- zum Follow-up-Test stieg die *Protokollierfähigkeit* in beiden Gruppen zudem erneut um 0.06 (− PH) bzw. 0.09 (+ PH) an (siehe auch Abbildung 6.10).

Die annähernd parallele Leistungsentwicklung der Lernenden mit und ohne Protokollierhilfen hinsichtlich der *Protokollierfähigkeit* konnte varianzanalytisch bestätigt werden, F(2, 198) = .264, p = .768, η_p^2 = .00. Über die Zeit hinweg unterschieden sich die untersuchten Gruppen nicht signifikant.

Betrachtet man das Kompetenzprofil der Lernenden gesplittet nach Experimentalgruppe 1 und 2 so zeigen sich auf deskriptiver Ebene[28] unterschiedliche Verläufe (siehe Abbildung 6.11):

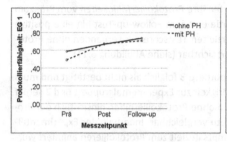 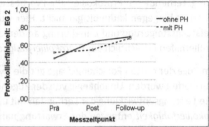

Abbildung 6.11. Mittlerer Testscore der Protokollierfähigkeit der Lernenden mit und ohne Protokollierhilfen gesplittet nach Experimentalgruppen 1 und 2 zu den drei Messzeitpunkten. Skala: 0-1.

Vor der Interventionsmaßnahme differierten die erzielten Testscores der Lernenden mit und ohne Protokollierhilfen in der Experimentalgruppe 1 um 0.10 (siehe Tabelle 6.10).

Tabelle 6.10.
Deskriptive Ergebnisse der Lernenden mit und ohne Protokollierhilfen in der Protokollierfähigkeit zu allen Messzeitpunkten – gesplittet nach EG 1 und EG 2

	Prä		Post		Follow-up	
	M	SD	M	SD	M	SD
EG 1 – PH[a]	0.59	0.19	0.67	0.19	0.74	0.16
EG 1 + PH[b]	0.49	0.18	0.68	0.14	0.71	0.18
EG 2 – PH[c]	0.45	0.22	0.63	0.12	0.68	0.16
EG 2 + PH[d]	0.51	0.21	0.54	0.21	0.67	0.18
Gesamt[e]	0.51	0.20	0.63	0.18	0.70	0.17

Anmerkung. Prä = Prätest; Post = Posttest; Follow-up = Follow-up-Test; EG 1 = Experimentalgruppe 1; EG 2 = Experimentalgruppe 2. – PH = ohne Protokollierhilfen; + PH = mit Protokollierhilfen. Skala Protokollierfähigkeit: 0-1. [a]N = 26. [b]N = 25. [c]N = 23. [d]N = 27. N[e] = 101.

---

[28] Für die Anwendung eines inferenzstatistischen Verfahrens war im vorliegenden Fall (und auch für ein mehrfaktorielles Design, bei dem die Gruppenzugehörigkeit EG 1 / EG 2 als weiterer Faktor hätte aufgenommen werden können) die Voraussetzung der Normalverteilung bei EG 1 bzw. Varianzhomogenität bei EG 2 verletzt. Die Verletzungen können nur dann vernachlässigt werden, wenn die Stichproben der beiden Gruppen nicht zu klein und gleich groß sind (n1 = n2 > 30) (B. Rasch u.a., 2014a, S. 43; B. Rasch u.a., 2014b, S. 30 f.). Im vorliegenden Fall und auch für die mehrfaktorielle Varianzanalyse war dies nicht gegeben (n1$_{EG2}$ ≈ n2$_{EG2}$ < 30).

Der leichte Vorsprung zugunsten der Viertklässler der Experimentalgruppe 1, die nicht gezielt durch Prompts zum Protokollieren animiert wurden, konnte zum Posttest von den Lernenden mit Protokollierhilfen aufgeholt werden. Ihr Scoreanstieg vom Prä- zum Posttest lag bei 0.19 (EG 1 + PH), hingegen bei 0.08 in der Gruppe ohne Protokollierhilfen (siehe Tabelle 6.10). Zum Follow-up-Test konnten beide Gruppen ihren Zuwachs an *Protokollierfähigkeiten* halten bzw. sogar minimal ausbauen. Innerhalb der Experimentalgruppe 2 erreichten wiederum die Lernenden ohne Protokollierhilfen vom Prä- zum Posttest mit 0.18 den größeren Leistungsanstieg. Lernende mit Protokollierhilfen verbesserten ihre *Protokollierfähigkeiten* vom Prä- zum Posttest hingegen kaum bis gar nicht. Hier wurde erst zum Follow-up-Test hin eine positive Leistungssteigerung und Annäherung an den erzielten Testscore der Lernenden ohne Protokollierhilfen hinsichtlich der *Protokollierfähigkeit* sichtbar (siehe Abbildung 6.11).

Im Zuge der dritten Forschungsfrage gilt die Hypothese 3 folglich als nicht bestätigt und muss verworfen werden. Unabhängig von der Zugehörigkeit zur Experimentalgruppe 1 und 2 verlief die Leistungsentwicklung der Lernenden mit und ohne Protokollierhilfen hinsichtlich der *Protokollierfähigkeit* entgegen der Erwartung nahezu vergleichbar. Innerhalb der Experimentalgruppe 1 zeigten die Lernenden, die durch Prompts gezielt zum Protokollieren animiert wurden, von Prä- zu Posttest einen minimalen Vorsprung. Ihr Leistungsanstieg verlief deutlich steiler, wobei die Lernenden ohne Protokollierhilfen bereits zum Messzeitpunkt 1 höher einstiegen und ihre *Protokollierfähigkeiten* zum Follow-up-Test hin noch einmal weiter ausbauen konnten. Innerhalb der Experimentalgruppe 2 dominierten wiederum die Lernenden, die während des Protokollierprozesses nicht gezielt zum Protokollieren angeregt wurden.

6.2.4 Forschungsfrage 4: Effekt der Protokollierhilfen auf die Geometrieleistungen

Ob Viertklässler, die zusätzlich durch Prompts zum Protokollieren animiert werden, einen größeren Zuwachs an Geometrieleistungen erzielen als Lernende, die solche Hilfen nicht erhalten, stand im Zentrum des Interesses von Forschungsfrage 4.

Hypothese 4: Viertklässler, die zusätzlich durch Prompts zum Protokollieren animiert werden, erzielen nach der Interventionsmaßnahme einen größeren Zuwachs an Geometrieleistungen als Viertklässler, die keine Protokollierhilfen erhalten.

Genau wie bei Forschungsfrage 3 wurden auch hier rein die Ergebnisse der Experimentalgruppen 1 und 2, die zusätzlich in Lernende mit und ohne Protokollierhilfen unterteilt wurden (vgl. Abschnitt 5.2), zur Analyse herangezogen. Die Kontrollgruppe wurde nicht berücksichtigt.

Ob die Viertklässler im Protokollierprozess zusätzlich durch Prompts zum Protokollieren animiert wurden oder nicht, machte auch in Bezug auf die Geometrieleistungen rein deskriptiv zunächst einmal keinen großen Unterschied (vgl. Abbildung 6.12). Ausgehend von vergleichbaren Populationsmittelwerten zum Messzeitpunkt 1 konnte nach der Interventionsmaßnahme in beiden Gruppen ein annähernd gleicher geometrischer Kompetenzzuwachs verzeichnet werden. Der Scoreanstieg lag bei den Kindern, die durch Prompts gezielt zum Proto-

kollieren angehalten wurden, im Mittel bei 2.07 und bei den Kindern, die keine Protokollierhilfen erhielten, bei 2.43 (siehe Tabelle 6.11). Zum Follow-up-Test konnten die erzielten Leistungen in beiden Gruppen aufrechterhalten werden.

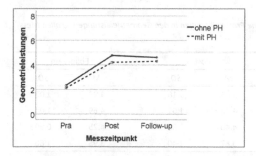

Abbildung 6.12. Mittlerer Testscore der Geometrieleistungen der Lernenden mit und ohne Protokollierhilfen zu
den drei Messzeitpunkten. Skala: 0-8.

Tabelle 6.11.
*Deskriptive Ergebnisse der Lernenden mit und ohne Protokollierhilfen in den Geometrieleistungen zu allen Mess-
zeitpunkten*

	Prä		Post		Follow-up	
	M	SD	M	SD	M	SD
− PH[a]	2.33	0.97	4.76	1.08	4.61	1.02
+ PH[b]	2.13	0.93	4.20	1.27	4.30	1.43
Gesamt[d]	2.23	0.95	4.47	1.21	4.45	1.25

Anmerkung. Prä = Prätest; Post = Posttest; Follow-up = Follow-up-Test; − PH = ohne Protokollierhilfen; + PH = mit Protokollierhilfen. Skala Geometrieleistungen: 0-8.
[a]$N = 49.$ [b]$N = 52.$ $N^d = 101.$

Inferenzstatistisch konnten die deskriptiven Ergebnisse bestätigt werden. Die Interaktion der
Faktoren Prompts und Zeit wurde nicht signifikant, $F(1.946, 192.666) = 1.935$, $p = .148$,
$\eta_p^2 = .02$.

Zieht man ergänzend die nach Experimentalgruppe 1 und Experimentalgruppe 2 aufgesplitteten deskriptiven Ergebnisse hinzu[29], so fällt Folgendes auf: Innerhalb der Experimentalgruppe
1 machte es keinen Unterschied, ob die Lernenden Protokollierhilfen während der Intervention erhielten oder nicht. Beide Gruppen von Lernenden steigerten ihre *Geometrieleistungen*
zum Posttest im Mittel um 2.41 (EG 1 − PH) bzw. 2.45 (EG 1 + PH) und konnten die erzielten
Leistungen auch zum Follow-up-Test beibehalten (siehe Tabelle 6.12). Innerhalb der Experimentalgruppe 2 wurde entgegen der Erwartung hingegen deutlich, dass Lernende, die keine
Protokollierhilfen erhielten, im Mittel einen minimal höheren Scoreanstieg (+ 2.47) erzielen

---

[29] Aufgrund der Verletzung der Varianzhomogenität bei EG 2 war die Anwendung eines inferenzstatistischen
Verfahrens auch hier nicht möglich (vgl. Fußnote 28).

konnten als Lernende, die gezielt durch Prompts zum Protokollieren animiert wurden. Ihr Scoreanstieg lag bei 1.73. Der in beiden Gruppen identifizierte Leistungsanstieg hatte auch zum Follow-up-Test hin Bestand.

Tabelle 6.12.
Deskriptive Ergebnisse der Lernenden mit und ohne Protokollierhilfen in den Geometrieleistungen zu allen Messzeitpunkten – gesplittet nach EG 1 und EG 2

	Prä		Post		Follow-up	
	M	SD	M	SD	M	SD
EG 1 – PH[a]	2.68	0.95	5.09	1.16	4.93	1.02
EG 1 + PH[b]	2.11	0.90	4.56	1.01	4.69	1.04
EG 2 – PH[c]	1.93	0.84	4.40	0.85	4.25	0.90
EG 2 + PH[d]	2.14	0.97	3.87	1.40	3.95	1.66
Gesamt[e]	2.23	0.95	4.47	1.21	4.45	1.25

Anmerkung. Prä = Prätest; Post = Posttest; Follow-up = Follow-up-Test; EG 1 = Experimentalgruppe 1; EG 2 = Experimentalgruppe 2. – PH = ohne Protokollierhilfen; + PH = mit Protokollierhilfen. Skala Geometrieleistungen: 0-8.
[a]N = 26. [b]N = 25. [c]N = 23. [d]N = 27. N[e] = 101.

In den nachstehenden Interaktionsdiagrammen sind die ebenen beschriebenen Verlaufsmuster für die Experimentalgruppen 1 und 2 noch einmal veranschaulicht.

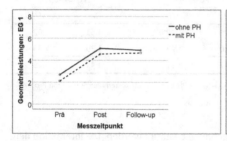 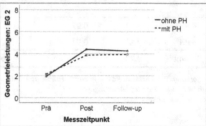

Abbildung 6.13. Mittlerer Testscore der Geometrieleistungen der Lernenden mit und ohne Protokollierhilfen gesplittet nach Experimentalgruppen 1 und 2 zu den drei Messzeitpunkten. Skala: 0-8.

Die Hypothese 4 gilt demzufolge als nicht bestätigt und muss verworfen werden. Über beide Experimentalgruppen hinweg machte es in Bezug auf die *Geometrieleistungen* entgegen der Erwartung keinen Unterschied, ob die Lernenden im Protokollierprozess zusätzlich durch Prompts zum Protokollieren animiert wurden oder nicht. Auch innerhalb der Experimentalgruppe 1 hatte der Einsatz von Protokollierhilfen rein deskriptiv keinen Einfluss. Innerhalb der Experimentalgruppe 2 zeigten wiederum die Lernenden, die nicht gezielt zum Protokollieren angeregt wurden, rein deskriptiv die besseren Ergebnisse.

6.2.5 Forschungsfrage 5: Einfluss der Qualität der Protokolle auf die Geometrieleistungen

Die letzte Forschungsfrage widmet sich der Korrelationsanalyse zwischen *Geometrieleistungen* und *Protokollierfähigkeit*. Geprüft werden soll, in welchem Zusammenhang die Qualität der Protokolle mit den erzielten *Geometrieleistungen* von Viertklässlern steht.

Hypothese 5: Die Qualität der Protokolle korreliert positiv mit der Wirksamkeit auf geometrische Leistungen. Je höher die Protokollierfähigkeit, desto höher auch die Geometrieleistungen der Viertklässler.

Zur Bestimmung des Zusammenhangs zwischen der Qualität der Protokolle und den *Geometrieleistungen* wurden die jeweils erzielten Testscores der abhängigen Variablen (*Geometrieleistungen, Protokollierfähigkeit*) der beiden Experimentalgruppen (EG 1 & EG 2) zu allen drei Messzeitpunkten miteinander korreliert. Von der Analyse ausgeschlossen wurden die Daten der Kontrollgruppe. Wie unter Abschnitt 6.2.2 geschildert, erweiterten die Lernenden der Kontrollgruppe ihre *Protokollierfähigkeit* über die Zeit hinweg kaum bis gar nicht. Die einzelnen Korrelationskoeffizienten sind in Tabelle 6.13 dargestellt.

Zu allen drei Messzeitpunkten konnten positive Korrelationen identifiziert werden. Der stärkste Zusammenhang zwischen *Protokollierfähigkeit* und *Geometrieleistungen* zeigte sich zum Messzeitpunkt 3 ($r = .516$, $p < .001$). Zum Zeitpunkt des Prätests korrelierte die *Protokollierfähigkeit* nur schwach bis moderat mit den *Geometrieleistungen*. Zum Posttest konnte ein mittlerer Zusammenhang zwischen beiden Variablen nachgewiesen werden. Mit p-Werten kleiner .05 sind alle Korrelationen statistisch signifikant. Die Hypothese 5 gilt demzufolge als bestätigt.

Tabelle 6.13.
Korrelationen zwischen Protokollierfähigkeit und Geometrieleistungen zu allen Messzeitpunkten

		Geometrieleistungen		
		Prä	Post	Follow-up
Protokollier-fähigkeit	Prä	$r = .245$ ($p = .014$)		
	Post		$r = .488$ ($p < .001$)	
	Follow-up			$r = .516$ ($p < .001$)

Anmerkung. Prä = Prätest; Post = Posttest; Follow-up = Follow-up-Test; *N = 101 (Experimentalgruppe 1 & 2).*

7 Diskussion

Im Zentrum von Kapitel 7 steht die Diskussion der Ergebnisse und möglicher didaktischer Konsequenzen. Sie werden vor dem Hintergrund der theoretischen Überlegungen vertiefend eingeordnet, bewertet und analysiert. Gleichzeitig wird in die Betrachtung ein kritischer Blick auf das methodische Vorgehen miteinbezogen, wobei die Grenzen der Studie sowie mögliche Anknüpfungspunkte für zukünftige Forschungsvorhaben aufgezeigt werden.

Die Struktur des Kapitels ist an die des Ergebnisteils angelehnt: In den ersten beiden Abschnitten werden die Effekte der Interventionsmaßnahme auf die *Geometrieleistungen* (Abschnitt 7.1) und auf die Entwicklung der *Protokollierfähigkeit* (Abschnitt 7.2) zusammengefasst und erörtert. Die Diskussion des Effekts der Protokollierhilfen auf die beiden abhängigen Variablen steht im Abschnitt 7.3 sowie 7.4 im Vordergrund. In Abschnitt 7.5 wird der Zusammenhang der beiden Faktoren *Protokollierfähigkeit* und *Geometrieleistungen* diskutiert. Praktische Implikationen und ein Ausblick runden den Diskussionsteil ab (Abschnitt 7.6).

Die Ergebnisse der Kontrollgruppe und daraus resultierende Interpretationen sind aufgrund der geringen Schülerzahl, wie bereits erwähnt, unter Vorbehalt zu betrachten und nur als Tendenzen zu verstehen. Darauf sei an dieser Stelle noch einmal explizit hingewiesen.

7.1 Forschungsfrage 1: Effekt der Interventionsmaßnahme auf die Geometrieleistungen

Im Rahmen der ersten Forschungsfrage wurde untersucht, welchen Einfluss der Einbezug der außerschulischen Lernumgebung in Verbindung mit dem Protokollieren auf die *Geometrieleistungen* von Viertklässlern hat. Dabei stand im Vordergrund, zu prüfen, ob Viertklässler, die außerschulisch lernen und ihre Entdeckungen dabei protokollieren (EG 1), nach der Interventionsmaßnahme einen größeren Zuwachs sowie eine höhere Nachhaltigkeit an *Geometrieleistungen* erreichen als Lernende, die ihr geometrisches Wissen und Können zu Körpern innerschulisch mit (EG 2) und ohne (KG) Protokolle erweitern.

Den Ergebnissen zufolge haben im Mittel alle Viertklässler von der sechswöchigen Interventionsmaßnahme profitiert (vgl. Abschnitt 6.2.1). Dies lässt den Schluss zu, dass es bereits durch einen regelmäßig durchgeführten Geometrieunterricht zu einem geometrischen Kompetenzzuwachs bei den Kindern kommt. Den größten Kompetenzzuwachs vom Prä- zum Posttest konnten hypothesenkonform die Outdoor-Lernenden der Experimentalgruppe 1 erzielen, den geringsten die Indoor-Lernenden der Kontrollgruppe. Dieser Effekt wurde auch über die Zeit signifikant. Zwischen Experimentalgruppe 1 und 2 konnte ebenfalls ein signifikanter Unterschied identifiziert werden. Vom Post- zum Follow-up-Test differierten die Gruppen nicht. Alle drei Gruppen konnten ihren geometrischen Kompetenzzuwachs über einen Zeitraum von 12 Wochen halten.

© Springer Fachmedien Wiesbaden GmbH, ein Teil von Springer Nature 2019
K. Sitter, *Geometrische Körper an inner- und außerschulischen Lernorten*,
Landauer Beiträge zur mathematikdidaktischen Forschung,
https://doi.org/10.1007/978-3-658-27999-8_8

Folglich kann von einem positiven Effekt des Einbezugs der außerschulischen Lernumgebung in Verbindung mit dem Protokollieren auf die *Geometrieleistungen* von Viertklässlern ausgegangen werden. Es wurden nicht nur, wie vielfach im Zusammenhang mit dem außerschulischen Lernen nachgewiesen (vgl. Abschnitt 2.4), kurzfristig positive Effekte erzielt, das Wissen und Können zu Körpern konnte auch langfristig aufrechterhalten werden. Für die Überlegenheit sowie nachhaltigen Effekte der Experimentalgruppe 1 sind mehrere Gründe denkbar:

Zum einen könnte *der Lernort selbst* einen ersten (kurzfristig) positiven Einfluss auf die Lernleistungen der Viertklässler gehabt haben. Der Reiz des besonderen Ortes, das Einziehen mehrerer Sinne, das Verlassen des Klassenzimmers und Aufsuchen der nahen Umgebung der Schule, sind mit positiven Gefühlen verbunden. Außerschulisches Lernen sorgt für Abwechslung, regt die Schülerinnen und Schüler an und motiviert sie beim Lernen (vgl. Abschnitt 2.2). Dies konnte auch in der vorliegenden Untersuchung deutlich beobachtet werden und deckt sich mit Erkenntnissen aus früheren Studien (vgl. Abschnitt 2.4). Die Experimentalgruppe 2 und die Kontrollgruppe suchten über die Interventionszeit in der vorliegenden Studie hingegen keinen außerschulischen Lernort auf und wurden diesbezüglich deshalb vermutlich weniger motiviert. Mittels Fragebogen oder Ähnlichem direkt erfasst wurde die Entwicklung der Motivation bei den Schülerinnen und Schülern in der vorliegenden Untersuchung allerdings nicht. Das geplante Messinstrument hierzu hatte sich im Nachhinein als ungeeignet erwiesen.

Als weiteres Indiz für die Überlegenheit sowie insbesondere die nachhaltigen Effekte der Experimentalgruppe 1 könnte die *authentische Lernsituation*, bei der die Bedeutungshaltigkeit der zu erwerbenden Begriffe in Anlehnung an Winter (1983b, S. 177; vgl. hierzu auch Abschnitt 1.3.1.4) für die Kinder der Experimentalgruppe 1 von Anfang an gegeben war, gedeutet werden. Geometrischen Begriffen wurde durch den Einbezug der außerschulischen Lernumgebung Sinn verliehen. Ein adäquates Begriffsverständnis, das stets auf die Erfahrungswelt der Kinder zurückgeführt und angewendet wurde, wurde angebahnt. Um die Körpergrundformen kennen und unterscheiden zu lernen, wurde auch in der Experimentalgruppe 2 sowie in der Kontrollgruppe ein Umweltbezug hergestellt. In der Experimentalgruppe 2 erfolgte der Umweltbezug jedoch primär anhand von Abbildungen aus Lehrwerken, die die außerschulische Lebenswelt ersetzten. Sie sind zweidimensional, stellen lediglich einen Ausschnitt der Wirklichkeit dar und ermöglichen keine Raumerfahrung. Die Rückmeldungen sowie Sichtung der eingesetzten Unterrichtsmaterialien der Kontrollgruppen-Lehrkraft zeigten, dass typische Repräsentanten aus der Lebenswelt der Kinder primär zu Beginn der Unterrichtseinheit eingesetzt wurden. Ausgewählte Körpermodelle wurden auf Abbildungen in Schulbüchern identifiziert, im Klassenzimmer wiedergefunden und benannt. Auf das Anschaulich-Konkrete wurde, wie Giest und Lompscher (2006, S. 218) auch schon bei vielen anderen Lehrkräften beobachteten, nach der Abstraktion nicht wieder zurückgekehrt. Vielmehr wurden, ohne direkten Umweltbezug, die Eigenschaften am Idealkörper entdeckt und zugeordnet, erste Zeichenversuche unternommen, geometrische Bauwerke und Körpernetze näher untersucht. Hinweise dafür, dass zwischen den Körpern und ihren Eigenschaften auch Beziehungen hergestellt wurden, gibt es nicht. Demzufolge könnte es vermutlich vorrangig zu einer Anhäufung von Fachwissen gekommen sein, das eher abstrakt und weniger beziehungshaltig blieb und nicht bzw. nur bedingt auf die Lebenswelt der Kinder zurückgeführt und angewendet wurde (vgl. hierzu auch Winter 1983b, S. 186). Die aufgabenspezifische Analyse der Ergebnisse (vgl. Abschnitt 6.2.1, S. 132 ff.) untermauert diese Vermutung. So konnte in allen drei Gruppen ein nahezu gleicher Zuwachs an Fähigkeiten im Identifizieren verzeichnet werden, wohingegen bei den Grundhandlungen Realisieren, Beschreiben oder Begründen, bei denen Gedächtnisleistungen abgerufen und zugeordnet bzw. in Beziehung gesetzt werden müssen, die Lernenden der Experimentalgruppen die besseren Ergebnisse erzielten. Im Zusammenhang mit dem Unterrichtskonzept wird auf die aufgabenspezifischen Ergebnisse und ihre Interpretation noch einmal vertiefend eingegangen (siehe S. 152 f.).

Äußerst vielschichtige und kognitiv anspruchsvolle Fähigkeiten im Zusammenhang mit der außerschulischen Lernumgebung stellen wie unter Abschnitt 1.3.1 geschildert das *Abstrahieren und Idealisieren* dar. Wesentliches muss hervorgehoben, Unwesentliches vernachlässigt bzw. den gebildeten Begriffen „ausgezeichnete" Eigenschaften zugesprochen werden, die von realen Objekten nur in mehr oder weniger große Näherung erreicht werden (Eichler, 2005, S. 3; Grassmann u.a., 2010, S. 96). Statt die Formabweichungen jedoch stets zu akzeptieren und vordergründig geometrische Eigenschaften zu betrachten, kam es bei den Lernenden der Experimentalgruppe 1 immer wieder auch zu *Diskussionen über Unterschiede und Gemeinsamkeiten zwischen Ideal und Wirklichkeit* (vgl. Abschnitt 5.1.2). Das begriffliche Wissen zu Körpern wurde in der außerschulischen Lernumgebung folglich ganz selbstverständlich und für die Kinder sinnvoll und nachhaltig genutzt, was ein weiterer Hinweis für den größeren sowie langfristigen Kompetenzzuwachs bei der Experimentalgruppe 1 in Bezug auf den gesamten Geometrie-Test aber auch im Hinblick auf die erzielten aufgabenspezifischen Ergebnisse zum Realisieren, Beschreiben und Begründen sein könnte (vgl. Abschnitt 6.2.1). Im Unterricht der Experimentalgruppe 2 wurden solche Diskussionen auch angeregt. Die Abbildungen boten hierzu jedoch nicht immer Anlass (vgl. Anhang G). Im „regulären" Unterricht der Kontrollgruppe standen vor allem Idealkörper bzw. Repräsentanten, die durch möglichst eindeutige geometrische Eigenschaften gekennzeichnet waren, im Vordergrund. Aus dem Interview mit der Lehrkraft der Kontrollgruppe im Zusammenhang mit der Sichtung von Unterrichtsmaterialien und Schülerdokumenten nach der Intervention ging hervor, dass diese bewusst annähernd ideale Körpermodelle wählte, um genau solchen Auseinandersetzungen aus dem Weg zu gehen und die Kinder nicht zu verunsichern bzw. zu überfordern. Ein sicheres begriffliches Wissen und Können zu Körpern sollte angebahnt werden, so ihre Rückmeldung. Hieraus lässt sich ableiten, dass die Leistungsfähigkeit der Kinder im Bereich der Geometrie gegebenenfalls unterschätzt werden könnte. Das Potenzial, das in solchen Diskussionen für den Begriffserwerb steckt, wird wohl eher nicht wahrgenommen. Im Gegenteil, in den Abweichungen könnte vielmehr eine Gefahr gesehen und deshalb eine didaktische Reduktion vorgenommen werden. Zum Aufbau für die Einheit der Kontrollgruppe orientierte sich die Lehrkraft an verschiedenen Lehrwerken. Die im Unterricht eingesetzten Aufgaben stammten aus verschiedenen Schulbüchern und Werkstätten bzw. wurden selbst konzipiert und zusammengestellt, was die der freiwillig teilnehmenden Lehrkraft unterstellten Motivation und deren Interesse an geometrischen Inhalten noch einmal stützt. Den größten Anteil stellten dabei allerdings Aufgaben dar, die zum Reproduzieren (Anforderungsbereich I) bzw. Herstellen von Zusammenhängen (Anforderungsbereich II) aufforderten. Aufgaben, die zum Verallgemeinern und Reflektieren (Anforderungsbereich III) anregen sollten, suchte man, wie auch schon Wiese (2016) in ihrer Untersuchung bezüglich kognitiver Anforderungen in geometrischen Aufgaben des vierten Schuljahres, feststellte (vgl. Abschnitt 1.1.2.1), vergeblich. Daraus geht hervor, dass es mitunter auch heute noch an Anregungen für die Planung und Gestaltung des Geometrieunterrichts in der Grundschule fehlt, die über vorwiegend reproduzierende Tätigkeiten hinausreichen. Dies deckt sich auch mit den aus fachdidaktischer Sicht gegebenen Einschätzungen sowie den im Rahmen einer Lehrerbefragung gewonnen Erkenntnisse (vgl. Abschnitt 1.1).

Eng verbunden mit der Art des Begriffslernens ist das *Unterrichtskonzept* selbst (vgl. Abschnitt 5.1). Studien aus der Vergangenheit machten in Bezug auf eine nachhaltige Wirksamkeit außerschulischen Lernens insbesondere auf eine sorgfältige Vor- und Nachbereitung der Besuche im Klassenzimmerunterricht aufmerksam (vgl. Abschnitt 2.4). Diese wurde in der vorliegenden Untersuchung im Zusammenhang mit der Experimentalgruppe 1 durch eingehende Hinführungsphasen zum außerschulischen Lernen sowie abschließende Reflexionsphasen realisiert, bei der die auf individuellen Wegen, aber auch im Austausch mit anderen in der außerschulischen Lernumgebung gemachten Erfahrungen und Erkenntnisse zu geometrischen Körpern in Bezug auf das modulare Konzept von R. Rasch und Sitter (2016) immer wieder aufgegriffen, vertieft und weiter verarbeitet wurden. Zusammenhänge und Beziehungen zwischen den Körpern wurden im Klassenzimmerunterricht bewusst wahrgenommen und Schritt für Schritt in eine sich vernetzende Wissensstruktur gebracht. Das gewählte Unterrichtskonzept hat sich im Hinblick auf den erzielten und über einen Zeitraum von 12 Wochen aufrechterhaltenen Kompetenzzuwachs demzufolge bewährt und gilt als wirksam und effektiv. Auch in der Experimentalgruppe 2 wurde nach diesem Unterrichtskonzept gelehrt und positive Nachhaltigkeitseffekte in Bezug auf die *Geometrieleistungen* erreicht. In der Kontrollgruppe wurde nach einem eher traditionellen Unterrichtskonzept vorgegangen, wobei auch offene Formen wie Stationenarbeit integriert wurden. Auf Zusammenhänge und Beziehungen zwischen den Körpern wurde weniger aufmerksam gemacht, was einerseits mit eigenem fehlenden Fachwissen der Lehrkraft, aber auch entsprechend fehlenden Anregungen hierzu in Verbindung gebracht werden könnte (vgl. Abschnitt 1.1). Aufgabenspezifische Analysen (vgl. Abschnitt 6.2.1, S. 135 ff.) deckten in diesem Zusammenhang auf, dass Beschreibungen, die erste Beziehungen zu verwandten Körper- oder Flächenformen aufgriffen, bei den Lernenden der Kontrollgruppe kaum bis gar nicht vorkamen, bei den Lernenden der Experimentalgruppe 1 und 2 nach der Interventionsmaßnahme und auch 12 Wochen später hingegen zunehmend. Der deskriptiv identifizierte Vorteil in Bezug auf die erzielten Begründungsniveaus zugunsten der beiden Experimentalgruppen könnte als weiteres Indiz dafür gedeutet werden. Dass der Scoreanstieg im Begründen dabei im Mittel über alle Gruppen hinweg relativ gering ausfiel, könnte wiederum damit zusammenhängen, dass das Begründen eine äußerst vielfältige, komplexe Fähigkeit darstellt, die Grundschulkindern häufig noch schwer fällt, im regulären Unterricht oft zu kurz kommt und langfristig gefördert werden muss. In einem Interventionszeitraum von sechs Wochen konnten sicherlich nur erste Weichen gestellt werden.

Was die aufgabenspezifischen Ergebnisse in Bezug auf das Realisieren betreffen, so kann hinzukommend festgehalten werden, dass die Outdoor-Kinder auch hier die beste Entwicklung zeigten. Im Vergleich zur Kontrollgruppe erzielten sie einen höheren Kompetenzzuwachs im Skizzieren und konnten diesen auch zum Follow-up-Test hin aufrechterhalten, was der Experimentalgruppe 2 weniger gut gelang (vgl. Abschnitt 6.2.1, S. 133 ff.). Der Vorsprung der Experimentalgruppen vom Prä- zum Posttest gegenüber der Kontrollgruppe könnte dabei insbesondere mit dem in Anlehnung an Phillips und andere (1985, S. 127, vgl. hierzu auch Abschnitt 1.3.2.3) im Unterrichtskonzept integrierten Zeichenkurs während der Reflexionsphasen bzw. in Form der bereitgestellten Körperlexika in Verbindung gebracht werden. Als Indiz für die nachhaltigeren Effekte der Experimentalgruppe 1 gegenüber der Experimentalgruppe 2 könnte wiederum die Tatsache, dass das Skizzieren in der außerschulischen Lernumgebung eine größere Bedeutung hatte und folglich öfters zur Anwendung kam, gedeutet werden. Außerdem war in der außerschulischen Lernumgebung stets ein Wechsel von der dreidimensionalen in die zweidimensionale Ebene notwendig, was in der Experimentalgruppe 2 aufgrund der Abbildungen nicht nötig war. Das dreidimensionale Gebilde musste in der außerschulischen Lernumgebung also auf die zweidimensionale Zeichenfläche gebracht werden, was kognitiv anspruchsvoller und mit einem höheren Lerngewinn verbunden war. Nicht außer Acht zu lassen ist neben der unterrichtlichen Erfahrung und Anregung für die Zeichenentwicklung sicher auch die Begabung selbst. Ferner kann für eine bestimmte Körperform eine realistische Zeichnung bereits gelingen, während ein anderer Typ von Körper noch eben- bzw. körperlich-schematisch oder prärealistisch dargestellt wird (Wollring, 1998, S. 135, vgl. hierzu auch Abschnitt 1.3.2.2). Welche Körper von den Kindern konkret skizziert wurden, wurde in der vorliegenden Untersuchung leider nicht erfasst. Offen bleibt so beispielsweise, ob Lernende, die ein höheres Zeichenniveau erreichten, ähnliche, möglicherweise einfacherer Körpermodelle beim Skizzieren wählten. Im Zusammenhang mit der Erkenntnis Mitchelmores (1976, S. 157 bzw. 1978, S. 236 ff.), dass es wohl tatsächlich Körperformen gibt, deren Skizzen Kinder leichter zu fallen scheinen, wäre dies sicher interessant gewesen und könnte in weiteren Studien mit aufgegriffen werden.

Ferner ist denkbar, dass auch der *Einsatz von Protokollen* als weiteres wichtiges Bindeglied zwischen außerschulischem und schulischem Lernen sowie als Werkzeug für einen nachhaltigen Erkenntnisgewinn einen positiven Einfluss auf die Geometrieleistungen der Viertklässler hatte. Wie unter Abschnitt 3.2 dargestellt, kann durch das Protokollieren eine vertiefende Auseinandersetzung mit fachlichen Inhalten angeregt werden, auf die im späteren Unterricht immer wieder zurückgegriffen und der Lernprozess über die Zeit hinweg beobachtet sowie reflektiert werden kann. Ob Lernende, die an außerschulischen Lernorten nicht protokolliert hätten, zu gleichen *Geometrieleistungen* gekommen wären, bleibt allerdings offen. Da es keine Gruppe gab, die außerschulisch ohne Protokolle lernte, kann der positive Einfluss auf die erzielten *Geometrieleistungen* letztlich nicht belegt werden. Der Einfluss des Protokollierens auf die *Geometrieleistungen* müsste deshalb in Folgeuntersuchungen noch einmal aufgegriffen und näher analysiert werden.

Naheliegend wäre auch, dass durch das Lernen an der *frischen Luft* und in *Bewegung* die Lernfähigkeit bzw. Lernleistung der Outdoor-Kinder positiv beeinflusst wurde. Zahlreiche Studien aus der Vergangenheit machten schließlich bereits nachdrücklich auf einen engen Zusammenhang zwischen körperlicher und geistiger Fortbewegung aufmerksam (vgl. z. B. Ch. Graf, Koch

& Dordel, 2003, S. 145; Schmidt u.a., 2003, S. 127 ff.; Warmser & Leyk, 2003, S. 110). Auch in Bezug auf das außerschulische Lernen gibt es erste Erkenntnisse, die von positiven Erfahrungen hinsichtlich der Wirkung von Bewegung und frischer Luft auf die Konzentrationsfähigkeit sowie kognitiven Leistungen berichten (vgl. z. B. Fägerstam & Blom, 2012, S. 11 ff.). Experimentalgruppe 2 und Kontrollgruppe verbrachten ihren Unterricht hingegen ausschließlich im Klassenzimmer und wurden diesbezüglich in ihren Leistungen vermutlich weniger „bewegt" bzw. „erfrischt".

Um die erzielten Ergebnisse insgesamt statistisch weiter abzusichern, sind weitere Studien nötig. Neben den bereits erwähnten Ansätzen für zukünftige Forschungsvorhaben wäre dabei insbesondere auch die Anpassung der Stichprobengröße in der Kontrollgruppe unabdingbar.

7.2 Forschungsfrage 2: Effekt der Interventionsmaßnahme auf die Protokollierfähigkeit

Im Fokus der zweiten Forschungsfrage stand der Effekt der außerschulischen Interventionsmaßnahme in Verbindung mit dem Protokollieren auf die *Protokollierfähigkeit*. Zu überprüfen galt, ob Viertklässler, die im Rahmen der Intervention gezielt zum Protokollieren animiert werden, einen größeren Zuwachs an *Protokollierfähigkeiten* erzielen als Lernende, die dazu keine Gelegenheit erhalten.

Rein deskriptiv zeichnete sich für die Lernenden, die im Rahmen der sechswöchigen Interventionsmaßnahme gezielt zum Protokollieren angehalten wurden, hypothesenkonform der größte Kompetenzzuwachs vom Prä- zum Posttest ab (vgl. Abschnitt 6.2.2). Ob dabei außerschulisch oder innerschulisch gelernt wurde, spielte keine Rolle. Vielmehr deutet das nahezu parallel verlaufende Kompetenzprofil der beiden Experimentalgruppen auf die Unabhängigkeit der Entwicklung der *Protokollierfähigkeit* vom Lernort hin.

Lernende der Kontrollgruppe erweiterten, wie anzunehmen war, ihre *Protokollierfähigkeit* über die Zeit hinweg hingegen kaum bis gar nicht. Gezielte Schreib- bzw. Protokollieranlässe, die speziell in den Experimentalgruppen der vorliegenden Untersuchung initiiert wurden und in weiterführenden Schulen immer wieder auftreten (vgl. hierzu auch die Ergebnisse des Teilprojektes Sekundarstufe (Roth u.a., 2016, S. 207), bei der die Lernenden der Kontrollgruppe ihre *Protokollierfähigkeiten* auch im Regelunterricht erweitern konnten), sind im regulären Mathematikunterricht der Grundschule eher nicht die Regel und wurden auch in der Kontrollgruppe der vorliegenden Untersuchung nicht gesetzt. Folglich verwundert es nicht, dass die Kontrollgruppe ihre Fähigkeiten im Protokollieren nicht erweitern konnte. Die Kinder wurden hier nicht gezielt dazu angeleitet. Stattdessen wurde, wie unter Abschnitt 7.1 bereits geschildert, vordergründig mit Arbeitsblättern und Aufgabenstellungen aus Schulbüchern oder Werkstätten gearbeitet.

Eine besondere Auffälligkeit ist, dass es in beiden Experimentalgruppen vom Post- zum Follow-up-Test erneut einen Zuwachs gab. Die Gründe dafür könnten ganz unterschiedlich sein: Zum einen könnte es daran liegen, dass das Video im Follow-up-Test identisch zu dem im Prätest war und somit zweimal von den Kindern gesehen wurde – Stichwort Erinnerungseffekt. Zum anderen wäre aber auch denkbar, dass die Kinder sich allmählich an das Video und die Struktur gewöhnt haben und deshalb höhere Leistungen erzielten. Zudem bleibt offen, wie nach Abschluss der Untersuchung im Unterricht weitergearbeitet wurde. Zieht man diesbezüglich erste Ergebnisse des Teilprojektes Mathematik aus der Sekundarstufe hinzu (Roth u.a., 2016, S. 207), so fällt allerdings auf, dass es zwischen Post- und Follow-up-Test bei den Lernenden der Experimentalgruppen, die ebenfalls gezielt zum Protokollieren angehalten wurden, keinen Zuwachs an *Protokollierfähigkeiten* gab, obwohl auch hier das Video des Follow-up-Tests dem des Prätests entsprach und die Möglichkeit der Gewöhnung an die Struktur des Videos bestand. Damit scheint vielmehr die Weiterarbeit im späteren Unterricht für die weitere Entwicklung der beiden Experimentalgruppen der vorliegenden Untersuchung ursächlich gewesen zu sein.

Varianzanalytisch konnten die Ergebnisse jedoch nicht bzw. nur bedingt bestätigt werden. So deckte der Haupteffekt Gruppe im Zusammenhang mit dem paarweisen Vergleich lediglich einen signifikanten Unterschied zwischen der Experimentalgruppe 1 und der Experimentalgruppe 2 auf. Dies könnte daran liegen, dass die Experimentalgruppe 2 im Vergleich zur Experimentalgruppe 1 zum Prätest mit einem niedrigeren Testscore startete und dieser Abstand, trotz ähnlicher Steigung (vgl. Abbildung 6.9, S. 140), zum Post- sowie Follow-up-Test, nicht aufgeholt werden konnte. Die aggregierte Mittelwertdifferenz blieb über die Messzeitpunkte hinweg konstant. Dass sich die Experimentalgruppe 1 sowie Experimentalgruppe 2 im Mittel über die Messzeitpunkte entgegen der Erwartung hingen nicht signifikant von der Kontrollgruppe unterschieden, könnte im ersten Fall an den unterschiedlichen Varianzen von Experimentalgruppe 1 und Kontrollgruppe liegen. Je höher die Varianz, desto weniger wahrscheinlich findet man einen signifikanten Unterschied. Im zweiten Fall könnte es damit zusammenhängen, dass die zu den drei Messzeitpunkten erzielten Mittelwerte der Experimentalgruppe 2 einmal unterhalb der Kontrollgruppe (Prätest), einmal sehr nahe bei der Kontrollgruppe (Posttest) und einmal über der Kontrollgruppe (Follow-up-Test) lagen (vgl. Tabelle 6.8, S. 140). Folglich ergab sich über die drei Messzeitpunkte hinweg eine aggregierte Mittelwertdifferenz nahe Null.

Die Interaktion der Faktoren Gruppe und Zeit wurde nur marginal signifikant. Die statistische Bedeutsamkeit der Unterschiede zwischen den Gruppen konnte durch Kontrastanalysen weder für den Zeitraum vom ersten zum zweiten Messzeitpunkt, noch für den vom zweiten zum dritten bestätigt werden. Dies könnte wiederum daran liegen, dass die Kontrollgruppe zum Messzeitpunkt 1 relativ hoch einstieg. Die erzielten Testscores der Experimentalgruppen waren im Prätest vergleichsweise niedriger.

Aufgrund der geringen Stichprobengröße in der Kontrollgruppe sowie den ausbleibenden statistisch bedeutsamen Effekten, sind die deskriptiv identifizierten Ergebnisse und ihre Interpretation folglich unter Vorbehalt zu betrachten. Weitere Analysen, bei der die Schülerzahl der Kontrollgruppen deutlich erhöht und die Weiterarbeit im Unterricht stärker kontrolliert werden sollte, müssten zeigen, inwieweit die deskriptiv gefundenen und marginal signifikant belegten Effekte tatsächlich ihre Berechtigung haben. Sicherlich bedarf es zudem einer langfristigen Förderung von Fähigkeiten im Protokollieren. Ähnlich wie beim Begründen stellt das Protokollieren eine vielfältig komplexe Fähigkeit dar, die im primarstufenbezogenen Mathematikunterricht eher nicht gezielt gefördert wird und bei der in einem Interventionszeitraum von sechs Wochen vermutlich lediglich erste Weichen gestellt werden konnten.

Was das eingesetzte Messinstrument zur Quantifizierung der *Protokollierfähigkeit* betrifft, so bleibt festzuhalten, dass dieses insbesondere für die Schulpraxis noch nicht ausgereift ist. Dafür ist es noch zu umfangreich und für Lehrende nur wenig handhabbar. In gruppenübergreifender Zusammenarbeit musste, wie unter Abschnitt 5.3.2 bereits angedeutet, ein Prototyp eines möglichst fach- und altersunabhängigen Bewertungssystems gefunden werden, das sich für wissenschaftliche Zwecke sicher auch bewährt hat. Erste wertvolle Einsichten in ein zuvor unbekanntes Thema wurden gewonnen, erste Meilensteine für eine mögliche Bewertungsmethode der *Protokollierfähigkeit*, die im naturwissenschaftlichen Unterricht womöglich von noch größerer Bedeutsamkeit ist, wurden ins Rollen gebracht. Spezifische fachdidaktische sowie schulstufenspezifische Interessen konnten hingegen nur bedingt berücksichtigt werden. Für die Primarstufe müsste das Messinstrument deutlich vereinfacht werden. Die Anzahl der Items in den drei Kategorien ist zum Beispiel sehr umfangreich und könnte zu wenigen, zentralen Items zusammengefasst werden. Für weitere Überarbeitungsmaßnahmen fehlten jedoch die Fördermittel sowie die Zeit. Die Forschungsinitiative wurde nicht fortgeführt. In weiteren Untersuchungen müsste das Messinstrument folglich noch einmal aufgegriffen und überarbeitet werden, sodass es auch für die Schulpraxis tauglich wird.

7.3 Forschungsfrage 3: Effekt der Protokollierhilfen auf die Entwicklung der Protokollierfähigkeit

Forschungsfrage 3 widmete sich der Wirkung von Protokollierhilfen auf die Entwicklung der *Protokollierfähigkeit* von Viertklässlern. Untersucht werden sollte, ob Viertklässler, die zusätzlich durch Prompts zum Protokollieren angeregt werden, ihre *Protokollierfähigkeiten* erfolgreicher steigern, als Lernende die solche Hilfen nicht erhalten.

Unabhängig von der Zugehörigkeit zur Experimentalgruppe 1 und 2 zeichnete sich hinsichtlich der Entwicklung der *Protokollierfähigkeit* ein annähernd vergleichbares Kompetenzprofil für Lernende mit und ohne Protokollierhilfen ab. Die Ergebnisse konnten varianzanalytisch bestätigt werden (vgl. Abschnitt 6.2.3). Folglich hat das über „Prompts" angeleitete Protokollieren im Unterschied zum nur „aufgeforderten" Protokollieren über beide Gruppen hinweg in der vorliegenden Untersuchung entgegen der Erkenntnisse aus der Lerntagebuch-Forschung für den Sekundarstufenbereich und darüber hinaus (vgl. Abschnitt 3.3) zu keinen besseren Lernergebnissen geführt. Aus der Unterrichtsbeobachtung sowie –protokollierung geht hervor, dass die frei zur Verfügung stehenden Prompts im Interventionszeitraum von einem Großteil der Grundschulkinder schlichtweg nicht genutzt wurden. Es ist anzunehmen, dass bereits das Körperlexikon (vgl. Anhang D), auf das die Lernenden während der Phase des individuellen Darstellens/Protokollierens immer wieder zurückgreifen konnten, eine Protokollierhilfe für das Verschriftlichen ihrer Beobachtungen darstellte. Nicht auszuschließen ist außerdem, dass die Lernenden zudem durch die vertiefenden Reflexionsphasen (vgl. Abschnitt 5.1), in denen nicht nur fachliche Aspekte noch einmal vertiefend aufgegriffen wurden, sondern immer wieder in Anlehnung an Krauthausen (2007, S. 1031) auch auf sprachlicher und zeichnerischer Ebene an den Eigenproduktionen der Kinder weitergearbeitet wurde, in ihrem Protokollierprozess zusätzlich angeregt und unterstützt wurden. Weitere Protokollierhilfen waren für einen Großteil der Schülerinnen und Schüler dadurch vermutlich nicht notwendig. Statt sie zu entlasten, könnten sie diese im Lernprozess gegebenenfalls sogar zusätzlich belasten. Die Protokollierhilfen müssen schließlich erlesen, das entsprechend passende Prompt ausgewählt und verarbeitet werden. Dies erfordert von den Lernenden zusätzliche Leistungen. Dass es dadurch zu einer weiteren Belastung gekommen sein könnte, spiegelt sich zum Teil auch in den nach Experimentalgruppe 1 und 2 aufgesplitteten, deskriptiven Ergebnissen wider. So erzielten Lernende der Experimentalgruppe 2, die nicht zusätzlich durch Prompts im Protokollierprozess angeregt wurden, über die Zeit hinweg einen (minimal) höheren Scoreanstieg als Lernende mit Protokollierhilfen. Dass innerhalb der Experimentalgruppe 1 wiederum Lernende, die durch Prompts gezielt zum Protokollieren animiert wurden, die größere Entwicklung hinsichtlich der *Protokollierfähigkeit* zeigten, könnte damit erklärt werden, dass die Lernenden ohne Protokollierhilfen hier zum Zeitpunkt des Prätests bereits relativ hohe *Protokollierfähigkeiten* vorwiesen. Der erzielte Testscore der Lernenden mit Protokollierhilfen fiel zu Beginn der Intervention im Mittel deutlich geringer aus. Denkbar wäre zudem, dass die Prompts für die Grundschulkinder schlicht zu abstrakt und nicht nutzbar waren. Eventuell fehlte auch eine entsprechende Übung im Umgang mit Prompts.

Aufgrund der vorliegenden Ergebnisse kann zusammenfassend festgehalten werden, dass der Einsatz von Protokollierhilfen auf die Entwicklung der *Protokollierfähigkeit* der Viertklässler in der vorliegenden Untersuchung entgegen der Erwartung keinen deutlichen positiven Einfluss hatte. Zum Teil deuten die deskriptiven Ergebnisse sogar auf einen negativen Einfluss hin, der durch die Ergebnisse der Forschungsfrage 4 noch einmal bekräftigt werden kann (vgl. Abschnitt 6.2.4 & 7.4).

7.4 Forschungsfrage 4: Effekt der Protokollierhilfen auf die Geometrieleistungen

Welchen Einfluss der Einsatz von Protokolllerhilfen auf die *Geometrieleistungen* von Viertklässlern hat, stand im Fokus von Forschungsfrage 4. Zu untersuchen galt, ob Viertklässler, die in ihrem Protokollierprozess zusätzlich durch Prompts zum Protokollieren animiert werden, einen größeren Zuwachs an *Geometrieleistungen* erzielen, als Lernende die solche Hilfen nicht erhalten.

Ähnlich wie bezüglich der Entwicklung der Protokollierfähigkeit zeigte auch hier der Einsatz von Protokollierhilfen über beide Experimentalgruppen hinweg keinen eindeutig positiven Effekt. Der geometrische Kompetenzzuwachs der Viertklässler verlief annähernd vergleichbar und konnte varianzanalytisch bestätigt werden (vgl. Abschnitt 6.2.4). Infolgedessen führte das über Prompts angeleitete Protokollieren zu keinen besseren Lernergebnissen in Bezug auf die

Geometrieleistungen, was analog zur Protokollierfähigkeit mit folgenden Aspekten/Argumenten in Verbindung gebracht werden könnte: Die Prompts wurden von den Schülerinnen und Schülern im Interventionszeitraum nicht genutzt, das Körperlexikon als zentrales Nachschlagewerk für wichtige Begriffe und Eigenschaften sowie die vertiefenden Reflexionsphasen, in denen die Erfahrungen und Erkenntnisse der Viertklässler immer wieder vertieft, ausgearbeitet und vernetzt wurden, stellten auf inhaltlicher Ebene bereits eine wichtige, vielleicht sogar die wichtigere, gewinnbringendere Protokollierhilfe dar, die gezielte kognitive Prozesse beim Schreiben anregte. Die nach Experimentalgruppe 1 und 2 aufgesplitteten deskriptiven Ergebnisse untermauern diese Vermutung und legen eine eher hemmende Wirkung der Protokollierhilfen für Grundschulkinder nahe.

Aufgrund fehlender statistischer Tests zur Absicherung der rein deskriptiv gemachten Beobachtung in Bezug auf die Forschungsfragen 3 und 4 sind die diesbezüglichen Ergebnisse und ihre Interpretation jedoch unter Vorbehalt zu betrachten.

7.5 Forschungsfrage 5: Einfluss der Qualität der Protokolle auf die Geometrieleistungen

Ob es einen Zusammenhang zwischen *Protokollierfähigkeit* und *Geometrieleistungen* gibt, stand im Interesse von Forschungsfrage 5. Zu überprüfen galt, ob die Qualität der Protokolle mit der geometrischen Lernleistung korreliert.

Den Ergebnissen zufolge gab es zu allen drei Messzeitpunkten einen positiven Zusammenhang: Je höher die *Protokollierfähigkeit*, desto höher auch die *Geometrieleistungen* der Viertklässler.

Folglich kann davon ausgegangen werden, dass die Lernenden, die höhere *Geometrieleistungen* vorwiesen, sich im Protokollierprozess, der wiederum auf den fachlichen Inhalten beruhte, womöglich besonders intensiv mit den am außerschulischen Lernort bzw. anhand von Abbildungen gewonnenen Erkenntnissen zu Körpern auseinandersetzten und deshalb die besseren Leistungen erzielten (vgl. hierzu u.a. auch Dörfler, 2003, S. 82 f.; Abschnitt 3.2). Schülerinnen und Schülern, die wiederum ein eher schwaches Protokoll anfertigten, fehlte hingegen sehr wahrscheinlich das entsprechende Fachwissen, um es im Protokollierprozess weiter auszuarbeiten und zu vertiefen und so zu höheren Lernleistungen zu kommen. Auch fehlende Sprachkompetenzen könnten einen Einfluss haben.

Dass zum Messzeitpunkt 1 die kleinste Korrelation identifiziert wurde, könnte damit zusammenhängen, dass zum Zeitpunkt des Prätests die erzielten Leistungen der Viertklässler noch recht dicht beieinander und im eher unteren „Kompetenzbereich" lagen. Zwar gab es bereits im Prätest Lernende, die gute Protokolle und starke *Geometrieleistungen* vorwiesen, was darauf hinwies, dass beide miteinander korrelierten. Zum Post- und Follow-up-Test wurde der Anteil jedoch größer und die Verteilung auf die unterschiedlichen „Kompetenzbereiche" gleichmäßiger. Damit wurde es möglich, gezieltere Aussagen bezüglich der Korrelation treffen zu können. Zum Follow-up-Test hin war bedingt durch den erneuten Anstieg der *Protokollier-fähigkeit* bei den Experimentalgruppen vermutlich die größte Spannweite gegeben, weshalb zu diesem Zeitpunkt auch die größte Korrelation erzielt wurde.

7.6 Praktische Implikationen und Ausblick

Zielsetzung der vorliegenden Interventionsstudie war, sich das Potenzial außerschulischen Lernens in Verbindung mit dem Protokollieren für einen nachhaltigen Erkenntnisgewinn zu geometrischen Körpern zunutze zu machen. Ein entsprechendes Unterrichtskonzept wurde basierend auf Erkenntnissen aus der Forschung und Fachdidaktik konzipiert (vgl. Abschnitt 5.1) und dessen Wirkung auf die *Geometrieleistungen* sowie die Entwicklung der *Protkollier-fähigkeit* in der Folge evaluiert (vgl. Abschnitt 6.2).

Den Ergebnissen zufolge kann von einem positiven Effekt des Einbezugs der außerschulischen Lernumgebung in Verbindung mit dem Protokollieren auf die *Geometrieleistungen* ausgegangen werden (vgl. Abschnitt 6.2.1). Die Nähe zum Alltag sowie das Lernen an der frischen Luft und in Bewegung waren für die Grundschulkinder in hohem Maße anregend. Die Schülerinnen und Schüler sammelten am Ort primäre Erfahrungen, die im Geometrieunterricht im Klassenraum so nicht bzw. nur bedingt möglich waren. Geometrischen Begriffen wurde von Anfang an Sinn verliehen, das begriffliche Wissen zu Körpern ganz selbstverständlich und nachhaltig von den Kindern genutzt.

Als besonders wirksam und effektiv hat sich dabei insbesondere das gewählte Unterrichtskonzept, das eine adäquate Vernetzung schulischen und außerschulischen Lernens in Verbindung mit dem Protokollieren als Mittel für einen nachhaltigen Erkenntnisgewinn vorsah, bewährt. Nicht nur ein höherer geometrischer Kompetenzzuwachs wurde im Vergleich zu den Indoor-Lernenden erzielt, das Wissen und Können zu Körpern war auch beziehungshaltiger und konnte langfristig aufrechterhalten werden, was für eine stärkere Berücksichtigung außerschulischer Lernorte im Grundschulunterricht spricht. Ob Lernende, die keine Protokolle geführt und stattdessen zum Beispiel anhand von Arbeitsblättern ihre am außerschulischen Lernort gewonnenen Erfahrungen und Erkenntnisse zu Körpern gesammelt, verarbeitet und vertieft hätten, zu anderen Lernergebnissen gekommen wären, bleibt aufgrund der fehlenden Gruppe im Untersuchungsdesign allerdings offen. In Anbetracht der Heterogenität der Gruppe bleibt zu vermuten, dass das Forscherheft im Zusammenhang mit dem Protokollieren, so wie es in der vorliegenden Studie initiiert wurde, die individuellere, wissenssichernde Variante darstellte. Jedes Kind konnte beim Verschriftlichen seiner Erfahrungen und Entdeckungen nach seinen Lernfähigkeiten vorgehen, da nicht eine bestimmte Antwort erwartet wurde, sondern vielmehr verschiedene Vorgehensweisen möglich waren. Ein klar vorstrukturiertes Arbeitsblatt mit eindeutigen Aufgabenstellungen hätte sie womöglich in ihrem Denken eingeschränkt und nicht zu solch interessanten Erkenntnissen sowie tiefgründigen Diskussionen geführt. Außerdem konnte die Versuchsleiterin durch die Protokolle wichtige Einblicke in die Vorstellungen und das Verständnis der Lernenden gewinnen, die im weiteren Unterricht berücksichtigt und zielgerichtet vertieft wurden. In der alltäglichen Unterrichtspraxis wäre sogar denkbar, die Protokolle zur individuellen Leistungsbeurteilung heranzuziehen. Dazu könnte wiederum das vorliegende Messinstrument zur Erfassung der Protokollierfähigkeit (vgl. Abschnitt 5.3.2) eine erste Grundlage liefern, müsste, wie unter Abschnitt 7.2 bereits angedeutet, jedoch deutlich vereinfacht werden. Umgekehrt erhielten aber auch die Lernenden durch die Protokolle einen reflektierten Einblick in ihre Lernprozesse und ihre damit verbundenen Fortschritte. Ein klar vorstrukturiertes Arbeitsblatt hätte das alles vermutlich nicht bzw. nur bedingt leisten können. Nichtsdestotrotz bleibt offen, ob der Einsatz von Arbeitsblättern zur Verarbeitung und Vertiefung der am außerschulischen Lernort gemachten Erfahrungen zu ähnlichen, je nach Lerntyp vielleicht sogar zu besseren Lernergebnissen geführt hätte. In Folgeanalysen könnte diesen Aspekten deshalb noch einmal vertiefend nachgegangen werden.

Um die Lernenden mit dem außerschulischen Lernen vertraut zu machen, wurde in der vorliegenden Studie ein Video zum Einstieg gewählt, das gleichzeitig als Messinstrument zur Erfassung der Protokollierfähigkeit diente. Im Unterrichtsalltag wäre auch denkbar, die Schülerinnen und Schüler zunächst einmal im Klassenzimmer oder Schulgebäude auf erste geometrische Entdeckungsreise zu schicken und so in das außerschulische Lernen einzuführen. Ganz allgemein sind die Gegebenheiten vor Ort sowie die Lerngruppe stets zu berücksichtigen und können bzw. sollen das vorliegende Unterrichtskonzept ergänzen.

Einen deutlichen Einfluss auf die Wirksamkeit des Unterrichtskonzeptes nimmt die unterrichtende Lehrkraft selbst. Sie schafft den Rahmen für gelingende Lernprozesse – einen Rahmen, der wie in der vorliegenden Untersuchung initiiert, an die Vorerfahrungen der Kinder anknüpft, zum Erforschen und Entdecken einlädt und dabei zu vertiefenden, beziehungshaltigen Einsichten sowie tragfähigen Vorstellungen zu Körpern führen soll. Dazu bedarf es einem entsprechend fachlichen sowie fachdidaktischen Wissen. Entsprechende Impulse müssen gezielt gesetzt, die Vorstellungen der Kinder behutsam aufgenommen sowie weiterentwickelt und auf wichtige Zusammenhänge aufmerksam gemacht werden. Vielen Lehrkräften scheint mit Blick auf den Unterricht der Kontrollgruppenlehrkraft sowie Erkenntnissen aus der Forschung (vgl. Abschnitt 1.1.2.2) dieses Wissen jedoch nach wie vor zu fehlen. Adäquate Anregungen, die die Lehrkräfte bei der Planung und Gestaltung des Geometrieunterrichts in der Primarstufe unterstützen, gibt es immer noch zu wenig bzw. sind noch nicht im Bewusstsein der Lehrkräfte angekommen. Gezielte Maßnahmen, die sich mit der Aufwertung der Lehrerausbildung im Bereich Geometrie beschäftigen sowie die Lehrkräfte mit möglichen Konzepten für einen systematischen Zugang zur Geometrie (vgl. z. B. Rasch & Sitter, 2016) vertraut machen, wären demzufolge wünschenswert.

Betrachtet man die Entwicklung der Protkollierfähigkeit, so wird deutlich, dass sich durch gezielte Protokollieranlässe, wie sie in den Experimentalgruppen der vorliegenden Untersuchung initiiert wurden, Fähigkeiten im Protokollieren entwickeln lassen. Die Protokolle wurden mit der Zeit strukturierter, ausführlicher und mit mehr Detail versehen. Ob dabei innerschulisch oder außerschulisch gelernt wurde, spielte keine Rolle. Aus der Lerntagebuch-Forschung ist bekannt, dass man die Lernenden durch Prompts zu einem produktiveren Protokollieren anregen kann, was in der Folge zu besseren Lernergebnissen sowohl auf Prozess- als auch Lernerfolgsebene führen soll (vgl. Abschnitt 3.3). In der vorliegenden Untersuchung hat sich gezeigt, dass Kinder, die zusätzlich durch Prompts im Protkollierprozess unterstützt wurden, keinen deutlichen Vorteil gegenüber Kindern, die solche Hilfen nicht erhielten, hatten. Zum Teil deuten die Ergebnisse sogar auf eher hemmende Effekte hinsichtlich der Entwicklung der *Protokollierfähigkeit* sowie *Geometrieleistungen* hin. Der Einsatz des Körperlexikons in der individuellen Phase des Darstellens sowie die vertiefenden Reflexionsphasen im Plenum, bei denen auch auf sprachlicher sowie zeichnerischer Ebene an den Eigenproduktionen der Kinder gearbeitet wurden, scheinen hingegen die wichtigeren und gewinnbringenderen Unterstützungsmaßnahmen im Protokollierprozess gewesen zu sein. Für die Unterrichtspraxis lässt sich folglich ableiten, dass weitere Protokollierhilfen in Form von Prompts in der Grundschule vorerst nicht notwendig sind. Die Kinder müssen sich erst einmal an die Art des Arbeitens, das individuelle Verschriftlichen von Erfahrungen und Entdeckungen, gewöhnen. Das Protokollieren stellt schließlich eine vielfältig komplexe Fähigkeit dar, die in der Grundschule oft nicht gezielt gefördert wird. Sie sollte behutsam entwickelt werden. Durch einen längeren Interventionszeitraum könnte es möglich sein, dass die Kinder erste wichtige Erfahrungen bezüglich des Protokollierens sammeln. Basierend auf den Protokollen der Kinder könnten in der Folge gezielte, individuell, aber auch für die gesamte Lerngruppe bedeutsame Protokollierhilfen in Form von ersten Satzanfängen oder auch Beispielprotokollen abgeleitet und gezielt in den Unterricht integriert werden. Womöglich hätte der Einsatz von individuell bedeutsamen Prompts dann auch zu anderen empirischen Ergebnissen geführt. Folgeanalysen könnten daran anknüpfen.

Einen weiteren Anknüpfungspunkt für weitere Forschungsvorhaben könnten Transferwirkungen auf andere Inhaltsbereiche sowie Klassenstufen sein. In der vorliegenden Untersuchung wurde Viertklässlern am Beispiel von Körpern der Blick für die Geometrie in ihrer Umgebung geöffnet. Ob die erzielten Effekte auf weitere mathematische Inhaltsbereiche sowie niedrigere Klassenstufen übertragbar sind, bleibt offen. Interessant wäre auch, ob sich die Ergebnisse mit einer größeren Schülerzahl, insbesondere was die Kontrollgruppe betrifft, replizieren lassen.

Bisher wurde der Einbeziehung außerschulischer Lernumgebungen in den Mathematikunterricht der Grundschule ein eher untergeordneter Stellenwert in der Unterrichtspraxis sowie Forschung zugesprochen. Zu hoffen bleibt, dass mit der vorliegenden Studie ein Beitrag für weitere Forschungsvorhaben in diesem Bereich geleistet wurde und das außerschulische Lernen vermehrt Einzug in den Schulalltag der Grundschule erlangt. Sicher ist mit dem Einbezug der außerschulischen Lernumgebung in den regulären Klassenzimmerunterricht zunächst ein Mehraufwand verbunden: Der außerschulische Lernort muss von der Lehrkraft im Vorfeld ausgewählt und gesichtet werden, die Schülerinnen und Schüler müssen an das Arbeiten am außerschulischen Lernort herangeführt, die Tätigkeiten und Arbeitsmethoden am Lernort geplant und gemeinsam mit den Schülerinnen und Schüler besprochen, Absprachen im Kollegium und mit den Eltern getroffen werden und so fort (vgl. Abschnitt 2.3). Die Ergebnisse bestätigen jedoch nachdrücklich dessen Wirksamkeit. Mit dem vorliegenden Unterrichtskonzept wurde eine erste wichtige Grundlage geschaffen, die die Lehrkräfte bei der adäquaten Planung und Gestaltung außerschulischer Lernprozesse unterstützten kann und eine Basis für weitere

Forschungsvorhaben in diesem Zusammenhang darstellt. Das Wissen und Können zu Körpern wurde nicht nur umfangreicher, es wurde auch beziehungshaltiger und konnte langfristig aufrechterhalten werden. Gerade vor dem Hintergrund der zunehmenden Digitalisierung und den damit einhergehenden fehlenden Primärerfahrungen, dem ständigen Sitzen und Bewegungsmangel, kann das Aufsuchen eines außerschulischen Lernorts ein wichtiger Ausgleich darstellen und den Unterricht auf vielfältige Art und Weise, sowohl auf motivationaler als auch auf der Prozess- sowie Lernerfolgsebene, bereichern.

Literatur

Anders, K. & Oerter, A. (2009). *Forscherhefte und Mathematikkonferenzen in der Grund-schule: Konzept und Unterrichtsbeispiele.* Seelze: vpm.

Anderson, D. (1999). *Understanding the impact of post-visit activities on students' knowledge construction of electricity and magnetism as a result of a visit to an inter-active science center.* Unpublished PhD thesis, Queensland University of Technology, Brisbane, Australia.

Anderson, D. & Lucas, K. B. (1997). The Effectiveness of Orienting Students to the Physical Features of a Science Museum Prior to Visitation. *Research in Science Education*, 27(4), 485-495.

Anderson, J. R. (2007). *Kognitive Psychologie* (6. Auflage). Berlin: Spektrum.

Baar, R. & Schönknecht, G. (2018). *Außerschulische Lernorte: didaktische und methodische Grundlagen.* Weinheim: Beltz.

Backe-Neuwald, D. (2000). *Bedeutsame Geometrie in der Grundschule – aus Sicht der Lehre-rinnen und Lehrer, des Faches, des Bildungsauftrages und des Kindes.* Dissertation, Universität Paderborn, Paderborn.

Ball, B. L.; Hill, H. & Bass, H. (2005). Knowing Mathematics for Teaching: Who Knows Mathe-matics Well Enough To Teach Third Grade, and How Can We Decide? *American Edu-cator*, 29(3), 14-17, 20-22, 43-46. Verfügbar unter http://deepblue.lib.um-ich.edu/bitstream/handle/2027.42/65072/Ball_F05.pdf;jsessio-nid=9581024F3F62172916CA701F63CAFCAD?sequence=4 [07.01.2016]

Bartnitzky, J. (2004). *Einsatz eines Lerntagebuchs in der Grundschule zur Förderung der Lern-und Leistungsmotivation: Eine Interventionsstudie.* Dissertation, Universität Dort-mund, Dortmund. Verfügbar unter https://eldorado.tu-dort-mund.de/bitstream/2003/2944/1/BartnitzkyKurzanhangunt.pdf [21.03.2018]

Battista, M. T. (2007). The Development of Geometric and Spatial Thinking. In E. K. Lester (Hrsg.), *Second Handbook of Research on Mathematics Teaching and Learning* (S. 843-908). New-York: Information Age Publishing.

Bauersfeld, H. (1993). Grundschul-Stiefkind Geometrie. *Die Grundschulzeitschrift*, 62, 8-11.

Baum, S.; Roth, J. & Oechsler, R. (2013). Schülerlabore Mathematik – Außerschulische Lern-standorte zum internationalen mathematischen Lernen. *Mathematikunterricht*, 59, 4-11.

Baurmann, J. (2002). *Schreiben – Überarbeiten – Beurteilen: Ein Arbeitsbuch zur Schreibdi-daktik.* Seelze: Klett.

© Springer Fachmedien Wiesbaden GmbH, ein Teil von Springer Nature 2019
K. Sitter, *Geometrische Körper an inner- und außerschulischen Lernorten*,
Landauer Beiträge zur mathematikdidaktischen Forschung,
https://doi.org/10.1007/978-3-658-27999-8

Beard, C., & Wilson, J. P. (2002). *The power of experiential learning: A handbook for trainers and educators.* London: Kogan Page.

Becherer, J. & Schulz, A. (Hrsg.). (2007). *Duden: Mathematik 4.* Berlin: Duden.

Becker-Mrotzek, M. & Böttcher, I. (2011). *Schreibkompetenz entwickeln und beurteilen: Praxishandbuch für die Sekundarstufe I und II* (3. Auflage). Berlin: Cornelsen.

Benz, C., Peter-Koop, A. & Grüßing M. (2015). *Frühe mathematische Bildung: Mathematiklernen der Drei- bis Achtjährigen.* Berlin: Springer.

Berthold, K.; Nückles, M. & Renkl, A. (2003). Fostering the application of learning strategies in writing learning protocols. In F. Schmalhofer & R. Young (Hrsg.), *Proceedings of the European Cognitive Science Conference 2003* (S. 373). Mahwah, NJ: Erlbaum.

Berthold, K.; Nückles, M. & Renkl, A. (2004). Writing learning protocols: Prompts foster cognitive and metacognitive activities as well as learning outcomes. In P. Gerjets, J. Elen, R. Joiner, & P. Kirschner (Hrsg.), *Instructional design for effective and enjoyable computer supported learning* (S. 193–200). Tübingen: Knowledge Media Research Center. Verfügbar unter https://www.iwm-tuebingen.de/workshops/sim2004/pdf_files/Berthold_et_al.pdf [20.04.2018]

Berthold, K.; Nückles, M. & Renkl, A. (2007). Do learning protocols support learning strategies and outcomes? The role of cognitive and metacognitive prompts. *Learning and Instruction*, 17(5), 564-577.

Besuden, H. (1984a). Die Förderung der Raumvorstellung im Geometrieunterricht. In H. Besuden (Hrsg.), *Knoten, Würfel, Ornamente* (S. 70-73). Stuttgart: Klett.

Besuden, H. (1984b). Die Förderung des räumlichen Vorstellungsvermögens in der Grundschule. In H. Besuden (Hrsg.), *Knoten, Würfel, Ornamente* (S. 64-69). Stuttgart: Klett.

Besuden, H. (1988). Geometrie in der Grundschule. *Die Grundschulzeitschrift*, 18, 4-6.

Betz, B. (2005). Das Geometrie-Portfolio: Eine alternative Form der Leistungsbeobachtung und –bewertung. *Grundschulmagazin*, 6, 27-31.

Bezold, A. (2009a). Die Geometrie entdecken: Muster, Strukturen und Begriffe erforschen. *Fördermagazin*, 11, 5-9.

Bezold, A. (2009b). *Förderung von Argumentationskompetenzen durch selbstdifferenzierende Lernangebote: Eine Studie im Mathematikunterricht der Grundschule.* Hamburg: Dr. Kovač.

Bezold, A. & Weigel, W. (2012). Vorwissen aufgreifen und zu Begriffen weiterentwickeln: Weißblattergebung zur individuellen Standortbestimmung. *Mathematik lehren*, 172, 10-14.

Bleckmann, P. & Durdel, A. (2009). Einführung: Lokale Bildungslandschaften – die zweifache Öffnung. In P. Bleckmann & A. Durdel (Hrsg.), *Lokale Bildungslandschaften: Perspektiven für Ganztagsschulen und Kommunen* (S. 11-16). Wiesbaden: VS.

Blömeke, S.; Kaiser, G. & Lehmann, R. (2010a). TEDS-M 2008 Primarstufe: Ziele, Untersuchungsgrundlage und zentrale Ergebnisse. In S. Blömeke, G. Kaiser & R. Lehmann (Hrsg.), *TEDS-M 2008 – Professionelle Kompetenz und Lerngelegenheiten angehender Mathematiklehrkräfte für die Sekundarstufe I im internationalen Vergleich* (S. 11-38). Münster: Waxmann.

Blömeke, S.; Kaiser, G. & Lehmann, R. (Hrsg.). (2010b). *TEDS-M 2008 – Professionelle Kompetenz und Lerngelegenheiten angehender Mathematiklehrkräfte für die Sekundarstufe I im internationalen Vergleich.* Münster: Waxmann.

Blömeke, S.; Kaiser, G. & Lehmann, R. (Hrsg.). (2010c). *TEDS-M 2008 – Professionelle Kompetenz und Lerngelegenheiten angehender Primarstufenlehrkräfte im internationalen Vergleich.* Münster: Waxmann.

Bohl, T. (2009). *Prüfen und Bewerten im Offenen Unterricht.* Neuwied: Beltz.

Bönsch, M. (2003). Unterrichtsmethodik für außerschulische Lernorte. *Das Schullandheim*, 2, 4-10.

Bortz, J. & Döring, N. (2006). *Forschungsmethoden und Evaluation für Human- und Sozialwissenschaftler* (4. Auflage). Berlin: Springer.

Bossé, M. & Faulconer, J. (2008). Learning and assessing mathematics through reading and writing. *School science and mathematics*, 108(1), 8-19.

Böttcher, I. & Becker-Mrotzek, M. (2009). *Texte bearbeiten, bewerten und benoten* (4. Auflage). Berlin: Cornelsen.

Brandt, A. (2005). *Förderung von Motivation und Interesse durch außerschulische Experimentierlabors.* Göttingen: Cuvillier.

Breidenbach, W. (1966). *Raumlehre in der Volksschule* (7. Auflage). Hannover: Schroedel.

Bruder, R. (2001). Mathematik lernen und behalten. *Pädagogik*, 53(10), 15-18.

Bruder, R. & Brückner, A. (1988). *Schülertätigkeiten im Mathematikunterricht: Diskussions- und Arbeitsmaterial für die Aus- und Weiterbildung zur Methodik des Mathematikunterrichts.* Potsdam: Pädagogische Hochschule „Karl Liebknecht".

Bruder, R. & Brückner, A. (1989). Zur Beschreibung von Schülertätigkeiten im Mathematikunterricht – ein allgemeiner Ansatz. *Pädagogische Forschung*, 30(6), 72-82.

Brühne, T. (2011). Zur Didaktik des außerschulischen Lernens: Lernen zwischen Primärerfahrung und Handlungsorientierung. *Praxis Schule*, 2, 4-7.

Bruner, J. S. (1971). Über kognitive Entwicklung. In J. S. Bruner, R. R. Olver & P. M. Greenfield (Hrsg.), *Studien zur kognitiven Entwicklung: Eine kooperative Untersuchung am Center for Cognitive Studies der Harvard-Universität* (S. 21-96). Stuttgart: Klett.

Burk, K. & Claussen, C. (1998a). Auswertung der Umfrage „Lernorte außerhalb der Schule". In K. Burk & C. Claussen (Hrsg.), *Lernorte außerhalb des Klassenzimmers* (Band 2). *Methoden – Praxisberichte – Hintergründe* (4. Auflage) (S. 164-194). Frankfurt am Main: Arbeitskreis Grundschule e.V.

Burk, K. & Claussen, C. (1998b). Lernorte außerhalb des Klassenzimmers: Didaktische Perspektiven. In K. Burk & C. Claussen (Hrsg*.), Lernorte außerhalb des Klassenzimmers* (Band 1): *Didaktische Grundlegung und Beispiele* (6. unveränderte Auflage) (S. 5-25). Frankfurt am Main: Arbeitskreis Grundschule e.V.

Burk, K.; Rauterberg , M. & Schönknecht G. (2008). Einführung: Orte des Lehrens und Lernens außerhalb der Schule. In K. Burk, M. Rauterberg & G. Schönknecht (Hrsg.), *Schule außerhalb der Schule: Lehren und Lernen an außerschulischen Orten* (S. 11-19). Frankfurt am Main: Grundschulverband, Arbeitskreis Grundschule e.V..

Burrmann, U. (1996). Die Zone der nächsten Entwicklung und ihre Realisierung im Unterricht. In J. Lompscher (Hrsg.), *Entwicklung und Lernen aus kulturhistorischer Sicht – Was sagt uns Wygotski heute: Internationale Studien zur Tätigkeitstheorie* (Band 1) (S. 385-402). Marburg: BdWi.

Caron-Pargue, J. (1985). *Le dessin du cube chez l'enfant: organisations et reorganisations de codes graphiques.* Bern: Lang.

Clements, D. H. (2004). Geometric and spatial thinking in early childhood education. In D. H. Clements, J. Sarama & A.-M. DiBiase (Hrsg.), *Engaging Young Children in Mathematics: Standards for Early Childhood Mathematics Education* (S. 267–297). Mahwah, New Jersey: Lawrence Erlbaum Associates.

Clements, D. H. & Battista, M. T. (1992). Geometry and Spatial Reasoning. In D. Grouws (Hrsg.), *Handbook of Research on Mathematics Teaching and Learning* (S. 420-464). New York: Macmillian.

Clements, D. H. & Sarama, J. (2011). Early childhood teacher education: the case of geometry. *Journal of Mathematics Teacher Education*, 14(2), 133-148.

Clements, D. H., Swaminathan, M., Hannibal, M. A., & Sarama, J. (1999). Young Children's Concepts of Shape. *Journal for Research in Mathematics education*, 30(2), 192-212.

Coelen, T. (2009). Ganztagsbildung im Rahmen einer Kommunalen Kinder- und Jugendbildung. In P. Bleckmann & A. Durdel (Hrsg.), *Lokale Bildungslandschaften: Perspektiven für Ganztagsschulen und Kommunen* (S. 89-104). Wiesbaden: VS.

Cohen, J. (1988). *Statistical Power Analysis for the Behavioral Science* (2. Auflage). New York: Psychology Press.

Cox, M. V. (1986). *The child's point of view: The development of cognition and language.* Brighton: Harvester Press.

Cox, R. (1999). Representation construction, externalised cognition and individual differences. *Learning and Instruction, 9,* 343-363.

Crowley, M. L. (1987). The van Hiele Model of the Development of Geometric Thought. In M. M. Lindquist (Hrsg.), *Learning and Teaching Geometry, K-12* (S. 1-16). Reston, VA: National Council of Teachers of Mathematics.

Dahlgren, L. O. & Szczepanski, A. (2004). Rum för lärande – Några reflexioner om utomhusdidaktikens särart [Room for learning – Some reflections on the distinctive nature of outdoor didactics]. In I. Lundegård, P. O. Wickman & A. Wohlin (Hrsg.), *Utomhusdidaktik* (S. 9-23). Lund: Studentliteratur.

Dahmlos, H. J. (1996). *Bauzeichnen.* Bad Homburg von der Höhe: Dr. Max Gehlen.

Davydov, V. V (1988). Problems of developmental teaching. *Soviet Education,* 30(8), 15-97, 30(9), 3-83, 30(10), 3-77.

Dawydow, W. W. (1977). *Arten der Verallgemeinerung im Unterricht: Logisch-psychologische Probleme des Aufbaus von Unterrichtsfächern.* Berlin: Volk und Wissen.

Dedekind, B. (2012). *Darstellen in der Mathematik als Kompetenz aufbauen: Handreichung des Programms SINUS an Grundschulen.* Verfügbar unter http://www.sinus-an-grundschulen.de/fileadmin/uploads/Material_aus_SGS/Handreichung_Dedekind.pdf [12.12.2013]

Dettweiler, U. & Becker, Ch. (2016). Aspekte der Lernmotivation und Bewegungsaktivität bei Kindern im Draußenunterricht: Ein Überblick über erste Forschungsergebnisse. In J. von Au & U. Gade (Hrsg.), *Raus aus dem Klassenzimmer: Outdoor Education als Unterrichtskonzept* (S. 101-110). Weinheim: Beltz.

Deutscher Bildungsrat (Hrsg.). (1974). *Empfehlungen der Bildungskommission zur Neuordnung der Sekundarstufe II: Konzept für eine Verbindung von allgemeinem und beruflichem Lernen.* Stuttgart: Klett.

Die deutsche Bildungskommission (1977). Pluralität der Lernorte. In J. Münch (Hrsg.), *Lernen – aber wo? Der Lernort als pädagogisches und lernorganisatorisches Problem* (S. 171-176). Trier: Spee.

DIFF (Deutsches Institut für Fernstudien) an der Universität Tübingen (1978). *Mathematik: Kurs für Lehrer Sekundarstufe I/Hauptschule: HE 4 Geometrie, Teil II: Räumliche Figuren und ihre Darstellung.* Tübingen: Beltz.

Döhrmann, M. (2012). TEDS-M 2008: Qualitative Unterschiede im mathematischen Wissen angehender Primarstufenlehrkräfte. In W. Blum, R. Borromeo Ferri & K. Maaß (Hrsg), *Mathematikunterricht im Kontext von Realität, Kultur und Lehrerprofessionalität: Festschrift für Gabriele Kaiser* (S. 230-237). Wiesbaden: Springer.

Döhrmann, M.; Hacke, S. & Buchholtz, C. (2010). Nationale und internationale Typen an Aus-
bildungsgängen zur Primarstufenlehrkraft. In S. Blömeke, G. Kaiser & R. Lehmann
(Hrsg.), *TEDS-M 2008 – Professionelle Kompetenz und Lerngelegenheiten angehender
Primarstufenlehrkräfte im internationalen Vergleich* (S. 55-72). Münster: Waxmann.

Dörfler, W. (1989). Begriffsentwicklung durch Handlungsprotokolle. In *Beiträge zum Mathematikunterricht 1989: Vorträge auf der 23. Bundestagung für Didaktik der Mathematik vom 28.2. bis 3.3.1989 in Berlin* (S. 139-142). Bad Salzdetfurth: Franzdecker.

Dörfler, W. (2003). Protokolle und Diagramme als ein Weg zum diskreten Funktionsbegriff. In
M. H. G. Hoffmann (Hrsg.), *Mathematik verstehen: Semiotische Perspektiven* (S. 78-
94). Hildesheim: Franzbecker.

Dörfler, W. (2012). Handlungen und Protokolle, Abstraktion und Verallgemeinerung. In M.
Sonntag & R. Hörmannseder (Hrsg.), *Informatik: Von Anfang an: Festschrift für Jörg R.
Mühlbacher* (S. 45-52). Linz: Trauner.

Dühlmeier, B. (2014). Grundlagen außerschulischen Lernens. In B. Dühlmeier (Hrsg.), *Außerschulische Lernorte in der Grundschule: Neun Beispiele für den fächerübergreifenden
Sachunterricht* (3. Auflage) (S. 6-50). Baltmannsweiler: Schneider.

Edelmann, W. & Wittmann, S. (2012). *Lernpsychologie*. Weinheim: Beltz.

Eichler, K.-P. (2004). Geometrische Vorerfahrungen von Schulanfängern. *Grundschule*, 2, 12-
16.

Eichler, K.-P. (2005). Zum Geometrieunterricht in der Grundschule. *Grundschulunterricht*, 11,
2-6.

Eichler, K.-P. (2006). Zur Entwicklung von Können im Zeichnen. *Grundschule*, 5, 42-46.

Eichler, K.-P. (2007). Ziele hinsichtlich vorschulischer geometrischer Erfahrungen. In J. H. Lorenz & W. Schipper (Hrsg.), *Hendrik Radatz: Impulse für den Mathematikunterricht*
(S. 176-185). Braunschweig: Schroedel.

Eichler, K.-P. (2014). Zeichnen und Skizzieren: Handwerk und mehr. *Grundschulunterricht
Mathematik*, 3, 5-7.

Eid, M.; Gollwitzer, M. & Schmitt, M. (2015). *Statistik und Forschungsmethoden* (4., überarbeitete und erweiterte Auflage). Weinheim: Beltz.

Engeln, K. (2004). *Schülerlabors: authentische, aktivierende Lernumgebungen als Möglichkeit, Interesse an Naturwissenschaften und Technik zu wecken*. Berlin: Logos.

Engl, L. (2017). *Die Bedeutung des Protokollierens für den naturwissenschaftlichen Erkenntnisprozess*. Dissertation, Universität Koblenz-Landau, Landau. Verfügbar unter
https://kola.opus.hbz-nrw.de/files/1447/Engl%2CL_2017_Bedeutung+des+Protokol-
lierens+f%C3%BCr+den+naturwissenschaftlichen+Erkenntnisprozess_akzeptiert.pdf.
[25.03.2018]

Engl, L.; Schumacher, S.; Sitter, K.; Größler, M.; Niehaus, E.; Rasch, R.; Roth, J. & Risch, B. (2015). Entwicklung eines Messinstrumentes zur Erfassung der Protokollierfähigkeit - initiert durch Video-Items. *Zeitschrift für Didaktik der Naturwissenschaften*, 21(1), 223-229.

Fägerstam, E. & Blom, J. (2012). Learning biology and mathematics outdoors: effects and attitudes in a Swedish high school context. *Journal of Adventure Education & Outdoor Learning*, 1-20.

Fägerstam, E. & Samuelsson, J. (2012). Learning arithmetic outdoors in junior high school – influence on performance and self-regulating skills. *Education 3-13: International Journal of Primary, Elementary and Early Years Education*, 1-13.

Favrat, J. F. (1994/1995). Comment les Elèves dessinent-ils les Cylindres? Les solides et les surfaces cylindriques a l´école élémentarie, troisieme partie. *Grand N*, 55, 61-88. Verfügbar unter http://www-irem.ujf-grenoble.fr/spip/squelet-tes/fic_N.php?num=55&rang=5. [16.05.2016, ab. S. 38)

Favre, P. & Metzger, S. (2013). Außerschulische Lernorte nutzen. In P. Labudde (Hrsg.), *Fachdidaktik Naturwissenschaften: 1.-9. Schuljahr* (S. 165-180). Bern: Haupt.

Field, A. (2013). *Discovering statistics using IBM SPSS statistics* (4. Auflage). London: SAGE.

Fischer, A. (1967). *Die philosophischen Grundlagen der wissenschaftlichen Erkenntnis*. Wien: Springer.

Franke, M. (1999a). Paul (er)findet das Eineck. *Grundschule*, 3, 22-24.

Franke, M. (1999b). Was wissen Grundschulkinder über geometrische Körper? In H. Henning (Hrsg.), *Mathematik lernen durch Handeln und Erfahrung* (S. 151-163). Oldenburg: Bültmann & Gerriets.

Franke, M. (2007). *Didaktik der Geometrie in der Grundschule* (2. Auflage). Heidelberg: Spektrum.

Franke, M. & Reinhold, S. (2016). *Didaktik der Geometrie in der Grundschule* (3. Auflage). Berlin: Springer.

Freie und Hansestadt Hamburg, Behörde für Schule und Berufsbildung (Hrsg.). (2011). *Bildungsplan Grundschule: Mathematik*. Verfügbar unter https://www.ham-burg.de/contentblob/2481796/e71dafe076bf597d320c6a76ae57263c/data/mathe-matik-gs.pdf [30.01.2019]

Freudenthal, H. (1973). *Mathematik als pädagogische Aufgabe* (Band 2). Stuttgart: Klett.

Frostig, M.; Horne, D. & Miller, A. M. (1972). *Wahrnehmungstraining: Anweisungsheft für deutsche Verhältnisse bearbeitet und herausgegeben von A. Reinartz und E. Reinartz: Aus dem Amerikanischen übersetzt von E. Sander*. Dortmund: Crüwell.

Frostig, M.; Horne, D. & Miller, A. M. (1979). *Visuelle Wahrnehmungsförderung. Anweisungsheft*. Hannover: Schroedel.

Fuchs, M & Käpnick, F. (Hrsg.). (2004). *Mathehaus 3* (1. Auflage). Berlin: Cornelsen.

Fuchs, M & Käpnick, F. (Hrsg.). (2005). *Mathehaus 4* (1. Auflage). Berlin. Cornelsen.

Fucke, R.; Kirch, K. & Nickel, H. (1996). *Darstellende Geometrie für Ingenieure*. München: Fachbuchverlag Leipzig (Carl Hanser).

Fujita, T. (2012). Learners´ level of understanding of the inclusion relations of quadrilaterals and prototype phenomenon. *The Journal of Mathematics Education Behavior*, 31, 60-72.

Fujita, T. & Jones, K. (2006a). Primary trainee teachers´ knowledge of parallelograms. *Proceedings of the British Society for Research into Learning Mathematics*, 26(2), 25-30. Verfügbar unter http://www.bsrlm.org.uk/IPs/ip26-2/BSRLM-IP-26-2-5.pdf [14.04.2016]

Fujita, T. & Jones, K. (2006b). Primary trainee teachers´ understanding of basic geometrical figures in Scotland. In J. Novotná, H. Moraová, M. Krátká & N. Stehlíková (Hrsg.), *Proceedings 30th Conference of the International Group for the Psychology of Mathematics Education* (PME30) (Vol. 3) (S. 129-136). Prague: PME. Verfügbar unter https://pdfs.semanticscholar.org/073c/d5b34cd8222c759f49f8210f4dfcd709ec06.pdf [14.04.2016]

Gaedtke-Eckardt, D.-B. (2007). Was ist ein außerschulischer Lernort? In D.-B. Gaedtke-Eckardt (Hrsg.), *Außerschulische Lernorte: Studenten schreiben für Studenten und Referendare: Mit einer Einführung in das Thema außerschulisches Lernen* (S. 21-25). Hildesheim: Franzbecker.

Gaedtke-Eckardt, D.-B. (2009). Außerschulische Lernorte. *Fördermagazin*, 7/8, 5-9.

Gallin, P. & Ruf, U. (1993). Sprache und Mathematik in der Schule: Ein Bericht aus der Praxis. *Journal für Mathematikdidaktik*, 14(1), 3-33.

Gallin, P. & Ruf, U. (1998). *Dialogisches Lernen in Sprache und Mathematik* (Band 1 & 2). Seelze-Velber: Kallmeyer.

Gardner, H. (2005). *Abschied vom IQ: Die Rahmen-Theorie der vielfachen Intelligenzen: Aus dem Amerikanischen übersetzt von Malte Heim*. Stuttgart: Klett-Cotta.

Gasteiger, H. (2010). *Elementare mathematische Bildung im Alltag der Kindertagesstätte: Grundlegung und Evaluation eines kompetenzorientierten Förderansatzes*. Münster: Waxmann.

Giest, H. & Lompscher, J. (2006). *Lerntätigkeit – Lernen aus kulturhistorischer Perspektive: Ein Beitrag zur Entwicklung einer neunen Lernkultur im Unterricht*. Berlin: Lehmann Media (ICHS – International Cultural-historical Human Sciences, Bd. 15).

Gläser-Zikuda, M.; Rohde, J. & Schlomske, N. (2010). Empirische Studien zum Lerntagebuch- und Portfolio-Ansatz im Bildungskontext – eine Übersicht. In M. Gläser-Zikuda (Hrsg.), *Lerntagebuch und Portfolio aus empirischer Sicht* (Erziehungswissenschaft, Band 27) (S. 3-34). Landau: VEP.

Glogger, I.; Holzäpfel, L.; Schwonke, R.; Nückles, M. & Renkl, A. (2008). Activation of Learning Strategies in Writing Learning Journals: The Specificity of Prompts Matters. *Zeitschrift für Pädagogische Psychologie*, 23(2), 95-104.

Glogger, I.; Schwonke, R.; Holzäpfel, L.; Nückles, M. & Renkl, A. (2008). Activation of Learning Strategies When Writing Learning Protocols: The Specificity of Prompts Matters. In J. Zumbach, N. Schwartz, T. Seufert & L. Kester (Hrsg.), *Beyond Knowledge: the Legacy of Competence* (S. 201-204). Wien: Springer.

Goetz, M. & Ruf, U. (2007). Das Lernjournal im dialogisch konzipierten Unterricht. In M. Gläser-Zikuda & T. Hascher (Hrsg.), *Lernprozesse dokumentieren, reflektieren und beurteilen: Lerntagebuch und Portfolio in Bildungsforschung und Bildungspraxis* (S. 133-148). Bad Heilbrunn: Julius Klinkhardt.

Gölitz, D., Roick, T. & Hasselhorn, M. (2006). *DEMAT 4: Deutscher Mathematiktest für vierte Klassen*. Göttingen: Hogrefe.

Gorski, H.-J. & Müller-Philipp, S. (2014). *Leitfaden Geometrie* (6. überarbeitete und erweiterte Auflage). Braunschweig: Vieweg.

Götze, D. (2007). *Mathematische Gespräche unter Kindern: Zum Einfluss sozialer Interaktion von Grundschulkindern beim Lösen komplexer Aufgaben*. Hildesheim: Franzbecker.

Götze, D. (2015). *Sprachförderung im Mathematikunterricht*. Berlin: Cornelsen.

Graf, Ch.; Koch, B. & Dordel, S. (2003). Körperliche Aktivität und Konzentration – gibt es Zusammenhänge? *sportunterricht*, 52 (5), 142-146.

Graf, U. & Barner, M. (1968). *Darstellende Geometrie: Hochschulwissen in Einzeldarstellungen*. Heidelberg: Quelle & Meyer.

Grassmann, M. (1996). Geometrische Fähigkeiten der Schulanfänger. *Grundschulunterricht*, 43(5), 25-27.

Grassmann, M. (Hrsg.). (2010). *Primo Mathematik 3: 3. Schuljahr*. Braunschweig: Schroedel.

Grassmann, M.; Eichler, K.-P.; Mirwald, E. & Nitsch, B. (2010). *Mathematikunterricht 5: Kompetenz im Unterricht der Grundschule*. Baltmannsweiler: Schneider.

Griffin, J. & Symington, D. (1997). Moving from Task-Oriented to Learning-Oriented Strategies on School Excursions to Museums. *International Journal of Science Education*, 81(6), 763-779.

Grüßing, M. (2012). *Räumliche Fähigkeiten und Mathematikleistungen: eine empirische Studie mit Kindern im 4. Schuljahr*. Münster: Waxmann.

Guderian, P. (2007). *Wirksamkeitsanalyse außerschulischer Lernorte: Der Einfluss mehrmaliger Besuche eines Schülerlabors auf die Entwicklung des Interesses an Physik.* Dissertation, Humboldt-Universität zu Berlin, Berlin. Verfügbar unter: https://edoc.hu-berlin.de/bitstream/handle/18452/16262/guderian.pdf?sequence=1&isAllowed=y [10.03.2018]

Guderian, P. & Priemer, B. (2008). Interessenförderung durch Schülerlaborbesuche – eine Zusammenfassung der Forschung in Deutschland. *Physik und Didaktik in Schule und Hochschule* (PhyDid), 2/7, 27-36.

Gustafsson, E.; Szczepanski, A.; Nelson, N. & Gustafsson, A. (2011). Effects of an outdoor education intervention on the mental health of schoolchildren. *Journal of Adventure Education and Outdoor Learning,* 1-17. Verfügbar unter https://old.liu.se/utbildning/pabyggnad/L7MPD/student/didaktik-med-utomhuspedagogisk-inriktning/utomhuspedagogisk-fordjupningskurs-med-didaktisk-inriktning-943a09/dokument/1.553191/effects-of-outdoor-education-intervention.pdf [26.02.2018]

Gutzeit, U. (2005). Zeichnen im Geometrieunterricht der Grundschule. *Grundschulunterricht,* 11, 28-31.

Hampl, U. (2000). *Außerschulische Lernorte im Biologieunterricht der Realschule: Münchener Schriften zur Didaktik der Biologie* (Band 14). Herdecke: GCA.

Hannibal, M. A. (1999). Young Children's Developing Understanding of Geometric Shapes. *Teaching Children Mathematics,* 5(6), 353-357.

Hasemann, K. & Gasteiger, H. (2014). *Anfangsunterricht Mathematik* (3. Auflage). Berlin: Springer.

Haug, R. (2012). *Problemlösen lernen mit digitalen Medien: Eine empirische Studie zur Förderung grundlegender Problemlösetechniken durch den Einsatz dynamischer Werkzeuge.* Wiesbaden: Vieweg+Teubner.

Hellberg-Rode, G. (2012). Außerschulische Lernorte. In A. Kaiser & D. Pech (Hrsg.), *Basiswissen Sachunterricht: Unterrichtsplanung und Methoden* (4. unveränderte Auflage) (S. 145-150). Baltmannsweiler: Schneider.

Helmerich, M. & Lengnink, K. (2016). *Einführung Mathematik Primarstufe – Geometrie.* Berlin: Springer.

Heynoldt, B. (2016). *Outdoor Education als Produkt handlungsleitender Überzeugungen von Lehrpersonen: Eine qualitativ-rekonstruktive Studie.* Münster: MV. Verfügbar unter https://www.uni-muenster.de/imperia/md/content/geographiedidaktische-forschungen/pdfdok/gdf_60_heynoldt.pdf [01.03.2018]

Higgins, P. & Loynes, C. (1997). On the nature of outdoor education. In P. Higgins, C. Loynes & N. Crowther (Hrsg.), *A Guide for Outdoor Educators in Scotland* (S. 6-8). Scottish

Natural Heritage: Perth. Verfügbar unter http://www.docs.hss.ed.ac.uk/education/outdoored/higgins_loynes_nature_of_oe.pdf [01.03.2018]

Hoffer, A. (1977). *Geometry and Visualization: Mathematics Resource Project*. Palo Alto: Creative Publications.

Höglinger, S. & Senftleben, H.-G. (1997). Schulanfänger lösen geometrische Aufgaben. *Grundschulunterricht*, 44(5), 36-39.

Holland, G. (1975). Strategien zur Bildung geometrischer Begriffe. In *Beiträge zum Mathematikunterricht 1975: Vorträge auf der 9. Bundestagung für Didaktik der Mathematik vom 11. bis 14.03.1975 in Saarbrücken* (S. 59-68). Hannover: Schroedel.

Holland, G. (1996). *Geometrie in der Sekundarstufe: Didaktische und methodische Fragen* (2. Auflage). Heidelberg: Spektrum.

Holzäpfel, L. (2002). Skizzieren und Zeichnen: Eine Unterrichtsreihe zur Entwicklung räumlicher Vorstellungen. *Schulmagazin 5 bis 10*, 3, 45-48.

Holzäpfel, L.; Glogger, I.; Schwonke, R.; Nückles, M. & Renkl, A. (2009). Lerntagebücher im Mathematikunterricht: Diagnose und Förderung von Lernstrategien. In M. Neubrand (Hrsg.), *Beiträge zum Mathematikunterricht 2009: Beiträge zur 43. Jahrestagung der Gesellschaft für Didaktik der Mathematik vom 02. bis 06. März 2009 in Oldenburg* (S. 659-662). Münster: Martin Stein.

Hübner, S.; Nückles, M. & Renkl, A. (2007). Lerntagebücher als Medium des selbstgesteuerten Lernens – Wie viel instruktionale Unterstützung ist sinnvoll? *Empirische Pädagogik*, 21(2), 119-137.

Hußmann, S. (2010). Lerntagebücher – Mathematik in der Sprache des Verstehens. In T. Leuders (Hrsg.), *Mathematik-Didaktik: Praxishandbuch für die Sekundarstufe I und II* (S. 75-92). Berlin: Cornelsen.

Hussmann, S.; Leuders, T. & Barzel, B. (o.J.). *Schreibst du Mathe?* Verfügbar unter https://pikas.dzlm.de/pikasfiles/uploads/upload/Material/Haus_2_-_Kontinuitaet_von_Klasse_1_bis_6/IM/Informationstexte/Schreibst_du_Mathe.pdf [07.05.2018]

Ilgner, K. (1974). Die Entwicklung des räumlichen Vorstellungsvermögens von Klasse 1 bis 10. *Mathematik in der Schule*, 12/13, 693-714.

Institut für Qualitätsentwicklung Mecklenburg-Vorpommern (Hrsg.) (2013). *Sicheres Wissen und Können. Geometrie im Raum. Sekundarstufe I*. Universität Rostock: Universitätsdruck. Verfügbar unter https://www.mathe-mv.de/fileadmin/uni-rostock/Alle_MNF/Mathe-MV/Publikationen/Sekundarstufe_I/SWK/Broschuere_raeumliche_Geometrie_Auflage_2ue.pdf [10.12.2018]

Institut für Schulqualität der Länder Berlin und Brandenburg e.V. (ISQ) (2014). *VERA 3: Vergleichsarbeiten in der Jahrgangsstufe 3 im Schuljahr 2013/14: Länderbericht Berlin*.

Verfügbar unter https://www.isq-bb.de/uploads/media/VERA-3_2014_Bericht-BE.pdf [08.01.2016]

Janaszek, R. (o.J.). *Parallelperspektive*. Verfügbar unter https://janaszek.de/parallelperspektive/ [04.12.2018]

Jansen, P. (2011). Geometrie mit System: Über die Notwendigkeit eines systematischen Geometrie-Curriculums. *Grundschule*, 1, 6-8.

Johnson-Laird, P. N. (1983). *Mental Models*. Cambridge: Cambridge University Press.

Jones, K. (2000). Teacher knowledge and professional development in geometry. *Proceedings of the British Society for Research into Learning Mathematics*, 20(3), 109-114. Verfügbar unter http://www.bsrlm.org.uk/IPs/ip20-3/BSRLM-IP-20-3-19.pdf [14.04.2016]

Jones, K.; Mooney, C. & Harries, T. (2002). Trainee primary teachers´ knowledge of geometry for teaching. *Proceedings of the British Society for Research into Learning Mathematics*, 22(2), 95-100. Verfügbar unter http://eprints.soton.ac.uk/12596/1/Jones_Mooney_Harries_BSRLM_22-2_2002.pdf [14.04.2016]

Jordet, A. N. (1998). *Nærmiljøet som klasserom. Uteskole i teori og praksis*. Cappelen Akademisk Forlag, Oslo.

Jordet, A. N. (2009). *What is Outdoor Learning? In OUTLiNES: Outdoor Learning in Elementary Schools: From Grassroot to Curriculum in Teacher Education*. Foundation Course, Didactic Manual. Verfügbar unter http://www.outdooreducation.dk/files/foundation%20course%20manual.pdf [24.02.2018]

Jordet, A. N. (2010). *Klasserommet utenfor: Tilpasset opplaering i et utvidet laeringsrom. [The outdoor classroom: Education in an extended classroom]*. Latvia: Cappelen Damm AS.

Jürgens, E. (1993). Außerschulische Lernorte: Erfahrungs- und handlungsorientiertes Lernen außerhalb der Schule. *Grundschulmagazin*, 7/8, 4-6.

Jürgens, E. (2008). Außerschulische Lernorte. In E. Jürgens & J. Standop (Hrsg.), *Taschenbuch Grundschule* (Band 3): *Grundlegung von Bildung* (S. 101-112). Baltmannsweiler: Schneider.

Jürgens, E. (2018). Vorwort des Herausgebers (der Reihe *„Bildungswissen Lehramt"* (Band 30)). In R. Baar & G. Schönknecht (Hrsg.), *Außerschulische Lernorte: didaktische und methodische Grundlagen* (S. 7-8). Weinheim: Beltz.

Kail, R. (1992). *Gedächtnisentwicklung bei Kindern*. Heidelberg: Elsevier-Spektrum.

Käpnick, F. (Hrsg.). (2000). *Rechenwege 3: Mathematikbuch Klasse 3*. Berlin: Volk und Wissen.

Käpnick, F. (Hrsg.). (2001). *Rechenwege 4: Mathematikbuch Klasse 4.* Berlin: Volk und Wissen.

Karpa, D.; Lübbecke, G. & Adam, B. (2015). Außerschulische Lernorte – Theoretische Grundlagen und praktische Beispiele. In D. Karpa, G. Lübbecke & B. Adam (Hrsg.), *Außerschulische Lernorte: Theorie, Praxis und Erforschung außerschulischer Lerngelegenheiten* (S. 11-27). Immenhausen bei Kasel: Prolog.

Kaufmann, S. (2003). Defizitäre visuelle Fähigkeiten: Risikofaktoren beim Rechnenlernen? *Grundschule,* 4, 14-16.

Kaufmann, S. (2010). *Handbuch für die frühe mathematische Bildung.* Braunschweig: Schroedel.

Kehlbeck-Raupach, C. (2009). Mit Forscherheften gemeinsam Unterricht entwickeln. *Grundschulunterricht,* 3, 12-14.

Keßler, R. (2007). Zeichnen im Geometrieunterricht. *Grundschule Mathematik,* 14, 4-5

Kesting, F. (2005). *Mathematisches Vorwissen zu Schuljahresbeginn bei Grundschülern der ersten drei Schuljahre – eine empirische Untersuchung.* Hildesheim: Franzbecker.

King, A. (1992). Comparison of self-questioning, summarizing, and note-taking-review as strategies for learning from lectures. *American Educational Resarch Journal,* 29, 303-323.

Kisiel, J. (2003). Teachers, Museums and Worksheets: A Closer Look at a Learning Experience. *Journal of Science Teacher Education,* 14(1), 3-21.

Klaes, E. (2008a). *Außerschulische Lernorte im naturwissenschaftlichen Unterricht – Die Perspektive der Lehrkraft.* Berlin: Logos Verlag.

Klaes, E. (2008b). Stand der Forschung zum Lehren und Lernen an außerschulischen Lernorten. In D. Höttecke (Hrsg.), *Kompetenzen, Kompetenzmodelle, Kompetenzentwicklung: Gesellschaft für Didaktik der Chemie und Physik (Band 28), Jahrestagung in Essen 2007* (S. 263-265). Berlin: LIT.

Kleine, M.; Ludwig, M. & Schelldorfer, R. (2012). Mathematik draußen machen – Outdoor Mathematics. *Praxis der Mathematik in der Schule,* 47(54), 2-8.

Kleinschmidt, A. (2008). Geometrieunterricht: Eine gut durchdachte Planung und ein früher Beginn legen Basis. *Grundschulunterricht Mathematik,* 4, 4-6.

KMK (Kultusministerkonferenz, 1968). *Empfehlungen und Richtlinien zur Modernisierung des Mathematikunterrichts an allgemeinbildenden Schulen:* Beschluss der Kultusministerkonferenz vom 3.10.1968.

KMK (Kultusministerkonferenz, 1976). *Empfehlungen und Richtlinien zur Modernisierung des Mathematikunterrichts in der Grundschule:* Beschluss der Kultusministerkonferenz vom 3.12.1976.

KMK (Kultusministerkonferenz, 2005). *Bildungsstandards im Fach Mathematik für den Primarbereich (Jahrgangsstufe 4): Beschluss vom 15.10.2004*. München: Luchterhand. Verfügbar unter https://www.kmk.org/fileadmin/veroeffentlichungen_beschluesse/2004/2004_10_15-Bildungsstandards-Mathe-Primar.pdf [30.01.2019]

Koeppe-Lokai, G. (1996). *Der Prozeß des Zeichnens: Empirische Analysen der graphischen Abläufe bei der Menschdarstellung durch vier- bis sechsjährige Kinder*. Münster: Waxmann.

Kohler, B. (2011). Lerngänge. In D. von Reeken (Hrsg.), *Handbuch Methoden im Sachunterricht* (S. 167-175). Baltmannsweiler: Schneider.

König, J., Blömeke, S. & Kaiser, G. (2010). Lerngelegenheiten angehender Primarstufenlehrkräfte im internationalen Vergleich. In S. Blömeke, G. Kaiser & R. Lehmann (Hrsg.), *TEDS-M 2008 – Professionelle Kompetenz und Lerngelegenheiten angehender Primarstufenlehrkräfte im internationalen Vergleich* (S. 99-130). Münster: Waxmann.

Krämer, S. (2011). Brausepulver – eine prickelnde Mischung: Ein systematisches Training zum Protokolle schreiben. *Naturwissenschaften im Unterricht – Chemie*, 126, 23-28.

Krauss, S. (2009). *Fachdidaktisches Wissen und Fachwissen von Mathematiklehrkräften der Sekundarstufe: Konzeptualisierung, Testkonstruktion und Konstruktvalidierung im Rahmen der COACTIV-Studie*. Kumulative Habilitationsschrift, Universität Kassel, Kassel.

Krauter, S. (2007). *Erlebnis Elementargeometrie: Ein Arbeitsbuch zum selbstständigen und aktiven Entdecken*. München: Spektrum.

Krauthausen, G. (2007). Sprache und sprachliche Anforderungen im Mathematikunterricht der Grundschule. In H. Schöler & A. Welling (Hrsg.), *Sonderpädagogik der Sprache* (S. 1022-1034). Göttingen: Hogrefe.

Krauthausen, G. & Scherer, P. (2015). *Einführung in die Mathematikdidaktik* (3. Auflage). Heidelberg: Spektrum.

Kretschmer, Ch. (2009). Schreibförderung als Anliegen aller Fächer. *Praxis Grundschule*, 3, 4-6.

Kruppa, K. (2005). *Zum geometrischen Können am Ende der Klasse 4: Zielvorstellungen und Analysemöglichkeiten*. Examensarbeit, Universität Rostock, Roststock: Grin.

Kuntze, S. & Prediger, S. (2005). Ich schreibe, also denk' ich – Über Mathematik schreiben. *PM (Praxis der Mathematik in der Schule, Sekundarstufe 1 und 2)*, 47(5), 1-6.

Kurina, F., Hospesová, A. & Tichá, M. (1996). Geometrische Erfahrungen der Schüler der ersten Klasse in der Tschechischen Republik. *Universit. S. Bohemia. Dept. Mathe. Rep. Ser.* 2, 8-13.

Kusch, L. & Glocke, T. (2008). *Kusch Mathematik 2: Geometrie und Trigonometrie* (11. Auflage). Berlin: Cornelsen.

Laakmann, H. (2013). *Darstellungen und Darstellungswechsel als Mittel zur Begriffsbildung: Eine Untersuchung in rechnerunterstützten Lernumgebungen.* Wiesbaden: Springer.

Ladel, S. (2009). Geometrische Formen in nah und fern. *Grundschulunterricht Mathematik*, 2, 19-22.

Langer, I.; Schulz von Thun, F. & Tausch, R. (1981). *Sich verständlich ausdrücken* (2., völlig neubearb. Auflage). München: Ernst Reinhardt.

Leiß, D.; Blum, W. & Messner, R. (2007). Die Förderung selbständigen Lernens im Mathematikunterricht – Problemfelder bei ko-konstruktiven Lösungsprozessen. *Journal für Mathematik-Didaktik*, 28(3/4), 224-248.

Leroy, A. (1951). Representation de la perspective dans le dessin d'enfants. *Enfance*, 4, 286-307.

Lewalter, D. & Geyer, C. (2005). Evaluation von Schulklassenbesuchen im Museum. *Zeitschrift für Pädagogik*, 51(6), 774-785.

Lewis, H. P. (1963). Spatial representation in drawing as a correlate of development and a basis for picture preference. *Journal of Genetic Psychology*, 102, 95-107.

Lienert, G. A. & Raatz, U. (1998). *Testaufbau und Testanalyse* (6. Auflage). Weinheim: Beltz.

Link, M. (2012). *Grundschulkinder beschreiben operative Zahlenmuster: Entwurf, Erprobung und Überarbeitung von Unterrichtsaktivitäten als ein Beispiel für Entwicklungsforschung.* Wiesbaden: Vieweg+Teubner.

Linn, M. C. & Petersen, A. C. (1985). Emergence and characterization of differences in spatial ability. A meta-analysis. *Child Development*, 56(6), 5, 1479-1498.

Linn, M. C. & Petersen, A. C. (1986). A meta-analysis of gender differences in spatial ability: Implications for mathematics and science achievement. In S. Hyde & M. C. Linn (Hrsg.), *The psychology of gender-advances through a meta-analysis* (S. 67-101). Baltimore: Johns Hopkins University Press.

Lompscher, J. (1989). Die Lehrstrategie des Aufsteigens vom Abstrakten zum Konkreten. In J. Lompscher (Hrsg.). *Psychologische Analysen der Lerntätigkeit* (S. 51-90). Berlin: Volk und Wissen.

Lompscher, J. (2006). *Tätigkeit – Lerntätigkeit – Lehrstrategie: Die Theorie der Lerntätigkeit und ihre empirische Erforschung* (Band 19). Berlin: Lehmanns Media.

Lompscher, J. & Giest, H. (2010). Lehrstrategien. In D. H. Rost (Hrsg.), *Handwörterbuch Pädagogische Psychologie* (S. 437-446). Weinheim: Beltz.

Lorenz, J.-H. (Hrsg.). (2008). *Mathematikus 4.* Braunschweig: Westermann.

Lüthje, Th. (2010). *Das räumliche Vorstellungsvermögen von Kindern im Vorschulalter: Ergebnisse einer Interviewstudie.* Hildesheim: eDISSion (Franzbecker).

Maier A. S. & Benz, Ch. (2012). Das Verständnis ebener geometrischer Formen von Kindern im Alter von 4-6 Jahren. In M. Ludwig & M. Kleine (Hrsg.), *Beiträge zum Mathematikunterricht 2012: Vorträge auf der 46. Tagung für Didaktik der Mathematik vom 05.03.2012 bis 09.03.2012 in Weingarten* (S. 569-572). Münster: WTM.

Maier, A. S. & Benz, Ch. (2013). *Selecting shapes – how children identify familiar shapes in two different educational settings.* Verfügbar unter http://cerme8.metu.edu.tr/wgpapers/WG13/WG13_Maier.pdf [04.03.2015]

Maier, A. S. & Benz, Ch. (2014). Children's Constructions in the Domain of Geometric Competencies in Two Different Instructional Settings. In U. Kortenkamp, B. Brandt, C. Benz, G. Krummheuer, S. Ladel & R. Vogel (Hrsg.), *Early Mathematics Learning: Selected Papers of the POEM Conference 2012* (S. 173-187). New York: Springer.

Maier, H. (2000). Schreiben im Mathematikunterricht. *mathematik lehren*, 99, 10-13.

Maier, P. H. (1999). *Räumliches Vorstellungsvermögen: Ein theoretischer Abriß des Phänomens räumliches Vorstellungsvermögen: Mit didaktischen Hinweisen für den Unterricht.* Donauwörth: Auer.

Mammana, C. & Villani, N. (Hrsg.). (1998). *Perspectives on the Teaching of Geometry for the 21st Century: an ICME Study.* Dordrecht: Kluwer Academic Publishers.

Marschner, J.; Thillmann, H.; Wirth, J. & Leutner, D. (2012). Wie lässt sich die Experimentierstrategie-Nutzung fördern? *Zeitschrift für Erziehungswissenschaft*, 15(1), 77-93.

Mayring, P. (2008). *Qualitative Inhaltsanalyse: Grundlagen und Techniken.* Weinheim: Beltz.

Merschmeyer-Brüwer, C. (2011). Raum und Form begreifen und sich vorstellen: Strukturen und Begriffe bilden. *Mathematik differenziert*, 1, 6-8.

Merschmeyer-Brüwer, C. (2012). Der Würfel: Seine geometrische Form und seine Eigenschaften. *Mathematik differenziert*, 2, 8-10.

Minetola, J.; Serr, K. & Nelson, L. (2012). Authentic Geometry Adventures: What these first and second graders learned about shapes from real world experiences proved to be more than their teachers ever expected. *Teaching children mathematics*, 18(7), 434-438.

Ministerium für Bildung, Familie, Frauen und Kultur (Hrsg.). (2009). *Kernlehrplan Mathematik: Grundschule.* Saarland. Verfügbar unter http://www.saarland.de/dokumente/thema_bildung/KLPGSMathematik.pdf [08.01.2016]

Ministerium für Bildung, Frauen und Jugend (Hrsg.). (2002). *Rahmenplan Grundschule. Allgemeine Grundlegung. Teilrahmenplan Mathematik.* Mainz

Ministerium für Bildung, Jugend und Sport des Landes Brandenburg; Senatsverwaltung für Bildung, Jugend und Sport Berlin; Senator für Bildung und Wissenschaft Bremen; Ministerium für Bildung, Wissenschaft und Kultur Mecklenburg-Vorpommern (Hrsg.). (2004). *Rahmenplan Grundschule: Mathematik.* Berlin. Verfügbar unter https://www.berlin.de/imperia/md/content/sen-bildung/schulorganisation/lehrplaene/gr_ma_1_6.pdf?start&ts=1450262874&file=gr_ma_1_6.pdf [08.01.2016]

Ministerium für Bildung, Wissenschaft, Weiterbildung und Kultur (Hrsg.). (2014). *Rahmenplan Grundschule: Teilrahmenplan Mathematik.* Mainz. Verfügbar unter http://grundschule.bildung-rp.de/fileadmin/user_upload/grundschule.bildung-rp.de/Downloads/Rahmenplan/Rahmenplan_Grundschule_TRP_Mathe_01_08_2015.pdf [08.01.2016]

Ministerium für Bildung, Wissenschaft, Weiterbildung und Kultur Rheinland-Pfalz (o.J.). *Landesergebnis.* Verfügbar unter http://grundschule.bildung-rp.de/fileadmin/user_upload/grundschule.bildung-rp.de/Downloads/VERA/Vera_2014/VERA-2014-Landeswert.pdf [06.03.2015]

Mitchelmore, M. C. (1976). Cross-Cultural Research on Concepts of Space and Geometry. In J. L. Martin & B. A. David (Hrsg.), *Space and Geometry: Papers from a Research Workshop* (S. 143-184). Ohio: ERIC Information Analysis Center for Science, Mathematics and Environmental Education. Verfügbar unter http://files.eric.ed.gov/fulltext/ED132033.pdf [16.05.2016]

Mitchelmore, M. C. (1978). Development stages in children's representation of regular solid figures. *The Journal of Genetic Psychology, 133,* 229-239.

Mitchelmore, M. C. (1980). Prediction of the development stages in the representation of regular space figures. *Journal for Research in Mathematics Education,* 11(2), 83-93.

Mitzlaff, H. (2004). Exkursionen im Sachunterricht: Der Königsweg zu den „Sachen"? In A. Kaiser & D. Pech (Hrsg.), *Basiswissen Sachunterricht* (Band 5): *Unterrichtsplanung und Methoden* (S. 136-144). Baltmannsweiler: Schneider.

Moffett, P. (2012). Learning about outdoor education through authentic activity. *Mathematics Teaching* (Journal of the Association of Teachers of Mathematics), 227, 12-14.

Moll, M. (2001). *Das wissenschaftliche Protokoll: Vom Seminardiskurs zur Textart: empirische Rekonstruktionen und Erfordernisse für die Praxis.* München: Iudicium.

Moll, M. (2003). Protokollieren heißt auch Schreiben lernen. *Der Deutschunterricht,* 3, 71-80.

Möller, K. (2004). Verstehen durch Handeln beim Lernen naturwissenschaftlicher und technikbezogener Sachverhalte. In R. Lauterbach & W. Köhnlein (Hrsg.), *Verstehen und begründetes Handeln* (S. 147-165). Bad Heilbrunn: Julius Klinkhardt.

Moor, E. de & van den Brink, J. (1997). Geometrie vom Kind und von der Umwelt aus. *mathematik lehren,* 83, 14-17.

Morgan, C. (1998). *Writing mathematically: The discourse of investigation.* London: Falmer Press.

Moser Opitz, E.; Christen, U. & Vonlanthen Perler, R. (2008). Räumliches und geometrisches Denken von Kindern im Übergang vom Elementar- zum Primarbereich beobachten. In U. Graf & E. Moser Opitz (Hrsg.), *Diagnostik und Förderung im Elementarbereich und Grundschulunterricht: Lernprozesse wahrnehmen, deuten und begleiten* (S. 133-149). Baltmannsweiler: Schneider.

Müller, K. P. (2004). *Raumgeometrie: Raumphänomene – Konstruieren – Berechnen* (2. überarbeitete und erweiterte Auflage). Stuttgart: Teubner.

Münch, J. (1985). *Lernorte und Lernortkombinationen im internationalen Vergleich: Innovationen, Modelle und Realisationen in der Europäischen Gemeinschaft.* Berlin: Europäisches Zentrum für die Förderung der Berufsbildung.

NCTM (National Council of Teachers of Mathematics, 1989). *Curriculum and evaluation standards for school mathematics.* Reston, VA: NCTM.

Neubrand, M. (1981). Das Haus der Vierecke: Aspekte beim Finden mathematischer Begriffe. *Journal für Mathematik-Didaktik, 2,* 37-50.

Niedersächsisches Kultusministerium (2006). *Kerncurriculum für die Grundschule Schuljahrgänge 1-4: Mathematik: Niedersachsen.* Hannover: Unidruck. Verfügbar unter http://db2.nibis.de/1db/cuvo/datei/kc_gs_mathe_nib.pdf [15.02.2018]

Nitsch, B. (2002). Wir entdecken Geometrie in unserer Umwelt! *Grundschulunterricht, 6,* 32-36.

Noorani, M. S. M.; Ismail, E. S.; Salleh, A. R.; Rambley, A. S.; Mamat, N. J. Z.; Muda, N.; Hashim, I. & Majid, N. (2010). Exposing the fun side on mathematics via mathematics camp. *Procedia Social and Behavioral Sciences, 8,* 338-343. Verfügbar unter https://ac.els-cdn.com/S187704281002152X/1-s2.0-S187704281002152X-main.pdf?_tid=b199d700-2f57-443e-ac77-7645190ad483&acd-nat=1520691799_8f772eafb7abfe87324d10698ae8206b [10.03.2018]

Nückles, M.; Hübner, S.; Glogger, I.; Holzäpfel, L.; Schwonke, R. & Renkl, A. (2010). Selbstreguliert lernen durch Schreiben von Lerntagebüchern. In M. Gläser-Zikuda (Hrsg.), *Lerntagebuch und Portfolio aus empirischer Sicht* (Erziehungswissenschaft, Band 27) (S. 35-58). Landau: VEP.

Nückles, M.; Hübner, S. & Renkl, A. (2006). The pitfalls of overprompting in writing-to-learn. In R. Sun, N. Miyake & C. Schunn (Hrsg.), *Proceedings of the 28th Annual Conference of the Cognitive Science Society* (S. 2575). Mahwah, NJ: Erlbaum.

Nückles, M.; Schwonke, R.; Berthold, K. & Renkl, A. (2004). The use of public learning diaries in blended learning. *Journal of Educational Media, 29,* 49-66.

Nussbaumer, M. (1996). Lernerorientierte Textanalyse – eine Hilfe zum Textverfassen? In H. Feilke & P. R. Portmann (Hrsg.), *Schreiben im Umbruch: Schreibforschung und schulisches Schreiben* (S. 96-112). Stuttgart: Klett.

Orion, N. & Hofstein, A. (1994). Factors that influence learning during a scientific field trip in a natural environment. *Journal of Research in Science Teaching,* 31, 1097-1119.

Peter-Koop, A.; Selter, Ch. & Wollring, B. (2002). Reihenfolgezahlen: Materialpaket. *Die Grundschulzeitschrift,* 160, 3-7.

Phillips, W. A.; Inall, M. & Lander, E. (1985). On the discovery, storage and use of graphic descriptions. In N. H. Freeman & M. V. Cox (Hrsg.), *Visual Order: The nature and development of pictorial representation* (S. 122-134). Cambridge: University Press.

Piaget, J. & Inhelder, B. (1971). *Die Entwicklung des räumlichen Denkens beim Kinde.* Stuttgart: Klett (frz. Original: La représentation de l'espace chez l'enfanf, Einleitung von Hans Aebli, aus dem Französischen von Rosemarie Heipke).

Piaget, J. & Inhelder, B. (1972). *Die Psychologie des Kindes.* München: Deutscher Taschenbuchverlag.

Pichert, J. W. & Anderson, R. C. (1977). Taking Different Perspectives on a Story. *Journal of Educational Psychology,* 69(4), 309-315.

Plath, M. (2014). *Räumliches Vorstellungsvermögen im vierten Schuljahr: Eine Interviewstudie zu Lösungsstrategien und möglichen Einflussbedingungen auf den Strategieeinsatz.* Hildesheim: Franzbecker.

Prashnig, B. (2008). *LernStile und personalisierter Unterricht: Neue Wege des Lernens.* Linz: Trauner.

Prediger, S. (2012). Heterogenität in der Lehrerausbildung Mathematik. *Mitteilungen der Gesellschaft für Didaktik der Mathematik,* 93, 30-32.

Priest, S. (1986). Redefining Outdoor Education: A Matter of Many Relationships. *Journal of Environmental Education,* 17(3), 13-15. Verfügbar unter https://www.d.umn.edu/~kgilbert/educ5165-731/pwreadings/Redefining%20Outdoor%20Education.pdf [01.03.2018]

Radatz, H. & Rickmeyer, K. (1991). *Handbuch für den Geometrieunterricht an Grundschulen.* Hannover: Schroedel.

Radatz, H. & Schipper, W. (1983). *Handbuch für den Mathematikunterricht an Grundschulen.* Hannover: Schroedel.

Radatz, H.; Schipper, W.; Ebeling, A. & Dröge, R. (1996). *Handbuch für den Mathematikunterricht: 1. Schuljahr.* Hannover: Schroedel.

Rammstedt, B. (2010). Reliabilität, Validität, Objektivität. In C. Wolf & H. Best (Hrsg.), *Handbuch der sozialwissenschaftlichen Datenanalyse* (S. 239–258). Wiesbaden: Springer.

Rasch, B.; Friese, M.; Hofmann, W. & Naumann, E. (2014a). *Quantitative Methoden 1: Einführung in die Statistik für Psychologen und Sozialwissenschaftler* (4., überarbeitete Auflage). Berlin: Springer.

Rasch, B.; Friese, M.; Hofmann, W. & Naumann, E. (2014b). *Quantitative Methoden 2: Einführung in die Statistik für Psychologen und Sozialwissenschaftler* (4., überarbeitete Auflage). Berlin: Springer.

Rasch, R. (2007). *Offene Aufgaben für individuelles Lernen im Mathematikunterricht der Grundschule 1+2: Aufgabenbeispiele und Schülerbearbeitungen.* Seelze: Kallmeyer.

Rasch, R. (2009). *Offene Aufgaben für individuelles Lernen im Mathematikunterricht der Grundschule 3+4: Aufgabenbeispiele und Schülerbearbeitungen* (2. Auflage). Seelze: Kallmeyer.

Rasch, R. (2011). Geometrisches Wissen in der Grundschule. In R. Haug & L. Holzäpfel (Hrsg.), *Beiträge zum Mathematikunterricht 2011: Beiträge zur 45. Jahrestagung der Gesellschaft für Didaktik der Mathematik vom 21. bis 25. Februar 2011 in Freiburg* (S. 651-654). Münster: WTM. Verfügbar unter http://www.mathematik.tu-dortmund.de/ieem/bzmu2011/_BzMU11_2_Einzelbeitraege/BzMU11_RASCH_Renate_Geometrie.pdf [20.12.2015]

Rasch, R. (2012a). Herausforderung Textaufgaben: Individuelles Lernen beim Arbeiten mit Textaufgaben begleiten. *Grundschule*, 10, 10-13.

Rasch, R. (2012b). Module für den Geometrieunterricht in der Grundschule: ein Versuch, beziehungshaltiges Wissen aufzubauen. In M. Ludwig & M. Kleine (Hrsg.), *Beiträge zum Mathematikunterricht 2012: Vorträge auf der 46. Tagung für Didaktik der Mathematik vom 05.03.2012 bis 09.03.2012 in Weingarten* (S. 669-672). Münster: WTM. Verfügbar unter http://www.mathematik.uni-dortmund.de/ieem/bzmu2012/files/BzMU12_0157_Rasch.pdf [20.12.2015]

Rasch, R. (in Druck). Geometrische Körper mit Kopf und Hand entdecken. In F. Heinrich (Hrsg.), *Aktivitäten von Grundschulkindern an und mit räumlichen Objekten.* Offenburg: Mildenberger.

Rasch, R. & Sitter K. (2016). *Module für den Geometrieunterricht in der Grundschule: Geometrie handlungsorientiert unterrichten und beziehungshaltig entdecken.* Seelze: Klett.

Rathgeb-Schnierer, E. & Schütte, S. (Hrsg.). (2009). *Lerntagebücher im Mathematikunterricht: Wie Kinder in der Grundschule auf eigenen Wegen lernen.* München: Oldenbourg.

Reemer, A. & Eichler, K.-P. (2005). Vorkenntnisse von Schulanfängern zu geometrischen Begriffen. *Grundschulunterricht*, 11, 37-42.

Reigeluth, C. M. & Stein, F. S. (1983). The elaboration theory of instruction. In C. M. Reigeluth (Hrsg.), *Instructional-design theories and models: An overview of their current status* (S. 335-382). Hillsdale, NJ: Erlbaum Associates.

Renkl, A.; Nückles, M.; Schwonke, R.; Berthold, K. & Hauser, S. (2004). Lerntagebücher als Medium selbstgesteuerten Lernens: Theoretischer Hintergrund, empirische Befunde, praktische Entwicklungen. In M. Wosnitza, A. Frey & R. Jäger (Hrsg.), *Lernprozess, Lernumgebung und Lerndiagnostik* (S. 101-116). Landau: VEP.

Rickinson, M.; Dillon, J.; Teamey, K.; Morris, M.; Young Choi, M.; Sanders, D. & Benefield, P. (2004). *A review on Outdoor Learning.* Shrewsbury, UK: Field Studies Council Publications/National Foundation for Educational Research. Verfügbar unter https://www.field-studies-council.org/media/268859/2004_a_review_of_research_on_outdoor_learning.pdf [10.03.2018]

Rickmeyer, K. (1991). Würfelkörper bauen und zeichnen: Vorschläge für das 4. Schuljahr. *Grundschule*, 2, 30-34.

Rinken, H. D.; Hönisch, K. & Träger, G. (Hrsg.). (2011). *Welt der Zahl 4: Mathematisches Unterrichtswerk für die Grundschule.* Braunschweig: Schroedel.

Roick, T.; Gölitz, D.; Hasselhorn, M. (2004). *DEMAT 3+: Deutscher Mathematiktest für dritte Klassen* (Manual). Göttingen: Hogrefe.

Rosin, H. (1995). Zum Vorverständnis von geometrischen Sachverhalten bei Erstklässlern. *Grundschulunterricht*, 42(6), 50-53.

Rost, D. H. (1977). *Raumvorstellung: Psychologische und pädagogische Aspekte.* Weinheim: Beltz.

Rost, D. H. (2013). *Interpretation und Bewertung pädagogisch-psychologischer Studien: Eine Einführung.* Bad Heilbrunn: Julius Klinkhardt.

Roth, J. (2012). Geometrische Körper: Erkennen und Sortieren als Grundlage der Begriffsbildung. *Fördermagazin*, 2, 13-17 (und Zusatzmaterialien im Internet). Verfügbar unter http://dms.uni-landau.de/roth/veroeffentlichungen/2012/roth_geometrische_koerper_erkennen_und_sortieren_als_grundlage_der_begriffsbildung.pdf [01.02.2019]

Roth, J.; Schumacher, S. & Sitter, K. (2016). (Erarbeitungs-)Protokolle als Katalysatoren für Lernprozesse. In M. Grassmann & R. Möller (Hrsg.), *Kinder herausfordern – Eine Festschrift für Renate Rasch* (S. 194-210). Hildesheim: Franzbecker.

Roth, J. & Wittmann, G. (2014). Ebene Figuren und Körper. In H.-G. Weigand, A. Filler, R. Hölzl, S. Kuntze, M. Ludwig, J. Roth, B. Schmidt-Thieme & G. Wittmann (Hrsg.), *Didaktik der Geometrie für die Sekundarstufe I* (S. 123-156). Berlin: Springer.

Rüede, C. & Weber, C. (2012). Schülerprotokolle aus unterschiedlichen Perspektiven Lesen – eine explorative Studie. *Journal für Mathematik-Didaktik*, 33(1), 1-28.

Ruwisch, S. (2010a). Ideal und Wirklichkeit. *Grundschule Mathematik*, 26, 4-5.

Ruwisch, S. (2010b). Mehr als Kugel, Würfel und Quader. *Grundschule Mathematik*, 26, 40-43.

Ruwisch, S. (2017). Durch die Mathe-Brille: Neue Handlungsoptionen durch den Wechsel des Blickwinkels ermöglichen. *Grundschulunterricht Mathematik*, 54, 2-3.

Salzmann, Ch. (1991). *Regionales Lernen und Umwelterziehung: Beispielhafte erlebnispädagogische Reflexionen.* Lüneburg: Neubauer.

Salzmann, Ch. (2007). Lehren und Lernen in außerschulischen Lernorten. In J. Kahlert, M. Fölling-Albers, M. Götz, A. Hartinger, D. von Reeken & S. Wittkowske (Hrsg.), *Handbuch Didaktik des Sachunterrichts* (S. 433-438). Kempten: Julius Klinkhardt.

Sarama, J. & Clements, D. H. (2009). *Early Childhood Mathematics Education Research. Learning Trajectories for Young Children.* New York: Routledge.

Sauerborn, P. & Brühne, T. (2010). *Didaktik des außerschulischen Lernens* (3. vollständig überarbeitete Auflage). Baltmannsweiler: Schneider.

Scharfenberg, F-J. (2005). *Experimenteller Biologieunterricht zu Aspekten der Gentechnik im Lernort Labor: empirische Untersuchung zu Akzeptanz, Wissenserwerb und Interesse.* Dissertation, Universität Bayreuth, Bayreuth. Verfügbar unter http://www.pflanzen-physiologie.uni-bayreuth.de/didaktik-bio/en/pub/html/31120diss_Scharfenberg.pdf [10.03.2018]

Scheid, H. & Schwarz, W. (2007). *Elemente der Geometrie* (4. Auflage). München: Spektrum.

Scherer, P. & Rasfeld, P. (2010). Außerschulische Lernorte: Chancen und Möglichkeiten für den Mathematikunterricht. *mathematik lehren*, 160, 4-10.

Schipper, W. (2009). *Handbuch für den Mathematikunterricht an Grundschulen*. Braunschweig: Schroedel.

Schipper, W., Dröge, R. & Ebeling, A. (2000). *Handbuch für den Mathematikunterricht: 4. Schuljahr.* Braunschweig: Schroedel.

Schipper, W.; Ebeling, A. & Dröge, R. (2015). *Handbuch für den Mathematikunterricht: 2. Schuljahr.* Braunschweig: Schroedel.

Schmidt, W.; Hartmann-Tews, I. & Brettschneider, W. D. (2003). *Erster Deutscher Kinder- und Jugendsportbericht.* Schorndorf: Hofmann.

Schnotz, W. (1994). *Aufbau von Wissensstrukturen: Untersuchungen zur Kohärenzbildung beim Wissenserwerb mit Texten.* Weinheim: Beltz.

Schuppar, B. (2017). *Geometrie auf der Kugel. Alltägliche Phänomene rund um Erde und Himmel.* Berlin: Springer.

Schuster, M. (2000). *Psychologie der Kinderzeichnung* (3. Auflage). Göttingen: Hogrefe.

Schuster, M. (2010). *Kinderzeichnungen: Wie sie entstehen, was sie bedeuten* (3. Auflage). München: Ernst Reinhardt.

Schütte, S. (Hrsg.). (2006). *Die Matheprofis 4: Ein Mathematikbuch für das 4. Schuljahr.* München: Oldenbourg.

Schütz, P. (1994). Forscherhefte und mathematische Konferenzen. *Die Grundschulzeitschrift,* 74, 20-22.

Schweiger, F. (1996). Die Sprache der Mathematik aus linguistischer Sicht. In *Beiträge zum Mathematikunterricht 1996: Vorträge auf der 30. Bundestagung für Didaktik der Mathematik vom 4. bis 8. März 1996 in Regensburg* (S. 44-51). Hildesheim: Franzbecker.

Seiler, T. B. (2012). *Evolution des Wissens* (Band 1). *Evolution der Erkenntnisstrukturen.* Münster: Lit.

Selter, Ch. (1996). Schreiben im Mathematikunterricht. *Die Grundschulzeitschrift,* 92, 16-19.

Selter, Ch. & Sundermann, B. (2006). *Beurteilen und Fördern im Mathematikunterricht.* Berlin: Cornelsen.

Selter, Ch.; Walter, D.; Walther, G. & Wendt, H. (2016). Mathematische Kompetenzen im internationalen Vergleich: Testkonzeption und Ergebnisse. In H. Wendt, W. Bos, C. Selter, O. Köller, K. Schwippert & D. Kasper (Hrsg.), *TIMSS 2015: Mathematische und naturwissenschaftliche Kompetenzen von Grundschulkindern in Deutschland im internationalen Vergleich* (S. 79-136). Münster: Waxmann. Verfügbar unter https://www.waxmann.com/fileadmin/media/zusatztexte/3566Volltext.pdf [06.02.2018]

Siebel, F. (2004). *Elementare Algebra und ihre Fachsprache: Eine allgemein-mathematische Untersuchung.* Dissertation. Mühltal: Verl. Allg. Wiss.-HRW.

Sinclair, N. & Bruce, C. D. (2015). New opportunities in geometry education at the primary school. *ZDM Mathematics Education,* 47, 319-329.

Sitter, K. (2014). Grundfläche zeichnen, Spitze markieren, Kanten antragen – so einfach kann räumliches Zeichnen sein. *Grundschulunterricht Mathematik,* 3, 28-35

Skemp, R. R. (1979). Goals of Learning and Qualities of Understanding. *Mathematical teaching,* 88, 44-49.

Sodian, B. (2002). Entwicklung begrifflichen Wissens. In R. Oerter & L. Montada (Hrsg.), *Entwicklungspsychologie* (5. Auflage) (S. 443-468). Weinheim: Beltz.

Spindeler, B. & Merschmeyer-Brüwer (2012). Geometrie des Würfels. *Mathematik differenziert,* 2, 4-6.

Steinbring, H. & Nührenbörger, M. (2010). Mathematisches Wissen als Gegenstand von Lehr-/Lerninteraktionen: Eigenständige Schülerinteraktionen in Differenz zu Lehrerinterventionen. In U. Dausendschön-Gay, C. Domke & S. Ohlhus (Hrsg.), *Wissen in (Inter-*

)Aktion: Verfahren der Wissensgenerierung in unterschiedlichen Praxisfeldern (S. 161–188). Berlin: Walter de Gruyter.

Stevens, J. P. (2007). *Intermediate statistics: A modern approach* (3. Auflage). New York: Erlbaum

Stock, H. (1988). Außerschulische Lernorte: Zu ihrer Bedeutung in Erziehung und Unterricht. *Pädagogische Welt*, 2, 50-54.

Storksdieck, M. (2004). *Teachers´ perceptions and practice surrounding a field trip to a planetarium*. Paper presented at the 2004 Annual Meeting of The National Association for Research in Science Teaching (NARST), Vancouver, BC, Canada, 1.-3. April 2004.

Storksdieck, M.; Kaul, V. & Werner, M. (2006). *Results from the Quality Field Trip Study: Assessing the LEAD program in Cleveland, Ohio*. Annapolis, MD: Technical Report. Institute for Learning Innovation.

Strehl, R. (2003). *Sehen – Zeichnen – Konstruieren*. Hildesheim: Franzbecker.

Swinson, K. (1992). Writing activities as strategies for knowledge construction and the identification of misconceptions in mathematics. *Journal of Science and Mathematics Education in Southeast Asia*, 15(2), 7-14.

Szilágyiné-Szinger, I. (2008a). Die Entwicklung geometrischer Begriffe im Mathematikunterricht der Grundstufe: Das Quadrat und das Rechteck. In E. Vasarely (Hrsg.), *Beiträge zum Mathematikunterricht 2008: Beiträge zur 42. Jahrestagung der Gesellschaft für Didaktik der Mathematik vom 13. bis 18. März 2008 in Budapest* (S. 749-752). Münster: WTM-Verlag.

Szilágyiné-Szinger, I. (2008b). The evolvement of geometrical concepts in lower primary mathematics: Parallel and Perpendicular. *Annales Mathematicae et Informaticae*, 35, 173-188.

Tal, R. T.; Bamberger, Y. & Morag, O. (2005). Guided School Visits to Natural History Museums in Israel: Teachers´ Roles. *Science Education*, 89(6), 920-935.

Thomas, B. (2009). Lernorte außerhalb der Schule. In K.-H. Arnold, U. Sandfuchs & J. Wiechmann (Hrsg.), *Handbuch Unterricht* (2. aktualisierte Auflage) (S. 283-287). Bad Heilbrunn: Julius Klinkhardt.

Thurstone, L. L. (1938). *Primary Mental Abilities*. Chicago: The University of Chicago Press.

Van der Sandt, S. (2007). Pre-service geometry education in South Africa: A typical case? *I-UMPST: The Journal*, 1, 1-9. Verfügbar unter http://files.eric.ed.gov/fulltext/EJ835495.pdf [14.04.2016]

Van Hiele-Geldof, D. (1957). *De didactiek van de meetkunde in de eerste klas van het V.H.M.O. (The didactics of geometry in the lowest class of the secondary school)*. PhD Thesis Utrecht, Utrecht.

Van Hiele-Geldof, D. (1984). Didactics of Geometry as Learning Process for Adults. In D. Fuys, D. Geddes & R. Tischler (Hrsg.), *English Translation of Selected Writings of Dina von Hiele-Geldof and Pierre van Hiele* (S. 215-233). Brooklyn: Brooklyn College. Verfügbar unter http://files.eric.ed.gov/fulltext/ED287697.pdf [13.05.2016]

Van Hiele, P. M. (1957). *De problematiek van het inzicht (The problem of insight, in connection with schoolchildren's insight into subject-matter of geometry)*. PhD Thesis Utrecht, Utrecht.

Van Hiele, P. M. (1984). A Child's Thought and Geometry. In D. Fuys, D. Geddes & R. Tischler (Hrsg.), *English Translation of Selected Writings of Dina van Hiele-Geldof and Pierre M. van Hiele* (S. 243-252). Brooklyn, NY: Brooklyn College, School of Education. Verfügbar unter http://files.eric.ed.gov/fulltext/ED287697.pdf [13.05.2016]

Van Hiele, P. M. (1986). *Structure and Insight: A Theory of Mathematics Education*. Orlando: Academic Press.

Van Hiele, P. M. (1999). Developing Geometric Thinking through Activities That Begin with Play. *Teaching Children Mathematics, 5*, 310-316.

Van Sommers, P. (1984). *Drawing and cognition*. Cambridge: University Press.

Verboom, L. (2004). Entdeckend Üben will gelernt sein! *Grundschulzeitschrift, 177*, 6-11.

Verboom, L. (2007). „Mir fällt auf: Du hast die 1 krumm geschrieben!" In E. Rathgeb-Schnierer & U. Roos (Hrsg.), *Wie rechnen Matheprofis? Ideen und Erfahrungen zum offenen Mathematikunterricht* (S. 167-178). München: Oldenbourg.

Volkelt, H. (1962). Primitive Komplexqualitäten in Kinderzeichnungen. In F. Sander & H. Volkelt (Hrsg.), *Ganzheitspsychologie: Grundlagen, Ergebnisse, Anwendungen: Gesammelte Abhandlungen*. München: C. H. Beck.

Vollrath, H.-J. (1975). *Didaktik der Algebra*. Stuttgart: Klett.

Vollrath, H.-J. (1984). *Methodik des Begriffslehrens im Mathematikunterricht*. Stuttgart: Klett.

Von Au, J. (2016a). Einführung und Überblick. In J. von Au & U. Gade (Hrsg.), *Raus aus dem Klassenzimmer: Outdoor Education als Unterrichtskonzept* (S. 13-39). Weinheim: Beltz.

Von Au, J. (2016b). *Outdoor Education an Schulen in Dänemark, Schottland und Deutschland: Kompetenzorientierte und kontextspezifische Einflüsse auf Intentionen und Handlungen von erfahrenen Outdoor Education-Lehrpersonen*. Dissertation, Pädagogische Hochschule Heidelberg. Norderstedt: GRIN Verlag.

Waldow, N. & Wittmann, E. C. (2001). Ein Blick auf die geometrischen Vorkenntnisse von Schulanfängern mit dem mathe-2000-Geometrie-Test. In W. Weiser & B. Wollring

(Hrsg.), *Beiträge zur Didaktik der Mathematik für die Primarstufe: Festschrift für Siegbert Schmidt* (S. 247–261). Hamburg: Dr. Kovac.

Walther, G.; Selter, Ch. & Neubrand, J. (2008). Die Bildungsstandards Mathematik. In G. Walther, M. van den Heuvel-Panhuizen, D. Granzer & O. Köller (Hrsg.), *Bildungsstandards für die Grundschule: Mathematik konkret* (S. 16-41). Berlin: Cornelsen.

Warmser, P. & Leyk, D. (2003). Einfluss von Sport und Bewegung auf Konzentration und Aufmerksamkeit: Effekte eines „Bewegten Unterrichts" im Schulalltag. *sportunterricht*, 52(4), 108-113.

Weigand, H.-G. (2012). Begriffe lehren – Begriffe lernen. *Mathematik lehren*, 172, 2-9.

Weigand, H.-G. (2014). Begriffslernen und Begriffslehren. In H.-G. Weigand, A. Filler, R. Hölzl, S. Kuntze, M. Ludwig, J. Roth, B. Schmidt-Thieme & G. Wittmann (Hrsg.), *Didaktik der Geometrie für die Sekundarstufe* (S. 99-122). Heidelberg: Springer.

Weigand, H.-G. (2015). Begriffsbildung. In R. Bruder, L. Hefendehl-Hebeker, B. Schmidt-Thieme & H.-G. Weigand (Hrsg.), *Handbuch Mathematikdidaktik* (S. 255-278). Berlin: Springer.

Weigand, H.-G. & J. Wörler (2010). Die Stadt mit „geometrischen" Augen sehen. *mathematik lehren*, 160, 49-52.

Wendel, K. (2014). *Einbeziehung außerschulischer Lernumgebungen bei der Bearbeitung geometrischer Aufgabenstellungen im Geometrieunterricht der Grundschule*. Unveröffentlichte Bachelorarbeit, Universität Koblenz-Landau, Landau.

Wiese, I. (2016). *Kognitive Anforderungen in geometrischen Aufgaben des vierten Schuljahres: Eine Untersuchung zu den Anforderungsbereichen der Bildungsstandards*. Dissertation, Universität Koblenz-Landau, Landau.

Wilde, M. (2004). *Biologie im Naturkundemuseum im Spannungsfeld zwischen Interaktion und Konstruktion – eine empirische Untersuchung zu kognitiven und affektiven Lerneffekten* (am Beispiel des Umweltschutz-Informationszentrums Lindenhof in Bayreuth). Verfügbar unter https://epub.uni-bayreuth.de/920/1/diss.pdf [10.03.2018]

Wilde, M.; Urhahne, D. & Klautke, S. (2003). Unterricht im Naturkundemuseum: Untersuchung über das richtige Maß an Instruktion. *Zeitschrift für Didaktik der Naturwissenschaften*, 9, 125-134. Verfügbar unter ftp://ftp.rz.uni-kiel.de/pub/ipn/zfdn/2003/8.Wilde_Urhahne_Klautke_125-134.pdf [06.03.2018]

Wilde, S. (1991). Learning to write about mathematics. *Arithmetic Teacher*, 38(6), 38-43.

Winkelmann, H. & Robitzsch, A. (2009). Kompetent ... kompetenter: Eine Erhebung der Klassenstufenunterschiede mathematischer Kompetenzen. *Grundschule*, 41(6), 24–28.

Winkelmann, H.; Robitzsch, A.; Stanat, P. & Köller, O. (2012). Mathematische Kompetenzen in der Grundschule: Struktur, Validierung und Zusammenspiel mit allgemeinen kognitiven Fähigkeiten. *Diagnostica*, 58, 15-30.

Winter, F.; Kaiser, A. & Winkel, R. (2010). *Leistungsbewertung: Eine neue Lernkultur braucht einen anderen Umgang mit den Schülerleistungen*. Baltmannsweiler: Schneider.

Winter, H. (1971). Geometrisches Vorspiel im Mathematikunterricht der Grundschule. *Der Mathematikunterricht*, 5, 40-66.

Winter, H. (1976). Was soll Geometrie in der Grundschule? *Zentralblatt für die Didaktik der Mathematik 8*, 1/2, 14-18.

Winter, H. (1983a). Über das Lernen von Begriffen im Mathematikunterricht der Primarstufe. *Praxis Deutsch*, 59, 33-36.

Winter, H. (1983b). Über die Entfaltung begrifflichen Denkens im Mathematikunterricht. *Journal für Mathematik-Didaktik*, 4(3), 175-204.

Winter, H. (1989). *Entdeckendes Lernen im Mathematikunterricht*. Braunschweig: Vieweg.

Wirtz, M. & Caspar, F. (2002). *Beurteilerübereinstimmung und Beurteilerreliabilität: Methoden zur Bestimmung und Verbesserung der Zuverlässigkeit von Einschätzungen mittels Kategoriensystemen und Ratingskalen*. Göttingen: Hogrefe.

Witteck, T. & Eiks, I. (2004). Versuchsprotokolle kooperativ erstellen. *Naturwissenschaften im Unterricht: Chemie*, 82/83, 54-56.

Wittmann, B. (2009). *Spuren erzeugen: Zeichnen und Schreiben als Verfahren der Selbstaufzeichnung*. Zürich: Diaphanes.

Wittmann, E. Ch. (1999). Konstruktion eines Geometriecurriculums ausgehend von Grundideen der Elementargeometrie. In H. Henning (Hrsg.), *Mathematik lernen durch Handeln und Erfahrung* (S. 205-223). Oldenburg: Bültmann & Gerriets.

Wittmann, E. Ch. (2009). *Grundfragen des Mathematikunterrichts* (6. Auflage). Wiesbaden: Vieweg.

Wittmann, E. Ch. & Müller, G. N. (1994). *Das Zahlenbuch: Mathematik im 1. Schuljahr (Lehrerband)*. Stuttgart: Klett.

Wollring, B. (1995). Darstellen räumlicher Objekte und Situationen in Kinderzeichnungen, Teil 1. *Sach- und Mathematikunterricht in der Primarstufe (SMP)*, 23(11), 508-513.

Wollring, B. (1998). Beispiele zu raumgeometrischen Eigenproduktionen in Zeichnungen von Grundschulkindern – Bemerkungen zur Mathematikdidaktik für die Grundschule. In H. R. Becher, J. Bennack & E. Jürgens (Hrsg.), *Taschenbuch Grundschule* (S. 126-141). Baltmannsweiler: Schneider.

Wollring, B. (2006). Raumerfahrung im Mathematikunterricht der Grundschule: Erwerben, Korrespondieren, Festhalten. *Grundschulmagazin*, 5, 8-12.

Wollring, B. (2012). Keine Angst vor „Raum und Form" (Prof. Dr. Bernd Wollring im Interview mit PRAXIS FÖRDERN-Redakteurin Natascha Plankermann). *Praxis fördern*, 3, 33.

Wollring, B. & Rinkens, H. D. (2008). Raum und Form. In G. Walther, M. van den Heuvel-Panhuizen, D. Granzer & O. Köller (Hrsg.), *Bildungsstandards für die Grundschule: Mathematik konkret* (S. 118-140). Berlin: Cornelsen.

Woolfolk, A. (2014). *Pädagogische Psychologie* (12., aktualisierte Auflage – bearbeitet und übersetzt von Ute Schönpflug). München: Pearson.

Zweiling, B.; Patzer, K. & Voss, D. (2009). *Eingangstest für Klasse 5 nach Leitideen geordnet*. Verfügbar unter https://bildungsserver.hamburg.de/sinus-eingangstests/4398378/eingangstests-klasse5/ [30.01.2019]

Anhang

Der Anhang ist bei der Verfasserin unter kerstin.sitter@gmx.de erhältlich.

© Springer Fachmedien Wiesbaden GmbH, ein Teil von Springer Nature 2019
K. Sitter, *Geometrische Körper an inner- und außerschulischen Lernorten*,
Landauer Beiträge zur mathematikdidaktischen Forschung,
https://doi.org/10.1007/978-3-658-27999-8

Printed in the United States
By Bookmasters

Printed in the United States
By Bookmasters